HOE WE EEN KLIMAATRAMP KUNNEN VERMIJDEN

HOE WE EEN KLIMAATRAMP KUNNEN VERMIJDEN

De oplossingen die er al zijn en de doorbraken die we nodig hebben

BILL GATES

VERTAALD UIT HET AMERIKAANS DOOR
IREEN NIESSEN EN EDZARD KROL

HOLLANDS DIEP
AMSTERDAM
2021

Deze uitgave kwam tot stand door bemiddeling van Sebes & Bisseling Literary Agency te Amsterdam

Oorspronkelijke titel: *How to Avoid a Climate Disaster*
Oorspronkelijk uitgegeven door: Alfred A. Knopf, een imprint van Penguin Random House LLC, New York, 2021

Origineel omslagontwerp: Penguin Random House, New York
Omslagontwerp Nederlandse uitgave: Peter de Lange, Amsterdam
Typografie: Krijnie Gerritsen, *bijzee*
Foto auteur: © privé-eigendom Bill Gates

ISBN 978 90 488 5520 9
ISBN 978 90 488 5521 6 (e-book)
NUR 973

www.hollandsdiep.nl
www.overamstel.com

OVERAMSTEL
uitgevers

Hollands Diep is een imprint van Overamstel Uitgevers bv

Voor de wetenschappers, vernieuwers en
activisten die de weg bereiden

INHOUD

INLEIDING

VAN 51 MILJARD NAAR NUL

Als het gaat over klimaatverandering, zijn er twee getallen om goed te onthouden. Het eerste is 51 miljard. Het tweede is nul.

51 miljard betreft het aantal tonnen aan broeikasgassen dat op aarde jaarlijks wordt toegevoegd aan de atmosfeer. Hoewel het cijfer van jaar tot jaar wat kan variëren, is er sprake van een stijgende lijn. Dit is de *huidige stand van zaken*.*

Nul is *waar we naar moeten streven*. Om het opwarmen te stoppen en de ergste effecten van de klimaatverandering te voorkomen – en deze effecten zullen zeer schadelijk zijn – zullen mensen moeten ophouden met het toevoegen van broeikasgassen aan de atmosfeer.

Dat klinkt moeilijk, en dat is het ook. De mensheid heeft nog nooit voor zo'n grote opgave gestaan. Elk land zal een aantal dingen anders moeten gaan doen. Bij vrijwel elke activiteit in het moderne leven – dingen telen, dingen maken, het reizen van de ene naar de andere plek – komen broeikasgassen vrij, en naarmate de tijd verstrijkt, zullen steeds meer mensen een modern leven leiden. Dat is goed, want dat betekent voor hen een beter bestaan. Maar als er verder niets verandert, blijft de wereld broeikasgassen produceren,

* 51 miljard ton is gebaseerd op de meest recente beschikbare gegevens. De wereldwijde emissie ging in 2020 enigszins omlaag – met waarschijnlijk rond de 5 procent – omdat de economie enorm kromp door de COVID-19-pandemie. Maar omdat we het exacte cijfer voor 2020 niet weten, zal ik 51 miljard ton als totaal gebruiken. Door het boek heen komen we hier en daar terug op het onderwerp COVID-19.

verergert de klimaatverandering en zal de impact op de mensheid naar alle waarschijnlijkheid catastrofaal zijn.

Maar ik geloof dat er wel degelijk wat kan veranderen. We beschikken al over een deel van de benodigde instrumenten, en wat betreft de middelen die we nog niet hebben, stemt alles wat ik over klimaat en technologie heb geleerd me optimistisch dat we ze kunnen uitvinden en toepassen om – als we tenminste snel genoeg handelen – een klimaatramp te voorkomen.

Dit boek beschrijft wat daarvoor nodig is en waarom ik denk dat we het kunnen klaarspelen.

Twee decennia geleden zou ik nooit hebben voorspeld dat ik het op een dag in het openbaar over klimaatverandering zou hebben, laat staan dat ik er een boek over zou schrijven. Mijn achtergrond ligt in de software, niet in de klimaatwetenschap, en tegenwoordig werk ik fulltime met mijn vrouw, Melinda, bij de Gates Foundation, waar we ons sterk richten op het verbeteren van de wereldwijde volksgezondheid en op het onderwijs in de VS.

Ik raakte op een indirecte manier betrokken bij het onderwerp klimaatverandering – via het probleem van energiearmoede.

In de eerste jaren van deze eeuw, toen onze stichting nog in de kinderschoenen stond, begon ik reizen te maken naar lagelonenlanden in Sub-Saharaans Afrika en Zuid-Azië om meer te leren over kindersterfte, HIV en de andere grote problemen waar we ons mee bezighouden. Maar mijn aandacht ging uit naar meer dan alleen ziekten. Ik vloog naar grote steden, keek uit het raam en dacht bij mezelf: *Waarom is het buiten zo donker? Waar zijn alle lichtjes die ik zou zien als dit New York, Parijs of Beijing was?*

In het Nigeriaanse Lagos reed ik door onverlichte straten waar mensen zich verzamelden rond vuren die ze in oude olievaten hadden gestookt. In afgelegen dorpen ontmoetten Melinda en ik vrouwen en meisjes die elke dag uren besteedden aan het sprokkelen van hout, zodat ze thuis op een open vuur hun eten konden bereiden.

Melinda en ik ontmoeten geregeld kinderen als de negenjarige Ovulube Chinachi, die in Lagos, Nigeria, woont en bij kaarslicht zijn huiswerk maakt.[1]

We maakten kennis met kinderen die hun huiswerk bij kaarslicht deden omdat er bij hen thuis geen elektriciteit was.

Ik kwam erachter dat ongeveer een miljard mensen geen betrouwbare toegang tot elektriciteit had en dat de helft van hen in Sub-Saharaans Afrika woonde. (Dat beeld is sindsdien enigszins verbeterd; tegenwoordig hebben nog rond de 860 miljoen mensen geen elektriciteit.) Ik dacht aan het motto van onze stichting – 'Iedereen verdient de kans om een gezond en productief leven te leiden' – en hoe moeilijk het was om gezond te blijven als je plaatselijke medisch centrum geen vaccins koud kan bewaren omdat de koelkasten niet werken. Het is moeilijk om productief te zijn als je geen licht hebt om bij te lezen. En het is onmogelijk om een economie op te bouwen waar iedereen kans heeft op een baan als er niet heel veel betrouwbare, betaalbare elektriciteit aanwezig is voor kantoren, fabrieken en callcenters.

Rond dezelfde tijd liet de inmiddels overleden wetenschapper David MacKay, die hoogleraar was aan de Cambridge University, me een grafiek zien die de relatie toonde tussen het inkomen per hoofd van de bevolking en de hoeveelheid energie die in een land door de inwoners wordt gebruikt. De ene as van de grafiek gaf het inkomen per hoofd van de bevolking in verschillende landen weer, en de andere as liet de energieconsumptie zien – en hieruit bleek inderdaad overduidelijk dat de twee aspecten samengaan:

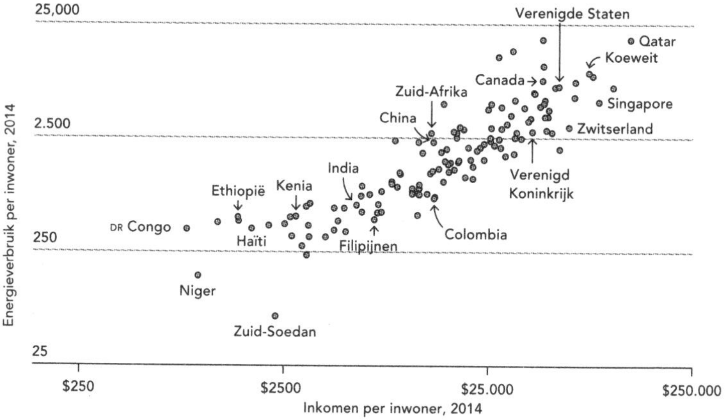

Inkomen en energieverbruik gaan hand in hand.[2] David MacKay liet me een grafiek als deze zien, waarop energieconsumptie en inkomen per inwoner worden getoond. Het verband is onmiskenbaar. (IEA; Wereldbank)

Toen deze informatie tot me doordrong, begon ik na te denken over de manier waarop energie ook voor de armen betaalbaar en betrouwbaar zou kunnen worden gemaakt. Het was niet logisch om onze stichting dit enorme probleem te laten aanpakken – die moest gericht blijven op haar kerndoel – maar ik begon er ideeën over uit te wisselen met wat bevriende uitvinders. Ik las veel over het onderwerp, waaronder enkele verhelderende boeken van wetenschapper en historicus Vaclav Smil, die me heeft geholpen te begrijpen hoe belangrijk energie is voor de moderne beschaving.

In die tijd besefte ik nog niet dat we naar nul moeten. De rijke landen, die verantwoordelijk zijn voor de meeste uitstoot, kregen steeds meer aandacht voor klimaatverandering, en ik dacht dat dat zou volstaan. Mijn bijdrage, geloofde ik, zou mijn inzet zijn voor het betaalbaar maken van betrouwbare energie voor de armen.

Zij zouden er immers de meeste baat bij hebben. Goedkopere energie zou niet alleen lamplicht in de avond betekenen, maar ook goedkopere bemesting voor hun akkers en cement voor hun huizen. Bovendien zijn het de armen die het meest te verliezen hebben door de gevolgen van de klimaatverandering. De meesten van hen zijn boeren die al op het randje leven en niet opgewassen zijn tegen meer droogteperiodes en overstromingen.

De ommekeer kwam voor mij aan het einde van 2006, toen ik met twee voormalige Microsoft-collega's afsprak, die non-profitondernemingen op het gebied van energie en klimaat wilden beginnen. Ze namen twee klimaatwetenschappers mee die veel kennis over deze onderwerpen hadden, en met z'n vieren toonden ze me de data die de uitstoot van broeikasgassen in verband brachten met klimaatverandering.

Ik wist wel dat broeikasgassen temperatuurstijging tot gevolg hebben, maar ik had tot dan toe verondersteld dat er cyclische variaties of andere factoren bestonden die op natuurlijke wijze een klimaatramp zouden voorkomen. En het was moeilijk om te accepteren dat de temperatuur zou blijven stijgen zolang de mensheid in welke mate dan ook broeikasgassen zou blijven creëren.

Ik zocht nog een aantal keren contact met de groep om aanvullende vragen te stellen. En uiteindelijk drong het tot me door. De wereld zal meer energie moeten leveren om de armen meer voorspoed te brengen, maar we moeten die energie zien op te wekken zonder nog meer broeikasgassen uit te gaan stoten.

Dat maakte het probleem nog lastiger. Het was niet voldoende om voordelige, betrouwbare energie op te wekken voor de armen. De energie moest ook schoon worden.

Ik nam zo veel mogelijk informatie over de klimaatverandering tot me. Ik ontmoette deskundigen op het gebied van klimaat en energie, landbouw, oceanen, zeeniveaus, gletsjers, elektriciteitsleidingen en meer. Ik las de rapporten van het Intergovernmental Panel on Climate Change (IPCC), de werkgroep van de VN die zich concentreert op de wetenschappelijke consensus over dit onderwerp. Ik keek naar *Earth's Changing Climate*, een aantal fantastische videolezingen door professor Richard Wolfson in de serie Great Courses. Ik las *Het weer voor dummies*, nog altijd een van de beste boeken over het weer die ik heb kunnen vinden.

Eén ding dat me duidelijk werd, was dat onze huidige bronnen van duurzame energie – voornamelijk de wind en de zon – een grote bijdrage zouden kunnen leveren, maar dat we niet genoeg deden om ze in te zetten.* Het werd me ook duidelijk waarom ze op zichzelf niet volstaan om ons naar de gewenste nul te brengen. De wind waait immers niet altijd en de zon schijnt niet altijd, en we hebben onvoldoende betaalbare batterijen om hoeveelheden energie voor hele steden lang genoeg te bewaren. Bovendien vertegenwoordigt de opwekking van elektriciteit slechts 27 procent van alle uitstoot van broeikasgassen. Zelfs bij een grote doorbraak in batterijen, zouden we nog steeds de overige 73 procent van onze algehele uitstoot kwijt moeten zien te raken.

Binnen enkele jaren was ik overtuigd geraakt van drie dingen:

1. Om een klimaatramp te voorkomen, moeten we naar nul.
2. We moeten sneller en slimmer gebruikmaken van de middelen die we al hebben, zoals zonne- en windenergie.

* Waterkracht – elektriciteit die wordt opgewekt door stromend water middels een dam – is ook een duurzame bron, en zelfs de grootste bron van duurzame energie in de Verenigde Staten. Maar het grootste deel van de beschikbare waterkracht is nu al in gebruik. Er is dus niet veel ruimte voor groei op dit vlak. De aanvullende schone energie waar we naar streven, zal grotendeels van andere bronnen moeten komen.

3. En we moeten baanbrekende technologieën creëren en inzetten, die ons verder de toekomst in kunnen brengen.

Teruggaan naar nul was en is pure noodzaak. Als we niet stoppen met het toevoegen van broeikasgassen aan de atmosfeer, zal de temperatuur blijven stijgen. De volgende analogie helpt dat te begrijpen: het klimaat is als een badkuip die langzaam wordt gevuld met water. Ook als we de stroom water vertragen en de kraan alleen nog maar blijft druppen, raakt de kuip uiteindelijk vol en zal er water op de vloer gaan lekken. Dat is de ramp die we moeten zien te voorkomen. Met alleen het terugbrengen van onze uitstoot komen we er niet; we moeten onze emissie zien te elimineren. Het enige zinnige streven is nul. (Voor meer over nul, wat ik ermee bedoel, en de impact van klimaatverandering, zie hoofdstuk 1.)

Maar in de periode dat ik dit allemaal ging inzien, was ik niet op zoek naar nog een zaak om me mee te gaan bezighouden. Melinda en ik hadden de wereldwijde volksgezondheid en het onderwijs in de VS uitgekozen als de twee gebieden waarop we heel veel zouden leren, waarvoor we teams van deskundigen inhuurden en waar we onze financiële middelen aan wilden besteden. Ik zag ook dat veel bekende mensen het onderwerp klimaatverandering op de agenda zetten.

Dus hoewel ik er nauwer bij betrokken raakte, gaf ik er voor mezelf geen topprioriteit aan. Waar en wanneer ik kon, las ik erover en ontmoette ik deskundigen; ook investeerde ik in een aantal ondernemingen op het terrein van schone energie, en stak ik een aantal miljoenen dollars in de start van een bedrijf dat een nieuw type kerncentrale moest ontwikkelen, een centrale die schone elektriciteit zou opwekken en heel weinig kernafval zou produceren. En ik gaf een TED-talk getiteld 'Innovating to Zero!' Maar bovenal bleef ik me bezighouden met het werk van de Gates Foundation.

Toch besloot ik in het voorjaar van 2015 dat ik meer moest doen en me duidelijker moest uitspreken. Ik had nieuwsberichten gezien over studenten die op verschillende plaatsen in de Verenigde Staten sit-ins organiseerden om te eisen dat hun instituut niet langer zou beleggen in fossiele brandstoffen. In navolging van die beweging lanceerde de Britse krant *The Guardian* een campagne om onze stichting op te roepen het kleine aandeel van haar belangen in fossielebrandstofbedrijven van de hand te doen. Er werd een video gemaakt waarin mensen van over de hele wereld mij vroegen om die investeringen terug te trekken.

Ik begreep waarom *The Guardian* zich juist tot onze stichting en tot mij wendde. Ook bewonderde ik de passie van de activisten; ik had studenten zien protesteren tegen de Vietnamoorlog en later tegen het apartheidsregime in Zuid-Afrika, en ik wist dat ze daarmee werkelijk een verschil hadden gemaakt. Het was inspirerend om te zien dat een dergelijke energie nu uitging naar de klimaatverandering.

Aan de andere kant bleef ik denken aan wat ik tijdens mijn reizen had gezien. India heeft bijvoorbeeld een bevolking van 1,4 miljard mensen, van wie velen tot de armsten ter wereld behoren. Het leek me niet eerlijk om Indiërs te vertellen dat hun kinderen geen lamplicht mochten hebben om bij te leren, of dat duizenden Indiërs zouden moeten sterven tijdens hittegolven omdat het installeren van een airco slecht voor het milieu is. De enige oplossing die ik me kon voorstellen, was schone energie zo goedkoop te maken dat geen land vervolgens überhaupt nog zou willen kiezen voor fossiele brandstoffen.

Hoezeer ik de passie van de demonstranten ook waardeerde, ik zag niet in hoe alleen het terugtrekken van investeringen de klimaatverandering zou tegenhouden, of mensen in arme landen zou helpen. Het was één ding om je uit bedrijven terug te trekken om iets te doen tegen de apartheid, een politieke institutie die zou reageren op economische druk (en dat ook deed). Het is iets anders om het energiesysteem van de wereld te transformeren – een sector waar grofweg vijf biljoen dollar per jaar in omgaat en die de basis is waarop de moderne economie drijft – door alleen maar de aandelen in fossielebrandstofbedrijven te verkopen.

Dit vind ik nog steeds. Maar ik ben in de loop der tijd wel gaan inzien dat er andere redenen zijn waarom ik geen aandelen van fossielebrandstofbedrijven zou moeten bezitten – ik wil namelijk niet profiteren als de prijs van hun aandelen stijgt omdat we geen uitstootvrije alternatieven ontwikkelen. Ik zou me bezwaard voelen als ik financieel voordeel zou halen uit een vertraging op de weg naar nul. Daarom heb ik in 2019 al mijn directe belangen uit olie- en gasbedrijven teruggetrokken, net als de trust die de financiën van de Gates Foundation beheert dat heeft gedaan. (Ik had al een aantal jaren geen geld meer in kolencentrales zitten.)

Dit is een persoonlijke keuze, die ik gelukkig heb kunnen maken. Maar ik ben me er zeer van bewust dat deze keuze geen werkelijke impact zal hebben op de uitstoot. De nul bereiken vergt een veel bredere aanpak: verandering op grote schaal met inzet van alle middelen die we tot onze beschikking hebben, inclusief overheidsbeleid, hedendaagse technologie, nieuwe uitvindingen en het vermogen van particuliere markten om producten aan enorme aantallen mensen te leveren.

Later in 2015 deed zich een goede mogelijkheid voor om te pleiten voor innovatie en nieuwe investeringen: de COP21, de Klimaatconferentie van Parijs die in november en december door de Verenigde Naties werd georganiseerd. Een paar maanden daarvoor ontmoette ik François Hollande, op dat moment de president van Frankrijk. Hollande had er belang bij om particuliere investeerders bij de conferentie te betrekken, en ik had er belang bij om innovatie op de agenda te zetten. We zagen allebei kansen. Hij dacht dat ik kon helpen investeerders aan te trekken; ik zei op mijn beurt dat me dat zinnig leek, hoewel het gemakkelijker zou zijn als ook overheden zich zouden committeren aan hogere uitgaven aan energieonderzoek.

Dat idee was niet per se eenvoudig te verkopen. Zelfs in de Verenigde Staten werd (en wordt nog steeds) veel minder geld uitgegeven aan energieonderzoek dan aan andere essentiële zaken, zoals de gezondheidszorg en defensie. Hoewel sommige landen hun inspanningen op onderzoeksgebied in bescheiden mate uitbreidden, stelde het verhoudingsgewijs allemaal nog maar weinig voor. En ze waren niet bereid veel meer te doen tenzij ze wisten dat er genoeg geld van de particuliere sector zou komen om ideeën het lab uit te krijgen en om te zetten in producten die hun inwoners feitelijk vooruit zouden helpen.

Maar in 2015 droogde de van particulieren afkomstige financiering op. Veel durfkapitaalondernemingen die in groene technologie hadden geïnvesteerd, stapten uit deze sector omdat de rendementen erg laag waren. Ze investeerden gewoonlijk in biotechnologie en informatietechnologie, waar vaak snelle successen werden geboekt en minder rekening hoefde te worden gehouden met overheidsregulering. Schone energie was van een heel andere orde, dus trokken ze zich terug.

Het was duidelijk dat er nieuw geld nodig was, evenals een andere benadering, die specifiek zou zijn toegesneden op schone energie. In september, twee maanden voor de conferentie in Parijs van start zou gaan, stuurde ik e-mails naar enkele tientallen rijke relaties, in de hoop dat ik ze kon overhalen risicokapitaal beschikbaar te stellen om het nieuwe onderzoeksgeld van de overheden aan te vullen. Het zou om langetermijninvesteringen gaan – doorbraken in de energie kunnen tientallen jaren op zich laten wachten – en ze zouden dus heel veel risico nemen. Om de valkuilen die de durfkapitalisten waren tegengekomen te vermijden, zegde ik toe te helpen een speciaal team van deskundigen op te zetten dat de bedrijven grondig zou doorlichten en ze zou begeleiden bij de complexiteiten van de energie-industrie.

Ik was zeer verheugd over de respons. De eerste investeerder zei al ja binnen vier uur. Tegen de tijd dat de conferentie in Parijs twee maanden later begon, hadden zich er nog 26 aangesloten bij de groep, die we inmiddels de Breakthrough Energy Coalition hadden genoemd. Vandaag de dag behelst deze organisatie, nu bekend onder de naam Breakthrough Energy, verschillende filantropische programma's, pleitbezorgers en particuliere fondsen die hebben geïnvesteerd in meer dan veertig bedrijven met veelbelovende ideeën.

Ook de regeringen tastten in de buidel: in Parijs kwamen twintig staatshoofden bijeen die toezegden hun financiën voor onderzoek te verdubbelen. President Hollande, de president van de Verenigde Staten, Barack Obama, en de minister-president van India, Narendra Modi, speelden hierbij een grote rol; laatstgenoemde bedacht de naam Mission Innovation. Tegenwoordig omvat Mission Innovation 24 landen en de Europese Commissie, en is er 4,6 miljard dollar vrijgemaakt voor schone energie, een toename van meer dan 50 procent in slechts een handvol jaren.

De lancering van Mission Innovation met wereldleiders op de Klimaatconferentie van Parijs in 2015[3] (zie pagina 281 voor de namen van de personen op de foto).

Het volgende keerpunt in dit verhaal zal voor iedereen die dit boek leest akelig herkenbaar zijn.

In 2020 sloeg het noodlot toe toen een nieuw coronavirus zich over de wereld verspreidde. Voor mensen die ingewijd waren in de geschiedenis van pandemieën kwam de verwoesting die COVID-19 aanrichtte niet als een verrassing. Ik had al jaren ziekte-uitbraken bestudeerd als onderdeel van mijn interesse in de mondiale volksgezondheid, en ik vreesde dat de wereld niet klaar was om een pandemie als de Spaanse griep van 1918 – waaraan tientallen miljoenen mensen waren gestorven – het hoofd te bieden. In 2015 had ik een TED-talk gehouden en een aantal interviews gegeven waarin ik pleitte voor een systeem om grote uitbraken van ziekte tijdig te ontdekken teneinde er snel op te kunnen reageren. Anderen, onder wie George W. Bush, voormalig president van de Verenigde Staten, hadden een vergelijkbaar pleidooi gehouden.

Helaas deed de wereld weinig om zich voor te bereiden, en toen het nieuwe coronavirus toesloeg, kostte het dan ook enorm veel mensenlevens en veroorzaakte het economisch leed op een schaal die we sinds de Grote Depressie niet meer hadden meegemaakt. Hoewel ik veel van mijn werk op het gebied van klimaatverandering voortzette, gaven Melinda en ik met de Gates Foundation de hoogste prioriteit aan COVID-19 en maakten we deze crisis het brandpunt van ons werk. Ik sprak elke dag met wetenschappers van universiteiten en kleine bedrijven, met CEO's van farmaceutische firma's en met regeringsleiders om na te gaan hoe onze stichting kon helpen om het werk aan tests, behandelingen en vaccins te bespoedigen. In november 2020 hadden we meer dan 445 miljoen dollar aan schenkingen in de strijd tegen de ziekte gestoken, en honderden miljoenen meer via diverse financiële investeringen om vaccins, tests en andere noodzakelijke middelen sneller naar lagelonenlanden te kunnen krijgen.

Omdat de economische activiteit door de COVID-19-pandemie sterk is afgenomen, zal de mensheid dit jaar minder broeikasgassen uitstoten dan vorig jaar. Zoals ik eerder heb vermeld, ligt de afname waarschijnlijk rond de 5 procent. Dat betekent dat we 48 of 49 miljard ton aan broeikasgassen produceren in plaats van 51 miljard.

Dat is een significante reductie en we zouden heel goed bezig zijn als we de afname jaarlijks op dat niveau konden continueren. Helaas is dat niet mogelijk.

Ga maar eens na wat ervoor nodig was om deze 5 procent reductie te bewerkstelligen. Er is een miljoen mensen overleden, en tientallen miljoenen verloren hun baan. Om het zacht uit te drukken: dit was geen situatie die wie dan ook ooit zou willen handhaven of herhalen. En toch daalde de broeikasgasuitstoot wereldwijd waarschijnlijk met slechts 5 procent, en mogelijk zelfs minder. Wat ik opmerkelijk vind, is niet zozeer hoevéél de uitstoot verminderde vanwege de pandemie, als wel juist hoe weinig.

Deze kleine daling is het bewijs dat we een uitstoot van nul niet simpelweg – of voor een groot deel – kunnen realiseren door minder te vliegen en auto te rijden. Zoals we nieuwe tests, behandelingen en vaccins nodig hadden voor het nieuwe coronavirus, hebben we nieuwe middelen nodig om klimaatverandering tegen te gaan: manieren om zonder uitstoot elektriciteit op te wekken, spullen te maken, voedsel te verbouwen, onze gebouwen koel of warm te houden, en mensen en goederen over de wereld te vervoeren. En we hebben nieuwe zaden en andere innovaties nodig om de armsten van de wereld – voor een groot deel kleine boeren – te helpen hun werkwijze op een warmer klimaat af te stemmen.

Natuurlijk zijn er ook andere hindernissen, die in principe niets te maken hebben met wetenschap of financiering. Met name in de Verenigde Staten is het onderwerp klimaatverandering door de politiek naar de marge verschoven. Soms lijkt het alsof er weinig hoop is dat we iets gedaan zullen krijgen.

Ik denk meer als technicus dan als politiek wetenschapper, en ik heb geen oplossing voor de politiek rondom klimaatverandering. In plaats daarvan hoop ik het gesprek te kunnen brengen op wat ervoor nodig is om de nul te bereiken: we moeten de passie en het wetenschappelijke IQ van de wereld kanaliseren om de oplossingen voor schone energie die we al hebben toe te passen, en om nieuwe oplossingen te genereren, zodat we kunnen stoppen met het uitstoten van broeikasgassen in de atmosfeer.

Ik ben me ervan bewust dat ik op het gebied van de klimaatverandering niet de ideale boodschapper ben. De wereld heeft bepaald geen gebrek aan rijke mannen met grootse ideeën over wat andere mensen zouden moeten doen, of die denken met technologie elk probleem te kunnen oplossen. Bovendien ben ik eigenaar van grote huizen en vlieg ik in privétoestellen – ik vloog ook naar Parijs voor de grote klimaatconferentie – dus wie ben ik om anderen de les te lezen over het milieu?

Ik beken schuld aan al deze drie aanklachten.

Ik kan niet ontkennen dat ik een rijk man met een mening ben. Ik ben er echter van overtuigd dat het om een onderlegde mening gaat. En ik probeer voortdurend bij te leren.

Ik ben ook een technofiel. Kom met een probleem en ik ga op zoek naar een technologische oplossing. Ik weet dat innovatie niet het enige is wat we nodig hebben om klimaatverandering te beteugelen, maar zonder nieuwe uitvindingen kunnen we de aarde niet leefbaar houden. Technologische troeven zijn niet afdoende, maar wel noodzakelijk.

Ten slotte is het waar dat mijn CO_2-voetafdruk absurd groot is. Lange tijd heb ik me hier schuldig over gevoeld. Ik ben me ervan bewust hoe hoog mijn uitstoot is en het werk aan dit boek heeft me nog sterker bewust gemaakt van mijn verantwoordelijkheid die te reduceren. Het verkleinen van de eigen CO_2-voetafdruk is het minste wat je mag verwachten van iemand in mijn positie die zich zorgen maakt over de klimaatverandering en die oproept tot actie.

In 2020 begon ik duurzame kerosine te kopen en in 2021 zal ik de uitstoot door de vliegreizen van ons gezin volledig compenseren. De rest van onze uitstoot probeer ik te neutraliseren door te investeren in een bedrijf dat kooldioxide uit de lucht verwijdert (zie hoofdstuk 4 voor meer over deze technologie, die *direct air capture* wordt genoemd). Ik steun ook een non-profitorganisatie die schone-energie-upgrades installeert in sociale woningen in

Chicago. En ik blijf steeds op zoek naar andere manieren om mijn persoonlijke voetafdruk te verkleinen.

Verder investeer ik in uitstootvrije technologieën. Die beschouw ik als een extra tegenwicht voor mijn eigen emissie. Al met al heb ik meer dan een miljard dollar gestoken in benaderingen waarvan ik hoop dat ze de wereld zullen helpen de nul te halen. Dan heb ik het over onder andere betaalbare en betrouwbare energie, en producten als cement, staal en vlees met een lage uitstoot. En voor zover ik weet, heeft niemand anders meer geïnvesteerd in de bovengenoemde direct air capture-technologie (DAC).

Uiteraard maken investeringen in bedrijven mijn CO_2-voetafdruk niet kleiner. Maar als ik succesvolle projecten heb uitgekozen, zullen die veel meer CO_2 uit de lucht halen dan waar ik en mijn gezin verantwoordelijk voor zijn. Bovendien is het doel niet simpelweg dat één persoon zijn of haar emissie goedmaakt; het doel is een klimaatramp te voorkomen. Daarom steun ik onderzoeken naar schone energie in een vroeg stadium, investeer ik in veelbelovende schone-energiebedrijven, pleit ik voor beleid dat aanstuurt op doorbraken wereldwijd en moedig ik anderen die de middelen hebben aan om hetzelfde te doen.

Het kernpunt is dit: hoewel grootverbruikers als ondergetekende minder energie zouden moeten gebruiken, zou de wereld als geheel méér goederen en diensten moeten gebruiken die door energie worden geleverd. Er is niets verkeerds aan om meer energie te gebruiken zolang die maar uitstootvrij is. De sleutel tot de aanpak van klimaatverandering is om schone energie net zo goedkoop en betrouwbaar te maken als de energie die we verkrijgen uit fossiele brandstoffen. Ik steek veel tijd en moeite in datgene waarvan ik denk dat het ons op dat punt kan brengen en een beduidend verschil zal maken op de route van 51 miljard ton per jaar naar nul.

Dit boek is gericht op vooruitgang en draagt een reeks stappen aan die ons de beste kans geven een klimaatramp te voorkomen. Het komt neer op vijf onderdelen:

Waarom naar nul? In hoofdstuk 1 leg ik nader uit waarom we terug moeten naar nul, waarbij ik meeneem wat we weten (en wat we niet weten) over de betekenis van stijgende temperaturen voor mensen over de hele wereld.

Het slechte nieuws: de nul bereiken wordt een buitengewoon lastige opgave. Omdat elk plan om iets gedaan te krijgen begint met een realistische inschatting van de hindernissen die je tegen zult komen, sta ik in hoofdstuk 2 stil bij de grote uitdagingen waar we mee te maken zullen krijgen.

Hoe kom je beslagen ten ijs in een gesprek over de klimaatverandering? In hoofdstuk 3 behandel ik een aantal van de verwarrende statistieken waar je misschien wel van hebt gehoord en deel ik een handvol vragen die ik in mijn achterhoofd houd bij elk gesprek dat ik over klimaatverandering voer. Deze vragen hebben me veelvuldig behoed voor vergissingen, en ik hoop dat ze voor jou hetzelfde kunnen betekenen.

Het goede nieuws: het kan ons lukken. In de hoofdstukken 4 tot en met 9 analyseer ik de gebieden waarop de technologie van vandaag kan helpen en waar we doorbraken nodig hebben. Dit is het langste gedeelte van het boek, aangezien er heel veel over te vertellen valt. We hebben al verschillende oplossingen die we nu grootschalig moeten gaan toepassen, en we hebben ook heel veel innovaties nodig die de komende decennia moeten worden ontwikkeld en verspreid over de hele wereld.

Hoewel ik je zal laten kennismaken met enkele technologieën waar ik met name enthousiast over ben, zal ik niet veel specifieke bedrijven noemen. Deels omdat ik in sommige ervan investeer en de schijn wil vermijden dat ik ondernemingen waar ik een financieel belang in heb bevoordeel. Maar belangrijker nog: ik wil dat de focus ligt op de ideeën en de innovaties, niet op bepaalde bedrijven.

Sommige daarvan kunnen de komende jaren kopje-onder gaan; dat kan gebeuren als je baanbrekend werk verricht en het is niet per se een teken van falen. Het gaat erom dat we leren van zo'n mislukking en de lessen in een volgend plan verdisconteren, zoals we deden bij Microsoft en zoals iedere vernieuwer die ik ken dat doet.

Stappen die we nu al kunnen zetten. Ik heb dit boek geschreven omdat ik niet alleen het probléém van de klimaatverandering zie; ik zie ook een kans om de oplossing te vinden. Dat is geen optimistische luchtfietserij. We beschikken al over twee van de drie dingen die we nodig hebben om een groot project tot stand te brengen. Ten eerste hebben we ambitie, dankzij de passie van een groeiende internationale beweging, aangevoerd door jonge mensen die intens bezorgd zijn over de klimaatverandering. Ten tweede kunnen we grote doelen nastreven naarmate meer nationale en lokale leiders wereldwijd zich bereid verklaren hun bijdrage te leveren.

Nu hebben we nog de derde component nodig: een concreet plan om onze doelen te bereiken.

Zoals onze ambities zijn voortgebracht door de erkenning van de klimaatwetenschap, en de waardering ervoor, moet een praktisch plan voor het reduceren van onze uitstoot worden voortgebracht door andere disciplines: natuurkunde, scheikunde, biologie, techniek, politicologie, economie, financieel management en nog veel meer. Dus stel ik in de laatste hoofdstukken van dit boek een plan voor dat is gebaseerd op adviezen die ik van deskundigen uit al deze disciplines heb gekregen. In de hoofdstukken 10 en 11 richt ik me op beleidslijnen die regeringen kunnen volgen; in hoofdstuk 12 bespreek ik de stappen die eenieder van ons kan zetten om de wereld te helpen op nul uit te komen. Of je nu een regeringsleider, een ondernemer of een stemgerechtigde met een druk leven en te weinig vrije tijd bent (of alle drie), er zijn dingen die je kunt doen om te helpen een klimaatramp te voorkomen.

Goed. Laten we beginnen.

HOOFDSTUK 1

WAAROM NAAR NUL?

De reden waarom we naar nul moeten is simpel. Broeikasgassen houden warmte vast, waardoor ze de gemiddelde temperatuur op aarde doen stijgen. Hoe meer gassen er zijn, hoe hoger de temperatuur wordt. En als broeikasgassen zich eenmaal in de atmosfeer bevinden, blijven ze daar lange tijd hangen; ongeveer een vijfde van het kooldioxide dat nu wordt uitgestoten, zal er over 10.000 jaar nog zijn.

Er is geen scenario denkbaar waarin we broeikasgassen aan de atmosfeer blijven toevoegen en de wereld ophoudt met warmer worden. En hoe warmer het wordt, hoe moeilijker het voor mensen zal zijn om te overleven, laat staan te gedijen. We weten niet precies hoeveel schade er zal worden aangericht door een bepaalde temperatuurstijging, maar we hebben alle reden om bezorgd te zijn. En omdat broeikasgassen zo lang in de atmosfeer blijven hangen, zal de planeet lange tijd warm blijven, zelfs nadat we de nul hebben bereikt.

Toegegeven: ik heb 'nul' nog niet gespecificeerd, en ik moet helderheid verschaffen over wat ik ermee bedoel. In pre-industriële tijden – vóór ongeveer halverwege de achttiende eeuw – was de kooldioxidecyclus van de aarde waarschijnlijk ruwweg in balans, dat wil zeggen dat planten en andere dingen bij benadering net zoveel CO_2 absorbeerden als er werd uitgestoten.

Maar toen begonnen we fossiele brandstoffen te gebruiken. Deze zijn gemaakt van koolstof die ondergronds is opgeslagen, dankzij planten die miljarden jaren geleden zijn doodgegaan en in miljoenen jaren zijn samengedrukt tot olie, steenkool of aardgas. Als we die brandstoffen omhooghalen en verbranden, stoten we extra broeikasgassen uit, die we dus toevoegen aan de totale hoeveelheid in de atmosfeer.

Er zijn geen realistische routes naar nul waarbij het gebruik van deze brandstoffen helemaal achterwege wordt gelaten of waarbij we stoppen met alle andere activiteiten die broeikasgassen produceren (zoals het maken van cement, het gebruik van kunstmest, of het laten lekken van methaan bij de winning van aardgas). In plaats daarvan zullen we in een uitstootvrije toekomst naar alle waarschijnlijkheid nog wel wat produceren, maar zullen we manieren hebben om de broeikasgassen eruit te verwijderen.

Met andere woorden, 'terug naar nul' betekent niet helemaal naar nul, maar naar 'bijna netto nul'. Het is geen examen waarvoor we alleen slagen als we 100 procent reductie bewerkstelligen, en waarbij het een ramp is als we niet voor meer dan 99 procent kunnen verminderen. Maar hoe groter de reductie, hoe groter het voordeel.

Een daling van 50 procent van de uitstoot zal de temperatuurstijging niet tegenhouden; die zou slechts vertragend werken en een klimaatramp enigszins uitstellen, maar niet voorkomen.

En stel dat we een reductie van 99 procent bereiken. Welke landen en economische sectoren zouden dan de overgebleven 1 procent mogen gebruiken? Hoe nemen we over een dergelijke kwestie een besluit?

Feitelijk zullen we om de slechtste klimaatscenario's te vermijden op zeker moment niet alleen moeten stoppen met het toevoegen van meer gassen, maar zal het noodzakelijk zijn om te beginnen met het verwijderen van een deel van de gassen die we al hebben uitgestoten. Deze stap wordt ook wel 'netto negatieve uitstoot' of 'netto negatieve emissie' genoemd. Het komt erop neer dat we uiteindelijk meer broeikasgassen uit de atmosfeer moeten halen dan we erin brengen, zodat we de temperatuurstijging kunnen beperken. Om terug te keren naar de badkuipanalogie uit de inleiding: we draaien niet alleen de waterkraan dicht; we openen ook het afvoerputje om het water weg te laten stromen.

Ik vermoed dat dit hoofdstuk niet de eerste plek zal zijn waar je leest over de risico's die we lopen als we er niet in slagen de nul te bereiken. Tenslotte is de klimaatverandering vrijwel dagelijks in het nieuws – en terecht: het gaat om een urgent probleem dat elke krantenkop die het krijgt verdient. Maar de berichtgeving kan verwarrend en zelfs tegenstrijdig zijn.

In dit boek probeer ik door de ruis heen te breken. In de loop der jaren heb ik de kans gekregen om te leren van een aantal topwetenschappers op het gebied van klimaat en energie. Het is een gesprek dat geen einde kent, aangezien het inzicht van de wetenschap in de werking van het klimaat steeds verder toeneemt naarmate er nieuwe data worden verwerkt en de computermodellen voor de voorspelling van verschillende scenario's worden verbeterd. Desondanks heb ik gemerkt dat dit gesprek me enorm heeft geholpen bij het uitpuzzelen van het onderscheid tussen wat waarschijnlijk is en wat mogelijk, maar niet aannemelijk. Ook heeft het me ervan overtuigd dat de weg naar nul de enige manier is om rampzalige gevolgen te voorkomen. In dit hoofdstuk wil ik uiteenzetten wat ik heb geleerd.

Weinig is veel

Ik was verbaasd toen ik hoorde dat wat klonk als een kleine stijging van de wereldwijde temperatuur – slechts 1 of 2 graden Celsius – in feite een hoop problemen kan veroorzaken. Maar het is waar: als het gaat om het klimaat, is een verandering van maar een paar graden al van grote betekenis. In de laatste ijstijd lag de gemiddelde temperatuur slechts 6 graden Celsius lager dan nu. In het tijdperk van de dinosaurussen, toen de gemiddelde temperatuur misschien 4 graden Celsius hoger lag dan nu, leefden er krokodillen boven de noordpoolcirkel.

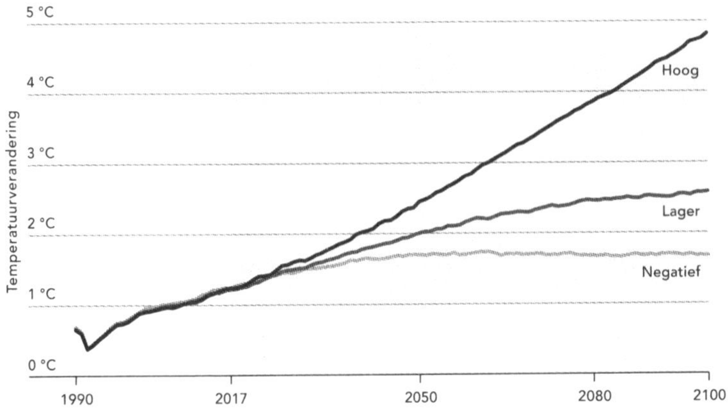

Drie lijnen die je moet kennen.[4] Deze lijnen laten zien hoe sterk de temperatuur in de toekomst zou kunnen stijgen als de uitstoot sterk groeit (de hoge lijn), als de uitstoot minder sterk groeit (lager) en als we beginnen meer broeikasgassen te verwijderen dan we toevoegen (negatief). (KNMI Climate Explorer)

Het is ook belangrijk te onthouden dat deze gemiddelde cijfers een grote verscheidenheid aan temperaturen kunnen verhullen. Hoewel het wereldwijde gemiddelde sinds de pre-industriële tijd met slechts 1 graad Celsius omhoog is gegaan, worden op sommige plaatsen al temperatuurstijgingen van meer dan 2 graden gemeten. In deze regio's woont tussen de 20 en 40 procent van de wereldbevolking.

Waarom warmen sommige plekken sterker op dan andere? Op sommige continenten is de grond landinwaarts droger, wat betekent dat het land er minder goed kan afkoelen dan in het verleden. Het komt er in feite op neer dat continenten minder kunnen zweten dan vroeger.

Hoe zit het met het verband tussen de opwarming van de planeet en de uitstoot van broeikasgassen? Laten we bij het begin beginnen. Kooldioxide – CO_2 – is het meest voorkomende broeikasgas, maar er zijn nog enkele andere, zoals distikstofoxide en methaan. Distikstofoxide wordt in de volksmond lachgas genoemd; je hebt er misschien weleens mee te maken gehad bij de tandarts. Methaan is het hoofdingrediënt van het aardgas waarmee huizen worden verwarmd en dat gebruikt wordt voor gasfornuizen. Molecuul voor molecuul veroorzaken veel van deze andere gassen meer opwarming dan CO_2 – in het geval van methaan 120 keer zoveel op het moment dat het de atmosfeer bereikt. Maar methaan blijft minder lang hangen dan CO_2.

Om het overzichtelijk te houden combineren we alle verschillende broeikasgassen meestal in een maat die het 'kooldioxide-equivalent' wordt genoemd (of CO_2-equivalent, vaak afgekort als CO_2e.) We gebruiken CO_2-equivalenten om rekening te houden met het feit dat sommige gassen meer warmte vasthouden dan CO_2, maar minder lang blijven hangen. Helaas vormen CO_2-equivalenten een onvolkomen maatstaf: uiteindelijk gaat het niet zozeer om de hoeveelheid broeikasgasuitstoot; waar het werkelijk om gaat, zijn de hogere temperaturen en het effect daarvan op de mens. En in dat kader is een gas als methaan veel schadelijker dan kooldioxide. Het brengt de temperatuur meteen omhoog – en aanzienlijk. Als je CO_2-equivalenten gebruikt, neem je dit belangrijke kortetermijn-effect niet volledig mee.

Desondanks vormen ze de beste methode om de uitstoot te meten, en omdat ze vaak aan de orde komen in discussies over de klimaatverandering, zal ik ze ook in dit boek gebruiken. De 51 miljard ton die ik blijf vermelden, betreft de jaarlijkse wereldwijde uitstoot in CO_2-equivalenten. Elders kom je misschien cijfers als 37 miljard tegen – in dat geval gaat het om alleen het kooldioxide zonder de andere broeikasgassen – of 10 miljard, dat alleen de koolstof betreft.

De uitstoot van broeikasgassen is sinds de jaren vijftig van de negentiende eeuw enorm toegenomen door menselijke activiteit, zoals het verbranden van fossiele brandstoffen. Kijk maar eens naar onderstaande grafiekjes. Links zie je hoe sterk onze CO_2-uitstoot sinds 1850 is gestegen, en rechts zie je hoe sterk de wereldwijde temperatuur is verhoogd.

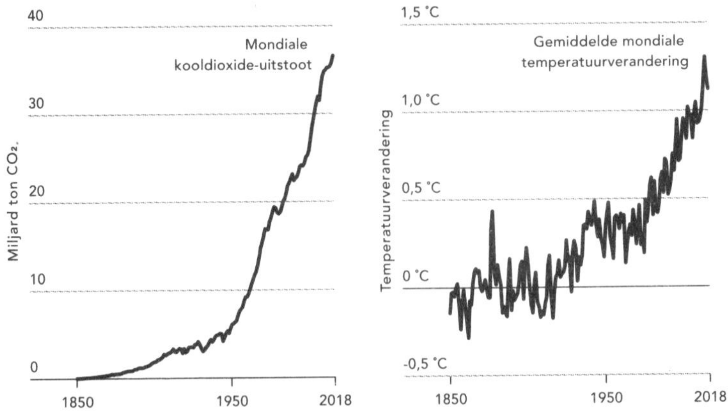

De kooldioxide-uitstoot neemt toe, net als de mondiale temperatuur.[5] Links zie je hoe onze emissie van kooldioxide bij industriële processen en de verbranding van fossiele brandstoffen sinds 1850 zijn gestegen. Rechts zie je hoe de gemiddelde mondiale temperatuur meestijgt met de uitstoot. (Global Carbon Budget 2019, Berkeley Earth)

Hoe veroorzaken broeikasgassen de opwarming? Het korte antwoord: ze absorberen warmte en houden die vast in de atmosfeer. Hetzelfde effect wordt toegepast in een broeikas – vandaar de naam.

Je hebt het broeikaseffect zelf in feite op heel andere schaal in actie gezien, namelijk als je auto in de zon staat: de voorruit laat dan het zonlicht binnen en houdt een deel van die energie vast. Daarom wordt het in de auto veel warmer dan erbuiten.

Maar die uitleg roept alleen maar meer vragen op. Hoe komt de warmte van de zon langs de broeikasgassen naar de aarde, maar wordt ze vervolgens door deze gassen vastgehouden in de atmosfeer? Werkt kooldioxide dan als een gigantische eenzijdige spiegel? En als kooldioxide en methaan warmte vasthouden, waarom doet zuurstof dat dan niet?

De antwoorden liggen in de scheikunde en natuurkunde. Misschien kun je je van je natuurkundelessen nog wel herinneren dat alle moleculen trillen; hoe sneller ze trillen, hoe warmer ze zijn.

Wanneer bepaalde moleculen worden bestookt met straling van een bepaalde golflengte blokkeren ze die straling, absorberen ze haar energie en gaan ze sneller trillen.

Maar niet alle straling heeft de juiste golflengte om dit effect te veroorzaken. Zo passeert zonlicht de meeste broeikasgassen zonder te worden geabsorbeerd. Het grootste deel bereikt de aarde en warmt de planeet op, zoals het al miljarden jaren doet.

Het probleem is dat de aarde al die energie niet oneindig vasthoudt; als dat wel zo was, zou de planeet al ondraaglijk heet zijn. In plaats daarvan straalt de aardbol wat van die energie terug de ruimte in, en een deel van deze energie wordt teruggegeven in precies de juiste golflengtes om te kunnen worden geabsorbeerd door broeikasgassen. Dus ze verdwijnt niet ongehinderd de leegte in, maar stuit op de broeikasmoleculen, die daardoor sterker gaan trillen en de atmosfeer opwarmen. (Overigens moeten we op zich dankbaar zijn voor het broeikaseffect; zonder zou de planeet veel te koud voor ons zijn. De moeilijkheid is echter dat alle extra broeikasgassen het effect enorm versnellen.)

Waarom gedragen niet alle gassen zich op deze manier? Omdat straling dwars door moleculen met twee dezelfde atomen – bijvoorbeeld stikstof- of zuurstofmoleculen – heen gaat. Alleen moleculen met verschillende atomen, zoals die van kooldioxide en methaan, hebben de juiste structuur om straling te absorberen en daardoor op te warmen.

Dus het eerste deel van het antwoord op de vraag waarom we naar nul moeten, luidt: omdat elk beetje broeikasgas dat we in de atmosfeer uitstoten, bijdraagt aan de opwarming. De natuurkunde is simpelweg onontkoombaar.

Het volgende deel van het antwoord heeft betrekking op de impact die al die broeikasgassen op het klimaat – en dus op ons – hebben.

Wat we weten en niet weten

Er valt voor wetenschappers nog veel te leren over hoe en waarom het klimaat verandert. In de rapporten van het IPCC wordt bij voorbaat erkend dat er enige onzekerheid bestaat over hoe sterk en hoe snel de temperatuur zal stijgen, en welk effect deze hogere temperaturen precies zullen hebben.

Een van de problemen is dat computermodellen verre van perfect zijn. Het klimaat is buitengewoon complex en er is veel wat we niet begrijpen van de manier waarop wolken de opwarming beïnvloeden of van de impact van al die extra warmte op ecosystemen. Onderzoekers proberen deze hiaten in onze kennis te vullen.

Ondertussen is er ook veel wat wetenschappers wél weten en met zekerheid kunnen stellen over wat er zal gebeuren als we niet naar nul gaan. Hier volgen enkele kernpunten.

De aarde warmt op en dat komt door menselijke activiteit. De impact is schadelijk en zal nog veel erger worden. We hebben alle reden om te veronderstellen dat de impact op zeker moment catastrofaal zal zijn. Bereiken we dat punt over dertig jaar? Vijftig jaar? We weten het niet precies. Maar gezien het feit dat het probleem zeer moeilijk valt op te lossen, zelfs als het worstcasescenario zich over vijftig jaar voltrekt, moeten we nu in actie komen.

We hebben de temperatuur sinds het pre-industriële tijdperk met al minstens 1 graad Celsius doen stijgen, en als we onze uitstoot niet beperken, zullen we halverwege deze eeuw al tussen de 1,5 en 3 graden opwarming zitten, en tegen het eind van de eeuw tussen de 4 en 8 graden.

Al deze extra warmte zal diverse veranderingen in het klimaat veroorzaken. Voordat ik uiteenzet wat eraan zit te komen, moet ik een voorbehoud maken: hoewel we de globale trends kunnen voorspellen, zoals 'er zullen meer warme dagen zijn' en 'het zeeniveau zal stijgen', kunnen we specifieke gebeurtenissen niet met zekerheid aan klimaatverandering wijten. Als er bijvoorbeeld een hittegolf plaatsvindt, kunnen we niet stellen dat die alleen door de klimaatverandering wordt veroorzaakt. Wat we wel kunnen doen, is aangeven hoeveel groter de kans op zo'n hittegolf is geworden door klimaatverandering. Als het om orkanen gaat, is het onduidelijk of warmere oceanen een toename van het aantal stormen veroorzaken, maar het bewijs dat klimaatverandering zorgt voor nattere en heviger stormen, stapelt zich op. We weten ook niet of, en in welke mate, deze extremen op elkaar zullen inwerken, waardoor nog ernstiger effecten ontstaan.

Wat weten we nog meer?

In elk geval dat er meer zeer warme dagen op komst zijn. Ik zou statistieken kunnen geven van verschillende steden in de Verenigde Staten of in Europa, maar ik heb als voorbeeld Albuquerque in New Mexico gekozen, omdat ik daar een speciale band mee heb: Paul Allen en ik hebben er in 1975 Microsoft opgericht. (Micro-Soft, om precies te zijn – we hebben een paar jaar later het streepje en de hoofdletter s wijselijk geschrapt.) Halverwege de jaren zeventig van de vorige eeuw, toen we net begonnen, steeg de temperatuur in Albuquerque gemiddeld ongeveer 36 keer per jaar tot boven de 32 graden Celsius. Halverwege deze eeuw zullen de thermometers in de stad minstens twee keer zo vaak boven de 32 uit komen. Tegen het eind van de eeuw zou het er maar liefst 114 dagen per jaar zo heet kunnen worden. Met andere woorden: ze gaan van grofweg een maand per jaar aan hete dagen naar bijna vier maanden per jaar.

Niet iedereen zal evenveel te lijden hebben door hetere en vochtiger dagen. Het gebied rond Seattle bijvoorbeeld, waar Paul en ik Microsoft in 1979 naartoe verhuisden, zal waarschijnlijk relatief weinig last hebben. We zullen later deze eeuw misschien veertien dagen per jaar de 32 graden bereiken, terwijl dat in de jaren zeventig van de vorige eeuw gemiddeld slechts een of twee dagen gebeurde. En sommige plekken kunnen zelfs baat hebben bij een warmer klimaat. In koude regio's zullen bijvoorbeeld minder mensen sterven aan onderkoeling of griep, en ze zullen er minder geld uitgeven om hun huizen en bedrijven te verwarmen.

Maar de algemene trend wijst erop dat een warmer klimaat problemen met zich mee zal brengen. En alle extra warmte heeft een kettingreactie tot gevolg; zo worden stormen er heviger door. Wetenschappers weten nog niet zeker of stormen vaker voorkomen vanwege de warmte, maar ze lijken dus in elk geval wel heftiger te worden. We weten dat er meer water van het aardoppervlak verdampt als de temperatuur stijgt. Waterdamp is een broeikasgas, maar anders dan kooldioxide of methaan blijft hij niet lang in de lucht hangen – uiteindelijk valt de damp weer op het oppervlak in de vorm van regen of sneeuw. Wanneer waterdamp tot regen condenseert, komt er een grote hoeveelheid energie vrij, zoals een onweersbui laat zien.

Zelfs de krachtigste storm duurt gewoonlijk slechts een paar dagen, maar de impact ervan kan jarenlang doorwerken. Alleen al het verlies aan mensenlevens is een tragedie op zich, terwijl overlevenden zowel bedroefd als vaak ook nog eens berooid achterblijven. Orkanen en overstromingen kunnen ook gebouwen, wegen en elektriciteitsleidingen verwoesten die in de loop van jaren zijn gebouwd. Eigendommen en infrastructuur kunnen uiteindelijk natuurlijk worden vervangen, maar dat vergt geld en tijd die in nieuwe investeringen gestoken hadden kunnen worden om economische groei te genereren. Je bent bezig met herstelwerkzaamheden in plaats van met vooruitgang. Een onderzoek schatte in dat Puerto Rico's infrastructuur door de orkaan Maria uit 2017 meer dan twee decennia terug was geworpen.[6] En hoelang duurt het voordat de volgende storm zich aandient en de klok opnieuw terugdraait? We weten het niet.

De sterkere stormen creëren een vreemde situatie van óf overvloed óf hongersnood: terwijl het op sommige plaatsen meer regent, zijn er andere plaatsen waar vaker droogte heerst, die dan ook nog eens ernstiger is. Warmere lucht kan meer vocht vasthouden, dus als de lucht opwarmt, wordt hij dorstiger en neemt meer water op uit de grond. Tegen het einde van deze eeuw zal de grond in het zuidwesten van de Verenigde Staten 10 tot 20 procent minder vocht bevatten, en de kans op droogte zal daar toenemen tot ten minste 20 procent. Ook de rivier de Colorado, die drinkwater voor bijna 40 miljoen mensen levert, en irrigatie voor meer dan een zevende van alle Amerikaanse gewassen, wordt door droogte bedreigd.

De orkaan Maria wierp Puerto Rico's elektriciteitsnet en overige infrastructuur zo'n twee decennia terug, volgens een onderzoek.

Een warmer mondiaal klimaat betekent dat er vaker verwoestende natuur- en bosbranden zullen plaatsvinden. Warme lucht neemt vocht op uit planten en aarde, waardoor alles gevoeliger wordt voor brand. Wereldwijd zijn er veel verschillen; de omstandigheden variëren sterk. Maar Californië is een dramatisch voorbeeld van wat er gaande is. Bosbranden komen daar sinds het begin van de jaren zeventig van de vorige eeuw vijf keer vaker voor, grotendeels omdat het seizoen langer wordt en de bossen er nu veel meer droog hout bevatten, dat gemakkelijker brandt. Volgens de Amerikaanse overheid is de toename voor de helft te wijten aan klimaatverandering en kan Amerika halverwege de eeuw te maken krijgen met meer dan twee keer zoveel verwoesting door natuurbranden als vandaag de dag.[7] Dat moet iedereen die zich Amerika's verschrikkelijke bosbrandenseizoen van 2020 voor de geest haalt, beslist zorgen baren.

Nog een effect van de extra warmte is de stijging van de zeespiegel. Die ontstaat deels doordat het poolijs smelt en deels omdat zeewater uitzet als het warmer wordt. (Metaal doet dat ook, daarom kun je een ring die vastzit om je vinger losser maken door hem onder warm water te houden.) Hoewel de totale stijging van het wereldwijde zeeniveau – waarschijnlijk tussen de 1 en 2 meter in 2100 – misschien niet klinkt als veel, zullen sommige plekken er erger door worden getroffen dan andere: strandgebieden zitten uiteraard in de gevarenzone, maar ook steden op zeer poreus land. In Miami borrelt het zeewater nu al omhoog door straatkolken, zelfs als het niet regent – er is dan als het ware sprake van een overstroming bij droog weer – en de situatie wordt er niet beter op. In het gematigde scenario van het IPCC zal de zeespiegel rond Miami in 2100 met bijna 60 centimeter zijn gestegen. En sommige delen van de stad klinken in, zinken dus in feite, waardoor er per saldo nog eens 30 centimeter overheen zou kunnen komen.

Een stijgend zeeniveau zal nog slechter uitpakken voor de armste mensen op de wereld. Bangladesh, een arm land dat geleidelijk zijn weg uit de armoede lijkt te vinden, is hiervan een schoolvoorbeeld. Het heeft altijd te lijden gehad onder zware weersomstandigheden: het heeft honderden kilometers kustlijn aan de Golf van Bengalen, het grootste deel van het land bestaat uit lage rivierdelta's die gevoelig zijn voor overstromingen, en het heeft jaarlijks te maken met zware regenval. Maar het veranderende klimaat maakt het leven er nog moeilijker. Door cyclonen, stormvloeden en rivieroverstromingen staat Bangladesh nu al regelmatig voor 20 tot 30 procent onder water, waarbij oogsten en huizen worden vernietigd en mensen in het hele land omkomen.

Ten slotte zullen planten en dieren worden getroffen door de extra warmte en het kooldioxide dat daarvan de oorzaak is. Volgens onderzoek dat door het IPCC naar voren is gebracht,[8] zou een stijging van 2 graden Celsius het geografische verspreidingsgebied van gewervelde dieren met 8 procent verminderen, dat van planten met 16 procent en dat van insecten met 18 procent.

Wat betreft het voedsel dat we consumeren, is het vooruitzicht wisselend, maar voornamelijk somber. Aan de ene kant groeien tarwe en veel andere planten sneller, en hebben ze minder water nodig als er een grote hoeveelheid aan broeikasgassen in de lucht zit. Aan de andere kant is met name mais gevoelig voor warmte,[9] en dat is in de Verenigde Staten het voornaamste gewas – er wordt voor meer dan 50 miljard dollar aan verbouwd. Alleen al in de staat Iowa wordt meer dan 5 miljoen hectare land met mais beplant.[10]

Wereldwijd kan klimaatverandering resulteren in een waaier aan effecten op de hoeveelheid voedsel die een hectare oplevert; in sommige noordelijke streken kunnen de oogsten toenemen, maar op de meeste plaatsen zullen ze afnemen, van een paar procentpunten tot wel 50 procent. Door de klimaatverandering kan de Zuid-Europese productie van tarwe en mais halverwege deze eeuw met de helft dalen. In Sub-Saharaans Afrika kunnen de boeren het groeiseizoen zien krimpen met 20 procent, en worden miljoenen hectaren land aanzienlijk droger. In arme gemeenschappen, waar veel mensen al meer dan de helft van hun inkomen aan voedsel kwijt zijn, kunnen de voedselprijzen met 20 procent of meer stijgen. Extreme droogteperiodes in China – met zijn landbouwsysteem dat tarwe, rijst en mais levert voor een vijfde deel van de wereldbevolking – kunnen een regionale of zelfs mondiale voedselcrisis tot gevolg hebben.

Extra warmte is ook niet goed voor de dieren die we consumeren en die ons van melk voorzien; ze worden er minder productief door en zullen doorgaans jonger sterven, waardoor vlees, eieren en zuivel duurder worden. Ook samenlevingen die afhankelijk zijn van vis en zeevruchten komen in de problemen, omdat de zeeën niet alleen opwarmen, maar zich ook zullen opsplitsen in delen waar het water meer zuurstof bevat en delen waar minder zuurstof aanwezig is. Als gevolg daarvan zullen vissen en ander zeeleven zich naar elders verplaatsen of eenvoudigweg uitsterven. Als de temperatuur met 2 graden Celsius stijgt, kunnen koraalriffen volledig verdwijnen, waarmee een grote bron van zeevruchten voor meer dan een miljard mensen wordt vernietigd.

Van de regen in de drup

Misschien denk je dat het verschil tussen 1,5 en 2 graden niet zo groot zal zijn, maar klimaatwetenschappers hebben beide scenario's gesimuleerd, en dat leverde geen goed nieuws op. In diverse opzichten zou een stijging van 2 graden niet simpelweg 33 procent erger blijken dan een stijging van 1,5 graden, maar 100 procent erger kunnen uitpakken. Twee keer zoveel mensen zouden moeilijk aan schoon water kunnen komen. De maisproductie in de tropen zou twee keer zo hard achteruitgaan.

Elk van deze effecten van de klimaatverandering is op zichzelf al erg genoeg. Maar het is niet zo dat we op bepaalde plekken alléén te maken krijgen met warme dagen of overstromingen, en verder niets. Zo werkt het niet met het klimaat. De effecten van klimaatveranderingen stapelen zich op.

Als het warmer wordt, zullen muggen bijvoorbeeld in andere streken gaan leven (ze houden van vochtige omstandigheden en zullen van gebieden die droger worden uitwijken naar gebieden waar het vochtiger wordt), dus doen zich gevallen van malaria – en andere door insecten overgedragen ziekten – voor waar die eerder nooit voorkwamen.

Ook hitteberoerten worden een groot probleem, en die houden, hoe gek dat ook moge klinken, verband met de vochtigheid. Lucht kan namelijk slechts een bepaald gehalte aan waterdamp bevatten, en op een gegeven moment is het plafond bereikt; dan is hij zo verzadigd dat er geen vocht meer kan worden geabsorbeerd. Waarom dat ertoe doet? Omdat het vermogen van een mensenlichaam om af te koelen afhangt van de capaciteit die de lucht heeft om zweet te laten verdampen. Als de lucht je zweet niet kan opnemen, dan kun je niet afkoelen, hoeveel je ook transpireert. Je zweet kan dan nergens naartoe. Je lichaamstemperatuur blijft hoog en als er niets verandert, sterf je binnen een aantal uren aan een hitteberoerte.

Hitteberoerten zijn geen nieuw verschijnsel. Maar naarmate de atmosfeer warmer en vochtiger wordt, zullen ze een veel groter probleem gaan vormen. In de regio's die het grootste risico lopen – de Perzische Golf, zuidelijk Azië en delen van China – zullen er periodes in het jaar zijn waarin honderden miljoenen mensen het gevaar lopen eraan te overlijden.

Laten we, om te kijken wat er gebeurt als de effecten zich opstapelen, eens nagaan wat de impact op individuele mensen kan zijn. Stel je voor dat je in het jaar 2050 een welvarende jonge boer in de Amerikaanse staat Nebraska bent die mais en sojabonen verbouwt en veeteelt bedrijft. Hoe kan de klimaatverandering jou en je gezin dan treffen?

Je woont midden in de Verenigde Staten, ver van beide kusten, dus de stijging van de zeespiegel raakt jou niet direct. Maar de warmte doet dat wel. In de jaren tien, toen je nog een kind was, waren er misschien 33 dagen per jaar waarop de temperatuur de 32 graden bereikte; nu gebeurt dat 65 tot 70 dagen per jaar. De regen is ook een stuk minder betrouwbaar: in je kindertijd kon je rond de 65 centimeter per jaar verwachten; nu kán het slechts 55, maar eventueel ook 74 centimeter zijn.

Misschien heb je je bedrijf aangepast aan de warmere dagen en de onvoorspelbare regen. Jaren geleden heb je geïnvesteerd in nieuwe gewasvariëteiten die meer warmte kunnen verdragen, en je hebt oplossingen gevonden waardoor je tijdens het ergste gedeelte van de dag binnen kunt zijn. Het was niet prettig om extra geld aan deze gewassen en oplossingen te besteden, maar ze zijn beter dan het alternatief.

Op een dag steekt er onverwacht een hevige storm op. Het water van de rivieren in de buurt stroomt over de dijken die het decennialang hebben tegengehouden, en je land raakt overstroomd. Het is zo'n watervloed waarvan je ouders vroeger zeiden dat die eens in de honderd jaar voorkwam, maar nu mag je blij zijn als hij maar eens in de tien jaar voorkomt. Het water spoelt een groot deel van je mais- en sojabonenoogst weg, en je opgeslagen graan is grotendeels zo doorweekt dat het verrot en je het weg moet gooien. In theorie kun je je vee nog verkopen om het verlies goed te maken, maar al het voer is ook verloren gegaan, dus je zult de dieren niet erg lang in leven kunnen houden.

Uiteindelijk trekt het water zich terug en blijken de wegen, bruggen en spoorlijnen in de buurt onbruikbaar te zijn. Dat hindert niet alleen het vervoer van het graan dat je nog wél hebt kunnen redden; het maakt het ook moeilijker voor vrachtwagens om de zaden af te leveren die je voor het volgende plantseizoen nodig hebt, ervan uitgaande dat je akkers nog bruikbaar zijn. Alles bij elkaar is het een ramp die het einde kan betekenen van je boerenbedrijf, die je dwingt om het land te verkopen dat al generaties aan jouw familie toebehoort.

Het lijkt misschien alsof ik het meest extreme voorbeeld kies, maar dit soort dingen gebeuren nu al, met name onder arme boeren, en over een paar decennia kunnen ze veel meer mensen gaan treffen. En hoe erg dit verhaal ook klinkt, als je er een mondiale blik op werpt, zul je zien dat het veel erger zal zijn voor het miljard armste mensen op aarde – mensen die nu al met moeite het hoofd boven water houden en voor wie het alleen nog maar moeilijker zal worden naarmate het klimaat verder verandert.

Stel je nu eens voor dat je op het platteland van India woont, waar je echtgenoot en jij zelfvoorzienende boeren zijn, wat wil zeggen dat vrijwel al het voedsel dat jullie verbouwen wordt geconsumeerd door jullie gezin. In een goed seizoen heb je soms genoeg om wat te verkopen, zodat je medicijnen voor jullie kinderen kunt kopen of ze naar school kunt sturen. Helaas komen hittegolven tegenwoordig zo vaak voor dat jullie dorp langzamerhand onbewoonbaar wordt – het is niet ongebruikelijk dat het een aantal dagen achtereen tegen de 50 graden wordt – en met de hitte en de plagen die jullie akkers nu voor het eerst teisteren, is het bijna onmogelijk om gewassen in leven te houden. Hoewel moessonregens andere delen van het land hebben overstroomd, heeft het bij jullie veel minder geregend dan normaal, en is het zo lastig om water te vinden dat je moet zien te overleven met een druppelende leiding die maar een paar keer per week werkt. Het wordt nog moeilijker om zelfs maar te overleven met je gezin.

Je hebt je oudste zoon al naar een grote stad gestuurd, honderden kilometers verderop, om daar te werken, want het lukt niet om hem te voeden. Een buurman heeft zelfmoord gepleegd omdat hij zijn gezin niet meer kon onderhouden. Blijven je echtgenoot en jij waar jullie zijn en proberen jullie te overleven op de boerderij die je kent, of verlaten jullie het land en verhuizen jullie naar stedelijk gebied om te proberen daar een leven op te bouwen?

Het is een uiterst pijnlijke beslissing. Maar het is de keuze waar mensen wereldwijd nu al voor staan, met hartverscheurende gevolgen. In de ergste droogte die in Syrië ooit is geregistreerd – die duurde van 2007 tot 2010 – verruilden zo'n anderhalf miljoen mensen het platteland voor de stad, waarmee een deel van de kiem werd gelegd voor het gewapende conflict dat in 2011 begon. De kans op die lange periode van droogte was drie keer groter door de klimaatverandering.[11] In 2018 waren rond de 13 miljoen Syriërs ontheemd geraakt.

Dit probleem wordt alleen nog maar erger. Een onderzoek naar het verband tussen weerrampen en asielaanvragen in de Europese Unie[12] toonde aan dat de aanvragen zelfs bij een matige opwarming tegen het einde van de eeuw met 28 procent zouden kunnen stijgen tot bijna 450.000 per jaar. Hetzelfde onderzoek schatte in dat afnemende oogsten tegen 2080 tot gevolg zouden kunnen hebben dat tussen de 2 en 10 procent van de volwassenen uit Mexico de grens naar de Verenigde Staten probeert over te steken.

Laten we dit alles eens in een perspectief plaatsen dat iedereen die de COVID-19-pandemie meemaakt, kan invoelen. Als je wilt begrijpen hoeveel schade klimaatverandering kan aanrichten, kijk dan naar COVID-19 en stel je voor hoe de pijn over een veel langere tijdspanne wordt uitgespreid. Het verlies aan mensenlevens en de economische ellende die door deze pandemie worden veroorzaakt, kun je gelijkstellen aan wat er vaker zal gebeuren als we de mondiale uitstoot van broeikasgassen niet terugbrengen.

Ik zal beginnen met het verlies aan mensenlevens. Hoeveel mensen zullen er sterven door COVID-19 vergeleken met de klimaatverandering? Omdat we dingen die op verschillende momenten in de tijd gebeuren willen vergelijken – de pandemie in 2020 en de klimaatverandering in, laten we zeggen, 2030 – en de wereldbevolkingscijfers in de tussentijd zullen veranderen, kunnen we de absolute getallen aan sterfgevallen niet met elkaar vergelijken. In plaats daarvan gebruiken we het sterftecijfer: het aantal overledenen per 100.000 mensen.

Als we data van de Spaanse griep van 1918 en die van de COVID-19-pandemie gebruiken en vervolgens een gemiddelde berekenen over de loop van een eeuw, kunnen we inschatten in welke mate een wereldwijde pandemie het mondiale sterftecijfer verhoogt. We hebben het dan over circa 14 doden per 100.000 mensen per jaar.

Hoe verhoudt zich dat tot klimaatverandering? Het is de verwachting dat de stijging van de mondiale temperaturen halverwege deze eeuw dezelfde sterftecijfers zal opleveren: 14 doden per 100.000 tegen het einde van de eeuw, en als de uitstoot blijft groeien, zou de klimaatverandering zelfs de oorzaak kunnen worden van 75 extra doden per 100.000 mensen.

Met andere woorden, halverwege deze eeuw zou de klimaatverandering net zo dodelijk kunnen zijn als COVID-19, en tegen 2100 zelfs vijf keer zo dodelijk.

Ook het economische plaatje is somber. De te verwachten impact van klimaatverandering en van COVID-19 varieert nogal, afhankelijk van het gebruikte economische model. Maar de conclusie is onmiskenbaar: in de volgende twee decennia zal de economische schade ten gevolge van de klimaatverandering waarschijnlijk net zo erg zijn als wanneer we elke tien jaar een pandemie van COVID-achtige omvang zouden hebben, en tegen het einde van de eenentwintigste eeuw wordt het nog veel erger als de wereld op het huidige uitstootniveau doorgaat.*

Veel van de voorspellingen in dit hoofdstuk klinken je misschien bekend in de oren als je het nieuws over de klimaatverandering hebt gevolgd. Maar als de temperatuur stijgt, zullen al deze problemen vaker gaan voorkomen – en dan ernstiger en met gevolgen voor meer mensen. Bovendien bestaat de kans op een relatief plotselinge, catastrofale klimaatverandering, bijvoorbeeld als grote delen van de permanent bevroren grond op aarde (die permafrost wordt genoemd) warm genoeg worden om te smelten, waarbij de grote hoeveelheden broeikasgassen die daarin vastzitten, voornamelijk methaan, vrij zullen komen.

Hoewel er veel wetenschappelijke onzekerheden overblijven, weten we genoeg om te begrijpen dat wat er op ons afkomt zorgelijk is.

* Dit zijn de cijfers. Recente modellen suggereren dat de kosten van de klimaatverandering in 2030 waarschijnlijk tussen de 0,85 procent en de 1,5 procent van Amerika's bbp per jaar zullen bedragen. Ondertussen liggen de huidige schattingen van de kosten van COVID-19 voor de Verenigde Staten tussen de 7 en 10 procent van het bbp. Als we ervan uitgaan dat er om de tien jaar een vergelijkbare ontwrichting plaatsvindt, leidt dat jaarlijks tot een gemiddeld prijskaartje van 0,7 tot 1 procent van het bbp – ruwweg equivalent aan de verwachte schade door klimaatverandering.

Er zijn twee dingen die we eraan kunnen doen:

Adaptatie (aanpassing). We kunnen proberen om de impact van de veranderingen die al plaatsvinden en die te gebeuren staan te minimaliseren. Omdat klimaatverandering de grootste impact zal hebben op de armste mensen ter wereld, en omdat de meeste arme mensen boer zijn, is adaptatie een belangrijk richtpunt voor het landbouwteam van de Gates Foundation. We financieren bijvoorbeeld veel onderzoek naar nieuwe gewasvariëteiten die bestand zijn tegen droogteperiodes en overstromingen, die de komende decennia vaker zullen voorkomen en bovendien ernstiger zullen zijn. In hoofdstuk 9 zal ik meer uitleg geven over adaptatie, en een aantal benodigde stappen beschrijven.

Mitigatie (matiging). Het grootste deel van dit boek gaat niet over adaptatie; het gaat over dat ándere wat we moeten doen: stoppen met het toevoegen van broeikasgassen aan de atmosfeer. Om enige hoop te hebben dat we een ramp kunnen afwenden, moeten de grootste 'uitstoters' – de rijkste landen – in 2050 de netto nul hebben bereikt. Landen met een gemiddeld inkomen zullen daar snel achteraan moeten komen, uiteindelijk gevolgd door de rest van de wereld.

Ik heb mensen wel bezwaren horen uiten over het idee dat rijke landen de voorhoede moeten vormen: 'Waarom zouden wij de grootste last moeten dragen?' Het antwoord? Niet alleen omdat wij het probleem grotendeels hebben gecreëerd (hoewel dat waar is). Maar ook omdat het een grote economische kans betekent: de landen die uitstootvrije bedrijven en industrieën opbouwen, zullen de landen zijn die de komende decennia leidend worden in de mondiale economie.

Rijke landen zijn bovendien het best toegerust om innovatieve klimaatoplossingen te ontwikkelen; ze hebben de financiële middelen van overheidswege, universiteiten voor onderzoek, nationale laboratoria en startende bedrijven die talent van over de hele wereld aantrekken, dus zullen zij het voortouw moeten nemen. Wie een grote doorbraak op energiegebied tot stand brengt, en daarbij aantoont op wereldwijde schaal te kunnen werken én betaalbaar te zijn, zal in opkomende economieën geen gebrek aan klanten hebben.

Ik zie veel verschillende routes die ons naar nul kunnen brengen. Maar voordat we ze gedetailleerd gaan verkennen, moeten we onder ogen zien hoe moeilijk de reis zal worden.

HOOFDSTUK 2

EEN LASTIGE OPGAVE

Raak alsjeblieft niet gedeprimeerd door de titel van dit hoofdstuk. Ik hoop dat het inmiddels duidelijk is dat ik geloof dat we de nul kunnen bereiken, en in de volgende hoofdstukken zal ik een poging doen om uiteen te zetten waaróm ik dat denk en wat ervoor nodig zal zijn om die doelstelling te halen. Maar we kunnen een probleem als klimaatverandering niet oplossen zonder een eerlijk verhaal over hoeveel we moeten doen en welke obstakels we zullen moeten overwinnen. Dus in de wetenschap dat we het gaan hebben over de oplossingen – waaronder manieren om de transitie van fossiele brandstoffen te versnellen – gaan we na wat de grootste hindernissen zijn waar we voor staan.

Fossiele brandstoffen zijn als water. Ik ben een groot fan van wijlen David Foster Wallace. (Ik bereid me voor op het lezen van diens vuistdikke roman *Infinite Jest* door stukje bij beetje al het andere wat hij heeft geschreven tot me te nemen.) Toen Wallace in 2005 zijn nu beroemde speech voor afgestudeerden aan Kenyon College gaf, begon hij als volgt:

> Twee jonge vissen zijn een stukje aan het zwemmen als ze een oudere vis tegenkomen die de andere kant op zwemt, hun toeknikt en zegt: 'Morgen jongens, hoe is het water?' De beide jonge vissen zwemmen nog een eindje verder tot een

van hen de ander van opzij aankijkt en vraagt: 'Wat is water in vredesnaam?'*

Wallace legde uit: 'De essentie van dit vissenverhaaltje is dat de belangrijkste, meest vanzelfsprekende en alomtegenwoordige werkelijkheden vaak het minst goed zichtbaar zijn, en het moeilijkst om ter sprake te brengen.'

Zo is het ook met fossiele brandstoffen. Die zijn zo wijdverbreid dat het lastig kan zijn om te zien op hoeveel manieren ze – samen met andere bronnen van broeikasgassen – in ons leven zijn ingebed. Het helpt mij om te beginnen bij alledaagse voorwerpen en vandaar verder te redeneren.

Heb je vanochtend je tanden gepoetst? De tandenborstel bevat naar alle waarschijnlijkheid plastic, dat is gemaakt van aardolie, een fossiele brandstof.

Heb je ontbeten? Het graan in je brood of je kommetje ontbijt-

* Je kunt de hele speech, 'This Is Water', lezen via bulletin-archive.kenyon.edu. Het is een geweldige toespraak. Opmerking van de vertalers: de speech is in 2011 onder de titel *Dit is water* in boekvorm in het Nederlands verschenen bij Uitgeverij Contact, in een vertaling van Reintje Ghoos en Jan Pieter van der Sterre.

granen is verbouwd met behulp van kunstmest; bij de productie daarvan komen broeikasgassen vrij. Verder is het graan geoogst met een maaidorser die is gemaakt van staal – dat vervaardigd wordt met fossiele brandstoffen in een proces waarbij uitstoot vrijkomt – en die werkt weer op diesel of benzine. Heb je als lunch een hamburger gegeten, zoals ik af en toe doe? Bij het fokken van de runderen worden broeikasgassen uitgestoten – koeien laten boeren en winden die methaan bevatten –, evenals bij het telen en oogsten van de tarwe waarmee het broodje is gemaakt.

De kleren die je hebt aangetrokken bevatten vermoedelijk katoen – ook bemest en geoogst – of polyester, gemaakt van ethyleen, dat is onttrokken aan aardolie. Heb je toiletpapier gebruikt? Dat betekent meer omgehakte bomen en vrijgekomen uitstoot.

Als het voertuig dat je hebt genomen om vandaag naar je werk of naar school te gaan rijdt op elektriciteit, dan is dat mooi – hoewel die elektriciteit waarschijnlijk is opgewekt met behulp van een fossiele brandstof. Ben je met de trein gegaan, dan reed die over rails van staal, en door tunnels die zijn gebouwd met cement, dat weer wordt geproduceerd met fossiele brandstoffen in een proces waarbij broeikasgassen vrijkomen. De auto of bus waarin je hebt gereden is gemaakt van staal en kunststof. Hetzelfde geldt voor je fiets. De straten en wegen waarop je hebt gereden bevatten cement en asfalt, een product op basis van aardolie.

Woon je in een flatgebouw, dan word je waarschijnlijk omgeven door cement. Woon je in een huis van hout, dan is dat gekapt en zijn de planken op maat gemaakt met door benzine of diesel aangedreven machines, die weer zijn gemaakt van staal en kunststof. Is je huis of kantoor voorzien van verwarming of airconditioning, dan betekent dat niet alleen een behoorlijk energieverbruik, maar kan de koelvloeistof in de airco een krachtig broeikasgas zijn. Zit je in een stoel van metaal of kunststof, dan brengt die ook uitstoot met zich mee.

Bovendien zijn vrijwel al deze items, van de tandenborstel tot het bouwmateriaal, vanaf een andere plek vervoerd met vrachtwagens, vliegtuigen, treinen en/of schepen, die op hun beurt weer werken op – en zijn gemaakt van – fossiele brandstoffen.

Met andere woorden: fossiele brandstoffen zijn overal. Neem olie als voorbeeld: de wereld gebruikt hiervan ruim 15 miljard liter per dag. Als je iets in een dusdanig grote hoeveelheid gebruikt, kun je daar niet zomaar van de ene op de andere dag mee stoppen.

Daar komt nog bij dat er een heel goede reden is waaróm fossiele brandstoffen overal zijn: ze zijn namelijk zeer betaalbaar. Sterker nog, *olie is goedkoper dan frisdrank*. Ik kon het zelf amper geloven toen ik dat voor het eerst hoorde, maar het is zo. Dit is het sommetje:[13] een vat olie bevat bijna 160 liter; met de gemiddelde prijs van ongeveer 42 dollar per vat in de tweede helft van 2020 komt dat neer op 26 dollarcent per liter. Ondertussen verkoopt Costco, een Amerikaanse groothandel, 8 liter frisdrank voor 6 dollar, een prijs die neerkomt op 75 dollarcent per liter.

Zelfs als je rekening houdt met fluctuaties in de olieprijs, blijft de conclusie staan: elke dag zijn mensen over de hele wereld afhankelijk van ruim 15 miljard liter van een product dat nog minder kost dan cola light.

Het is niet toevallig dat fossiele brandstoffen zo goedkoop zijn. Ze zijn er namelijk in overvloed en ze zijn gemakkelijk te verplaatsen. We hebben grote mondiale industrieën gecreëerd die ernaar boren, ze verwerken en transporteren, en die innovaties ontwikkelen om hun prijs laag te houden. En in die prijs is de schade die ze veroorzaken niet meegenomen – de manieren waarop ze bijdragen aan de klimaatverandering, vervuiling en aantasting van het milieu als ze worden gewonnen en verbrand. We zullen dit probleem in hoofdstuk 10 uitvoeriger verkennen.

Alleen al de gedachte aan de omvang van het probleem kan duizelingwekkend zijn. Maar dat hoeft niet verlammend te werken. Door de schone en duurzame bronnen die we al hebben in te zetten terwijl we intussen ook doorbraken creëren in uitstootvrije energie, kunnen we uitzoeken hoe we onze netto-uitstoot naar nul gaan terugbrengen. De sleutel zal zijn om de schone benadering net zo goedkoop – of bijna zo goedkoop – te maken als de huidige technologie.

Maar we moeten er wel vaart achter zetten, want...

Het gaat niet om alleen de rijke wereld. Bijna overal blijven mensen langer en gezonder leven. De levensstandaard gaat omhoog. Er is een groeiende vraag naar auto's, wegen, gebouwen, koelkasten, computers en airco's, en naar de energie om ze te laten werken. Als gevolg daarvan stijgt de hoeveelheid energie die per persoon wordt gebruikt, net als de hoeveelheid broeikasgassen die per persoon wordt uitgestoten. Ook bij de bouw van de infrastructuur die we nodig zullen hebben om al deze energie op te wekken – de windmolens, zonnepanelen, kerncentrales, elektriciteitsopslag, enzovoort – komen weer meer broeikasgassen vrij.

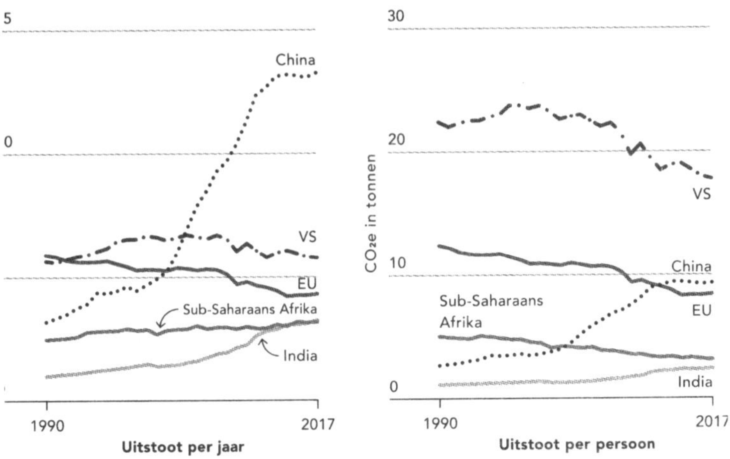

Waar de uitstoot is.[15] De uitstoot van hoogontwikkelde economieën als die van de Verenigde Staten en Europa is redelijk gelijk gebleven of zelfs gedaald, maar veel ontwikkelingslanden maken een inhaalslag. Dat komt deels doordat rijkere landen industrie met zware uitstoot hebben verplaatst naar armere landen. (UN Population Division; Rhodium Group)

De komende veertig jaar zal er op de wereld elke maand het equivalent van een New York City worden gebouwd.[14]

Maar het is niet alleen zo dat iedere persoon meer energie zal gebruiken; er zullen ook nog eens meer mensen zijn. De wereldbevolking stevent af op de 10 miljard tegen het eind van de eeuw, en veel van die groei vindt plaats in steden waar veel uitstoot is. De snelheid van de verstedelijking is verbijsterend: tegen het jaar 2060 zal het gebouwenbestand op de wereld – een eenheid die het aantal gebouwen en hun grootte incalculeert – verdubbeld zijn. Dat kun je vergelijken met veertig jaar lang elke maand de bouw van weer een New York City, en dat komt vooral door de groei van landen als China, India en Nigeria.

Dit is natuurlijk goed nieuws voor iedereen die een beter leven krijgt, maar het is slecht nieuws voor het klimaat waar we allemaal in leven. Bedenk eens dat bijna 40 procent van de wereldwijde uitstoot wordt geproduceerd door de rijkste 16 procent van de bevolking. (En dan tellen we nog niet eens de uitstoot mee van producten die elders worden gemaakt maar worden gebruikt in rijke landen.) Wat zal er gebeuren als er meer mensen gaan leven als de rijkste 16 procent? De mondiale vraag naar energie zal tegen 2050 met 50 procent zijn toegenomen, en als er verder niets verandert, zal de uitstoot van broeikasgassen bijna net zo hard stijgen. Zelfs als de rijke wereld vandaag op magische wijze de nul kon bereiken, zou de rest van de wereld nog altijd steeds meer gaan uitstoten.

Het zou immoreel en onpraktisch zijn om te proberen de mensen onderaan de economische ladder tegen te houden bij het beklimmen ervan. We kunnen niet van arme mensen verwachten dat ze arm blijven omdat rijke landen te veel broeikasgassen hebben uitgestoten, en zelfs als we dat wél zouden willen, zouden we het niet kunnen. In plaats daarvan moeten we mensen met een laag inkomen de mogelijkheid bieden de ladder te beklimmen zonder dat het klimaat daaronder te lijden zal hebben. We moeten zo snel mogelijk naar nul – waarbij we nog meer energie produceren dan vandaag de dag, maar geen broeikasgassen aan de atmosfeer toevoegen.

Maar helaas...

We hebben de geschiedenis niet mee. Te oordelen naar de duur van eerdere transities, is 'zo snel mogelijk' nog heel ver weg. We hebben zulke dingen eerder gedaan – van de ene energiebron overstappen op de andere – en dat heeft altijd tientallen jaren in beslag genomen. (De beste boeken die ik over dit onderwerp heb gelezen, allebei geschreven door Vaclav Smil, zijn *Energy Transitions* en *Energy Myths and Realities*, waar ik hier schatplichtig aan ben.)

Het grootste deel van de geschiedenis van de mensheid vormden onze spierkracht, dieren die onze ploegen trokken en planten die we verbrandden onze voornaamste energiebronnen. Fossiele brandstoffen vertegenwoordigden tot eind jaren negentig van de negentiende eeuw nog niet de helft van de wereldwijde energieconsumptie. In China namen ze het pas over in de jaren zestig van de twintigste eeuw. Er zijn delen van Azië en Sub-Saharaans Afrika waar deze transitie nog steeds niet heeft plaatsgevonden.[16]

Veel boeren zijn nog steeds aangewezen op eeuwenoude technieken, wat een van de redenen is voor hun armoede. Ze hebben recht op moderne gereedschappen en methoden, maar op dit moment brengen die gereedschappen wel meer broeikasgassen met zich mee.[17]

En bedenk eens hoelang het heeft geduurd voordat olie een groot onderdeel werd van onze energievoorziening. We begonnen deze brandstof pas in de jaren zestig van de negentiende eeuw bedrijfsmatig te produceren. Een halve eeuw later was olie nog maar goed voor slechts 10 procent van de mondiale energievoorziening.[18] Het duurde nog eens dertig jaar voor we de 25 procent bereikten.

Aardgas volgde een vergelijkbaar traject.[19] In 1900 maakte het 1 procent van de wereldwijde energie uit. Het duurde zeventig jaar om de 20 procent te bereiken. Kernsplijting ging sneller, van 0 tot 10 procent in 27 jaar.

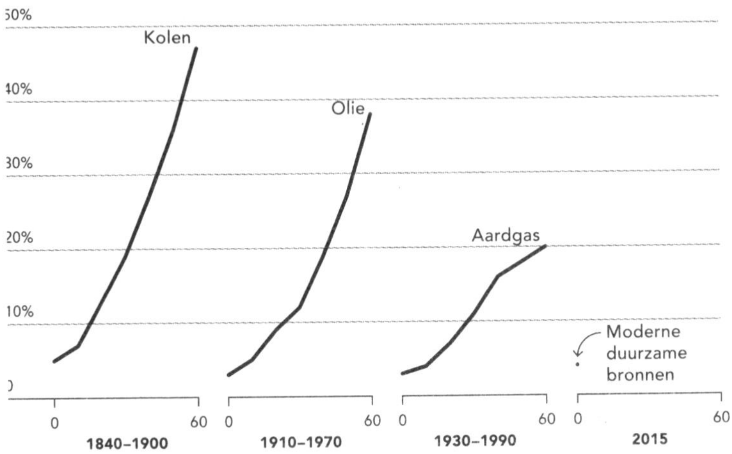

Het duurt heel lang om nieuwe energiebronnen toe te passen.[20]
Kijk eens hoe kolen in zestig jaar van 5 procent van de wereldwijde energievoorziening naar bijna 50 procent stegen. Maar aardgas bereikte in dezelfde tijdspanne slechts 20 procent. (Vaclav Smil, *Energy Transitions*)

Bovenstaande grafiek laat zien hoe het gebruik van verschillende energiebronnen in de loop van zestig jaar is toegenomen, te beginnen vanaf het moment dat ze werden geïntroduceerd. Tussen 1840 en 1900 stegen kolen van 5 procent van de mondiale energievoorziening naar bijna 50 procent. Maar in de zestig jaar van 1930 tot 1990 bereikte aardgas slechts 20 procent. Kortom: energietransities nemen veel tijd in beslag.

En brandstofbronnen zijn niet de enige kwestie. We doen er ook lang over om nieuwe soorten voertuigen toe te passen. De verbrandingsmotor werd in de jaren tachtig van de negentiende eeuw geïntroduceerd. Hoelang duurde het voordat de helft van alle gezinnen in de steden een auto had? In de Verenigde Staten dertig tot veertig jaar, en in Europa zeventig tot tachtig jaar.

Daar komt nog bij dat de energietransitie die we nu nodig hebben, voortkomt uit iets wat er eerder nooit toe deed. In het verleden gingen we over op een andere bron omdat de nieuwe goedkoper en krachtiger was. Toen we stopten met heel veel hout te verbranden en meer kolen begonnen te gebruiken, was dat bijvoorbeeld omdat een kilo kolen ons veel meer warmte en licht gaf dan een kilo hout.

Of neem een recenter voorbeeld in de Verenigde Staten: we gebruiken meer aardgas en minder kolen om elektriciteit op te wekken. Waarom? Omdat nieuwe boortechnieken het veel goedkoper hebben gemaakt. Het was dus een kwestie van geld, niet het milieu. In feite hangt de vraag of aardgas beter of slechter is dan kolen af van de manier waarop CO_2-equivalenten worden berekend. Sommige wetenschappers hebben betoogd dat gas feitelijk slechter voor de klimaatverandering kan zijn dan kolen, afhankelijk van hoeveel er lekt tijdens de winning en verwerking ervan.[21]

In de loop der tijd gaan we als vanzelf meer duurzame bronnen gebruiken, maar als we het allemaal op zijn beloop laten, zal die ontwikkeling bij lange na niet snel genoeg plaatsvinden. En zoals we in hoofdstuk 4 zullen zien: zonder innovatie zal de te verwachten toename ook niet voldoende zijn om helemaal naar nul te gaan. We moeten dus een onnatuurlijk snelle transitie forceren. Daar komt een complexiteitsniveau – in beleid en technologie – bij kijken waar we nooit eerder mee te maken hebben gehad.

Waarom duren energietransities eigenlijk zo lang? Dat zit zo...

Kolencentrales zijn iets anders dan computerchips. Misschien heb je weleens gehoord van de wet van Moore, de voorspelling die Gordon Moore in 1965 deed dat het aantal transistors in microprocessors elke twee jaar zou verdubbelen. Daar bleek Moore natuurlijk gelijk in te hebben, en de wet van Moore is een van de belangrijkste redenen waarom de computer- en software-industrieën zo'n hoge vlucht namen. Naarmate processors krachtiger werden, konden wij betere software schrijven, waardoor de vraag naar computers toenam, wat hardwarefirma's de prikkel gaf om hun machines te blijven verbeteren, waar wij dan weer betere software voor bleven schrijven, en zo ging het verder in een positieve terugkoppeling.

De wet van Moore werkt omdat bedrijven nieuwe manieren blijven vinden om transistors – de piepkleine schakelaartjes die het fundament van een computer vormen – kleiner en kleiner te maken. Daardoor kunnen ze steeds meer transistors op elke chip kwijt. Een computerchip die vandaag de dag wordt gemaakt, bevat grofweg een miljoen keer meer transistors dan eentje die in 1970 werd gemaakt, waardoor hij maar liefst een miljoen keer krachtiger is. Soms wordt de wet van Moore aangedragen als argument voor de aanname dat we dezelfde exponentiële vooruitgang kunnen boeken op het gebied van energie. Als computerchips zo snel kunnen verbeteren, kunnen auto's en zonnepanelen dat toch zeker ook?

Helaas is dat niet het geval. Computerchips zijn een uitzondering. Ze worden steeds beter omdat we uitpuzzelen hoe we meer transistors op één exemplaar kwijt kunnen, maar er is geen vergelijkbare doorbraak die ervoor zorgt dat auto's een miljoen keer minder brandstof gaan gebruiken. Bedenk maar eens dat het eerste Model T dat in 1908 van Henry Fords lopende band rolde slechts tegen de 9 kilometer op een liter reed. Nu ik dit schrijf, rijdt de tophybride die op de markt is 25 kilometer op een liter. In meer dan een eeuw is het brandstofverbruik met minder dan een factor drie verbeterd.

Zonnepanelen zijn evenmin een miljoen keer beter geworden. Toen kristallijne siliciumzonnecellen in de jaren zeventig van de vorige eeuw werden geïntroduceerd, zetten ze ongeveer 15 procent van het opgevangen zonlicht om in elektriciteit. Tegenwoordig zetten ze rond de 25 procent om. Dat is een prima vooruitgang, maar niet bepaald in lijn met de wet van Moore.

Technologie is slechts een van de redenen waarom de energie-industrie niet zo snel kan veranderen als de computerindustrie. De omvang is ook een punt. De energie-industrie is enorm – met ongeveer 5 biljoen dollar per jaar is ze een van de grootste bedrijfstakken ter wereld. Iets wat zo groot en complex is, zal weerstand bieden tegen verandering. En met opzet of niet: we hebben van de energiesector hoe dan ook een log apparaat gemaakt.

Denk voor de nodige context eens na over de manier waarop softwarebedrijven opereren. Er is geen toezichthouder die je producten moet goedkeuren. Zelfs als je een stukje software op de markt brengt dat niet perfect is, kunnen je klanten toch enthousiast worden en je feedback geven om het beter te maken, zolang het per saldo maar voldoende voordeel biedt. En nagenoeg alle kosten maak je van tevoren. Nadat je een product hebt ontwikkeld, zijn de marginale kosten om er meer van te maken te verwaarlozen.

Vergelijk het eens met de medicijnen- en vaccinindustrie. Een nieuw geneesmiddel op de markt krijgen is veel moeilijker dan een nieuw stukje software lanceren. En zo hoort het ook, aangezien het veel erger is wanneer een medicijn mensen ziek maakt dan wanneer een app foutjes bevat. Vanaf het basisonderzoek via de ontwikkeling, de goedkeuring door de toezichthouder en alle andere te doorlopen stappen duurt het jaren voordat een nieuw medicijn de patiënt bereikt. Maar als je eenmaal een pil hebt die werkt, is het heel goedkoop om er meer van te maken.

Vergelijk het nu eens met de energie-industrie. Aanvankelijk maak je enorme kosten die niet minder worden. Als je een miljard dollar besteedt aan het bouwen van een kolencentrale, zal de volgende die je bouwt niet goedkoper zijn. En je investeerders leveren het geld in de verwachting dat de centrale dertig jaar of langer zal blijven werken. Als iemand na tien jaar met een betere technologie op de proppen komt, sluit je dus niet zomaar de oude kolencentrale om een nieuwe te gaan bouwen. Althans, niet zonder een heel goede reden – zoals een grote financiële vergoeding of een overheid die je ertoe dwingt.

Ook de maatschappij tolereert heel weinig risico in de energiebranche, wat op zich begrijpelijk is. We eisen betrouwbare elektriciteit: de lamp moet elk moment dat een klant op de schakelaar drukt meteen aangaan. Maar we maken ons ook zorgen over rampen. In feite hebben onze zorgen omtrent veiligheid de nieuwe bouw van kerncentrales in de VS nagenoeg stilgelegd. Sinds de ongelukken in Three Mile Island en Tsjernobyl heeft Amerika slechts twee nieuwe kerncentrales gebouwd, hoewel er in een jaar tijd meer mensen sterven aan vervuiling door kolen dan er zijn gestorven bij alle ongelukken met kerncentrales bij elkaar.

We hebben een grote en begrijpelijke hang naar wat we al kennen, zelfs als dat wat we kennen uiteindelijk dodelijk is. Wat we moeten doen, is die tendens veranderen opdat we een energiesysteem kunnen ontwikkelen dat alles heeft wat we prettig vinden (betrouwbaarheid, veiligheid) en niets heeft wat we niet prettig vinden (afhankelijkheid van fossiele brandstoffen). Maar dat zal niet gemakkelijk zijn, want...

Onze wetten en regelgeving zijn achterhaald. Het woord 'overheidsbeleid' is nou niet direct iets waar mensen warm of koud van worden. Maar beleid – alles van belastingregels tot milieuwetgeving – heeft grote impact op het gedrag van mensen en bedrijven. We halen de nul pas als het beleid de juiste voorwaarden schept, en die situatie hebben we nog lang niet bereikt. (Ik heb het nu over de Verenigde Staten, maar dit is ook van toepassing op veel andere landen.)

Het is een probleem dat een groot deel van de huidige milieuwetgeving en regelgeving niet is gemaakt met oog voor de klimaatverandering. De regels werden in het leven geroepen om andere problemen op te lossen, en nu proberen we ze te gebruiken om uitstoot te verminderen. We zouden net zo goed kunnen proberen om kunstmatige intelligentie te creëren met behulp van een mainframecomputer uit de jaren zestig van de vorige eeuw.

In de Clean Air Act, Amerika's bekendste wet aangaande de luchtkwaliteit, worden broeikasgassen bijvoorbeeld amper genoemd. Dat is niet verbazingwekkend, want deze wet werd in 1970 aangenomen om de gezondheidsrisico's door plaatselijke luchtvervuiling tegen te gaan, en niet om stijgende temperaturen te beteugelen.

En dan zijn er nog de normen die bekendstaan als CAFE (Corporate Average Fuel Economy). Deze kwamen tot stand in de jaren zeventig, toen de olieprijzen de pan uit rezen en Amerikanen graag auto's wilden met een efficiënt brandstofverbruik. Een prima streven, maar nu moeten we meer elektrische voertuigen de weg op krijgen, en de CAFE-normen helpen daar nauwelijks bij, want ze zijn er niet voor bedacht.

Achterhaald beleid is echter niet de enige moeilijkheid. Onze benadering van het klimaat en de energievoorziening verandert met elke verkiezingscyclus. Om de vier tot acht jaar verschijnt er een nieuwe regering in Washington, met haar eigen prioriteiten op energiegebied. Er is in principe niets mis met verandering van prioriteiten – een nieuwe regering zal altijd andere accenten leggen – maar wijzigingen kunnen belemmerend werken voor onderzoekers die subsidies ontvangen van de overheid, en voor ondernemers die rekenen op belastingprikkels. Het is lastig om echte vooruitgang te boeken als je om de paar jaar moet stoppen met een bepaald project en aan iets anders moet beginnen.

De verkiezingscyclus creëert ook de nodige onzekerheid op de particuliere markt. De regering biedt verschillende belastingvoordelen die zijn ontworpen om meer bedrijven te stimuleren tot het werken aan doorbraken op het gebied van schone energie. Maar het nut daarvan is beperkt, want energie-innovatie is ingewikkeld en het kan tientallen jaren duren voor ze iets oplevert. Zo kan een bedrijf jarenlang aan een idee werken, waarna een nieuwe regering aan de macht komt en de prikkel wegneemt waar het op heeft gerekend.

Het komt erop neer dat ons huidige energiebeleid slechts een verwaarloosbare impact zal hebben op de toekomstige uitstoot. Je kunt het effect meten door de mate te berekenen waarin de uitstoot in het jaar 2030 omlaag zal gaan als resultaat van alle maatregelen die de staten en de centrale regering nu hebben genomen. Al met al gaat het om ongeveer 300 miljoen ton,[22] of rond de 5 procent van de geschatte uitstoot door de VS in 2030. Dat is weliswaar beter dan niks, maar het is niet genoeg om dicht bij nul te komen.

Dit wil niet zeggen dat we geen beleid kunnen maken dat een groot verschil in uitstoot zal betekenen. De CAFE-normen en de Clean Air Act hebben bijvoorbeeld gedaan waar ze voor bedoeld waren: auto's zijn efficiënter en de lucht is schoner geworden. Ook zijn er nu enkele effectieve uitstootgerelateerde regels van kracht, hoewel die los van elkaar staan en samen niet genoeg impact hebben om echt verschil te maken voor het klimaat.

Ik geloof dat we het kunnen, maar het wordt moeilijk. Al was het maar omdat het veel eenvoudiger is om een bestaande wet aan te passen dan om een belangrijke nieuwe wet te introduceren. Het vergt veel tijd om nieuw beleid te ontwikkelen, om input vanuit de samenleving te krijgen en om het rechtssysteem te doorlopen als er juridische haken en ogen aan zitten, en het uiteindelijk te implementeren. En er is nóg een complicerende factor…

De consensus over klimaatverandering is minder groot dan je zou denken. Ik heb het niet over de 97 procent van de wetenschappers die het erover eens zijn dat het klimaat verandert door toedoen van de mens. Het is waar dat er nog steeds kleine maar uitgesproken – en soms ook politiek machtige – groepen mensen zijn die zich niet laten overtuigen door de wetenschap. Maar zelfs iemand die ervan doordrongen is dat klimaatverandering wel degelijk plaatsvindt, hoeft niet per se van mening te zijn dat we heel veel geld moeten steken in baanbrekende vindingen om ertegen te strijden.

Sommige mensen zeggen bijvoorbeeld: *Ja, klimaatverandering is een feit, maar het is niet de moeite waard om heel veel geld te besteden aan het tegenhouden van de opwarming, of aan aanpassingen. In plaats daarvan moeten we voorrang geven aan dingen die een grotere invloed hebben op het menselijk welzijn, zoals gezondheid en onderwijs.*

Mijn reactie daarop is: als we niet snel richting nul gaan, zullen er (waarschijnlijk veel) erge dingen gebeuren, voor velen nog tijdens ons leven, en zullen er zeer erge dingen gebeuren binnen één generatie. Zelfs als klimaatverandering geen existentiële bedreiging voor de mensheid vormt, zullen de meeste mensen er slechter van worden, en de armsten nog armer. Het wordt steeds erger tot we stoppen met het toevoegen van broeikasgassen aan de atmosfeer, en dat verdient net zoveel prioriteit als de gezondheidszorg en het onderwijs.

Een ander argument dat je vaak hoort, luidt: *Ja, klimaatverandering is gaande, en de effecten zullen ernstig zijn,* én *we hebben alles wat we nodig hebben om het proces te stoppen. Met zonne-energie, windenergie, waterkracht en nog wat andere middelen gaan we het redden. Het is gewoon een kwestie van ze te willen toepassen.*

In de hoofdstukken 4 tot en met 8 leg ik uit waarom ik daar niet in geloof. We hebben inderdaad deels wat we nodig hebben, maar lang niet alles.

En er komt nog een uitdaging kijken bij het bereiken van een klimaatconsensus: de mondiale samenwerking is moeilijk gebleken. Het is lastig om het met alle landen van de wereld eens te worden over welk onderwerp dan ook – en al helemaal wanneer je ze vraagt om zich nieuwe kosten op de hals te halen, bijvoorbeeld met als doel de broeikasuitstoot te verminderen. Geen enkel land wil betalen om zijn uitstoot te matigen tenzij alle andere landen hetzelfde doen. Daarom was het Akkoord van Parijs, waarin meer dan 190 landen hebben getekend voor een uiteindelijke beperking van hun uitstoot, zo'n grote prestatie. Niet omdat de huidige afspraken een groot verschil in de uitstoot zullen maken – als iedereen ze nakomt, zal de jaarlijkse uitstoot worden teruggebracht met 3 tot 6 miljard ton in 2030, minder dan 12 procent van de totale uitstoot van nu – maar omdat de overeenkomst bewees dat mondiale samenwerking mogelijk is. De terugtrekking van de Verenigde Staten uit het in 2015 gesloten Parijsakkoord – een stap die door president Joe Biden is teruggedraaid – illustreert alleen maar dat het net zo moeilijk is om wereldwijde verdragen te behouden als het in eerste instantie is om ze te verwezenlijken.

In het kort: we moeten een gigantische klus zien te klaren, iets wat we nog nooit eerder hebben gedaan, en veel sneller dan we ooit iets vergelijkbaars tot stand hebben gebracht. Daarvoor hebben we veel doorbraken nodig in de wetenschap en techniek. We moeten een consensus zien te bereiken die nog niet bestaat en beleid creëren om een transitie door te voeren die anders niet zou plaatsvinden. Het energiesysteem moet stoppen met alles wat we niet willen én alles blijven doen wat we wel willen. Met andere woorden: het moet helemaal veranderen maar toch ook hetzelfde blijven.

Maar wanhoop niet. We kunnen het voor elkaar krijgen. Er bestaan heel veel ideeën over hoe we het kunnen klaarspelen – sommige veelbelovend, andere minder. In het volgende hoofdstuk leg ik uit hoe ik ze van elkaar probeer te onderscheiden.

HOOFDSTUK 3

VIJF RELEVANTE VRAGEN OVER HET KLIMAAT

Toen ik me begon te verdiepen in klimaatverandering, bleef ik feiten tegenkomen die ik moeilijk te bevatten vond. Al was het alleen maar omdat de getallen zo groot waren dat het lastig was om me er iets bij voor te stellen. Want wie weet hoe 51 miljard ton gas eruitziet?

Een ander probleem was dat de data die ik zag vaak buiten enige context leken te staan. Ik las bijvoorbeeld in een artikel dat een programma voor emissiehandel in Europa ervoor had gezorgd dat de CO_2-voetafdruk van de luchtvaartsector er met 17 miljoen ton per jaar was afgenomen. Zeventien miljoen ton, dat klinkt behoorlijk veel, maar is het dat ook? Om welk percentage van het totaal gaat het eigenlijk? Dat vermeldde het artikel niet, en dergelijke omissies kwamen verrassend veel voor.

Uiteindelijk creëerde ik in mijn hoofd een kader voor de dingen die ik te weten kwam. Het gaf me een besef van wat veel was en wat weinig was, en hoe duur iets zou kunnen zijn. Het hielp me om de meest veelbelovende ideeën te herkennen. Ik heb gemerkt dat deze benadering me helpt bij bijna elk nieuw onderwerp waar ik mijn tanden in zet: ik probeer eerst het grote geheel te zien omdat het me de context geeft waarbinnen ik nieuwe informatie kan plaatsen. Ik kan het dan ook beter onthouden.

Het vijfvragenkader dat ik voor mezelf bedacht heb, is nu nog steeds nuttig, of ik nu luister naar een investeringspitch door een energiebedrijf of op een barbecue in de achtertuin een gesprek voer met een vriend of vriendin. Binnenkort lees je misschien ergens een artikel waarin een klimaatoplossing wordt voorgesteld; ook zul je politici hun plannen op het gebied van de klimaatverandering horen ontvouwen. Het zijn complexe onderwerpen die verwarrend kunnen werken. Dit kader van vijf vragen helpt je orde in de chaos te scheppen.

1. Over welk percentage van de 51 miljard ton hebben we het?

Telkens als ik iets lees over een bepaalde hoeveelheid broeikasgassen, reken ik die vlug om naar een percentage van het jaarlijkse totaal van 51 miljard ton. Volgens mij is dat logischer dan de andere vergelijkingen die je vaak ziet, zoals: zoveel ton is equivalent aan het verwijderen van één auto op de weg. Wie weet hoeveel auto's er überhaupt rondrijden? Of hoeveel auto's we van de weg zouden moeten halen om de klimaatverandering tegen te gaan?

Ik relateer alles liever aan het hoofddoel: 51 miljard ton minder per jaar. Denk eens terug aan het luchtvaartvoorbeeld dat ik aan het begin van dit hoofdstuk aanhaalde, het Europese programma waarmee een afname van 17 miljoen ton per jaar is gerealiseerd. Reken die hoeveelheid eens om naar een percentage van 51 miljard. Dat is dan een vermindering van ongeveer 0,03 procent van de jaarlijkse mondiale uitstoot.

Is dat een significante bijdrage? Dat hangt af van het antwoord op deze vraag: is het waarschijnlijk dat het cijfer gaat stijgen of blijft het hetzelfde? Als zo'n programma begint met 17 miljoen ton, maar het potentieel heeft om de uitstoot nog veel sterker terug te brengen, dan is dat één ding. Als het voor altijd bij die 17 miljoen ton blijft, is dat toch iets anders. Helaas is het antwoord niet altijd duidelijk. (Ik vond het zelf bijvoorbeeld niet duidelijk toen ik over de tot stand gekomen afname in de luchtvaartsector las.) Maar het is een belangrijke vraag.

Bij Breakthrough Energy financieren we alleen technologieën die minstens 500 miljoen ton per jaar kunnen wegnemen als ze succesvol en volledig doorgevoerd zijn. Dat is ruwweg 1 procent van de wereldwijde uitstoot. Technologieën die de 1 procent nooit zullen halen, mogen niet meedingen naar de beperkte middelen die we hebben om de nul te halen. Er kunnen andere goede redenen zijn om ze in te voeren, maar het aanmerkelijk terugbrengen van de uitstoot hoort daar niet bij.

Misschien heb je weleens verwijzingen naar gigatonnen broeikasgas gezien. Een gigaton is een miljard ton (of 10^9 ton als je de voorkeur geeft aan de wetenschappelijke notatie). Ik denk niet dat de meeste mensen intuïtief begrijpen wat een gigaton aan gas inhoudt; bovendien klinkt het wegwerken van 51 gigaton gemakkelijker dan 51 miljard ton, ook al gaat het om dezelfde hoeveelheid. Ik houd het dus op miljarden tonnen.

Tip: als je ergens een aantal tonnen aan broeikasgas genoemd ziet staan, zet het dan om naar een percentage van 51 miljard – het huidige mondiale totaal aan uitstoot (in CO_2-equivalenten).

2. Hoe zit het met de plannen voor cement?

Als je het hebt over een allesomvattend plan om klimaatverandering tegen te gaan, zul je alle menselijke activiteiten waarbij broeikasgassen vrijkomen in aanmerking moeten nemen. Sommige dingen, zoals elektriciteit en auto's, krijgen veel aandacht, maar die vormen nog maar het begin. Personenauto's veroorzaken minder dan de helft van alle uitstoot door het vervoer, dat op zijn beurt 16 procent van alle wereldwijde uitstoot vertegenwoordigt.

Ondertussen is de productie van alleen al staal en cement goed voor ongeveer 10 procent van alle uitstoot. Dus de vraag 'Hoe zit het met de plannen voor cement?' is niet meer dan een kleine reminder aan het feit dat een allesomvattend klimaatplan veel meer inhoudt dan elektriciteit en auto's.

Hieronder zie je een specificatie van alle menselijke activiteiten waarbij broeikasgassen vrijkomen. Niet iedereen gebruikt deze exacte categorieën, maar dit is de indeling die ik zelf het overzichtelijkst vond. Ze wordt ook gebruikt door het team van Breakthrough Energy.*

Terug naar nul betekent de eliminatie van al deze categorieën:

Hoeveel broeikasgassen worden uitgestoten bij de dingen die we doen?

Vervaardigen van spullen (cement, staal, kunststof/plastic)	**31%**
Opwekken van stroom (elektriciteit)	**27%**
Produceren van voedsel (gewassen, dieren)	**19%**
Vervoeren en verplaatsen (vliegtuigen, vrachtwagens, vrachtschepen)	**16%**
Warm en koel blijven (verwarming, verkoeling, koel houden)	**7%**

Het verbaast je misschien te lezen dat het opwekken van elektriciteit slechts iets meer dan een kwart van alle uitstoot uitmaakt. Ik was er in elk geval door verrast toen ik erachter kwam. Omdat de meeste artikelen over klimaatverandering die ik had gelezen gingen

* Deze percentages geven de mondiale emissie van broeikasgassen weer. Als je de uitstoot van verschillende bronnen in categorieën wilt indelen, zul je onder andere moeten beslissen hoe je producten telt die zowel bij de productie als het gebruik ervan uitstoot met zich meebrengen. We produceren bijvoorbeeld broeikasgassen als we olie raffineren tot benzine, en opnieuw als we die benzine verbranden. In dit boek heb ik alle uitstoot door de productie van dingen ondergebracht in 'Hoe we spullen maken', en alle uitstoot door het gebruik ervan in hun eigen categorie. Dus het raffineren van olie valt onder 'Hoe we spullen maken' en het verbranden van benzine onder 'Hoe we ons verplaatsen'. Hetzelfde geldt voor dingen als auto's, vrachtwagens, vliegtuigen en schepen. Het staal waar ze van zijn gemaakt, valt onder 'Hoe we spullen maken' en de uitstoot van de brandstoffen onder 'Hoe we ons verplaatsen'.

over het genereren van elektriciteit, nam ik aan dat het de grootste boosdoener zou zijn.

Het goede nieuws is dat elektriciteit weliswaar slechts 27 procent van het probleem vormt, maar veel meer dan 27 procent van de oplossing kan betekenen. Met schone elektriciteit kunnen we het verbranden van koolwaterstoffen voor brandstof (waar CO_2 bij vrijkomt) beperken. Denk aan elektrische auto's en bussen; elektrische verwarmings- en verkoelingssystemen in onze huizen en bedrijven; en aan energie-intensieve fabrieken die elektriciteit in plaats van aardgas gebruiken om hun producten te maken. Op zichzelf zal schone elektriciteit ons niet naar nul brengen, maar ze vormt wel een belangrijke stap.

Tip: onthoud dat uitstoot afkomstig is van vijf verschillende activiteiten, en dat we op al die gebieden oplossingen nodig hebben.

3. Over hoeveel stroom hebben we het?

Deze vraag komt doorgaans aan de orde in artikelen over elektriciteit. Je leest bijvoorbeeld dat een nieuwe elektriciteitscentrale 500 megawatt gaat produceren. Is dat veel? En wat is een megawatt eigenlijk?

Een megawatt is een miljoen watt, en een watt is een joule per seconde. Voor ons begrip maakt het niet uit wat een joule is, behalve een beetje energie. Onthoud dus gewoon dat een watt een kleine hoeveelheid energie per seconde is. Bekijk het zo: als je het water meet dat uit je keukenkraan stroomt, kun je tellen hoeveel kopjes er per seconde uit komen. Het meten van stroom is vergelijkbaar, alleen meet je energie in plaats van water. Watts zijn dan de 'kopjes per seconde'.

Een watt is behoorlijk klein. Een niet al te sterke gloeilamp gebruikt er bijvoorbeeld 40 van. Een föhn gebruikt er 1500. Een elektriciteitscentrale kan honderden miljoenen watts opwekken. De grootste krachtcentrale ter wereld, de Drieklovendam in China, kan 22 miljard watt produceren. (Onthoud dat de definitie van een watt al 'per seconde' bevat; er bestaat dus niet zoiets als watts per seconde of per uur. Het zijn gewoon watts.)

Omdat de getallen al snel heel groot worden, is het handig om een kortere manier van uitdrukken te gebruiken. Een kilowatt is 1000 watt, een megawatt een miljoen en een gigawatt een miljard. Deze aanduidingen kom je vaak tegen in het nieuws, dus hanteer ik ze ook.

Hier zijn wat globale vergelijkingen die mij helpen het allemaal te overzien:

Hoeveel stroom is ervoor nodig?[23]

Wereld	**5000 gigawatt**
De Verenigde Staten	**1000 gigawatt**
Middelgrote stad	**1 gigawatt**
Dorp	**1 megawatt**
Gemiddeld Amerikaans huishouden	**1 kilowatt**

Natuurlijk zit er behoorlijk veel variatie in deze op de Amerikaanse situatie gebaseerde categorieën; het verbruik verschilt per dag en in de loop van het jaar. Het ene huishouden gebruikt veel meer elektriciteit dan het andere. Voor steden geldt hetzelfde. New York City gaat tot wel 12 gigawatt, afhankelijk van het seizoen; Tokio, dat meer inwoners telt dan New York, heeft gemiddeld ongeveer 23 gigawatt nodig, maar kan in de zomer een piekverbruik van meer dan 50 gigawatt hebben.

Stel dat je een stad die een gigawatt nodig heeft van stroom wilt voorzien. Kun je dan simpelweg een centrale voor die ene gigawatt neerzetten en garanderen dat de stad al haar benodigde elektriciteit zal krijgen? Niet per se. Het antwoord hangt af van de energiebron, want sommige bronnen zijn minder continu dan andere. Een kerncentrale werkt 24 uur per dag en wordt alleen afgesloten voor onderhoud en om splijtstof te vervangen. Maar de wind waait niet altijd en de zon schijnt niet altijd, dus de effectieve capaciteit van een windkrachtcentrale of een zonnecentrale kan 30 procent of minder zijn. Gemiddeld zal zo'n centrale 30 procent van de benodigde gigawatt produceren. Dat betekent dat je de stroomvoorziening moet aanvullen met andere bronnen om een gigawatt betrouwbaar te leveren.

Tip: als je 'kilowatt' hoort, denk je 'huishouden'. Hoor je 'gigawatt', dan denk je 'middelgrote stad'. Hoor je 'honderd of meer gigawatt', dan denk je 'groot land'.

4. Hoeveel ruimte is ervoor nodig?

Sommige elektriciteitsbronnen nemen meer ruimte in dan andere. Dit doet ertoe om de voor de hand liggende reden dat er een beperkte oppervlakte aan land en water aanwezig is. Natuurlijk is ruimte zeker niet de enige factor, maar het is wel een belangrijk onderdeel waar we meer over zouden moeten nadenken dan we nu doen.

Een relevant begrip in dit verband is vermogensdichtheid. Die vertelt je hoeveel oppervlakte aan land (of water, als je windturbines in zee plaatst) nodig is om met een bepaalde bron een bepaalde hoeveelheid stroom te genereren. Die dichtheid wordt gemeten in watt per vierkante meter. Hieronder vind je enkele voorbeelden:

Hoeveel elektriciteit kan een vierkante meter opleveren?

Energiebron	Watt per vierkante meter
Olie	**500–10.000**
Nucleair	**500–1000**
Zon	**5–20**
Water (dammen)	**5–50**
Wind	**1–2**
Hout en andere biomassa	**Minder dan 1**

* De vermogensdichtheid van zonne-energie zou theoretisch 100 watt per vierkante meter kunnen bereiken, maar in de praktijk is dat nog niet gelukt.

Zoals je ziet, is de vermogensdichtheid van zonne-energie veel hoger dan die van wind. Als je wind in plaats van zon wilt gebruiken, heb je veel meer land nodig, als de omstandigheden verder gelijk zijn. Dit betekent niet dat wind een slechte keus is en zon de juiste. Het betekent alleen maar dat deze bronnen verschillende eisen stellen en dat we het daarover moeten hebben.

Tip: als iemand je vertelt dat een bepaalde energiebron (wind, zon, kernsplijting of welke bron dan ook) alle energie kan leveren die de wereld nodig heeft, ga dan na hoeveel ruimte ervoor nodig zal zijn om al die energie op te wekken.

5. Hoeveel gaat het kosten?

De reden waarom we zoveel broeikasgassen uitstoten is dat – zolang je de schade op de lange termijn buiten beschouwing laat – onze huidige energietechnologieën verreweg de goedkoopste zijn die we tot onze beschikking hebben. Dus een verschuiving van onze immense energie-economie van vervuilende, uitstoot producerende technologieën naar bronnen met nul uitstoot zal kosten met zich meebrengen.

Hoeveel? In sommige gevallen kunnen we meteen een prijskaartje aan het verschil hangen. Als we een vervuilende en een schone bron van in essentie hetzelfde product hebben, hoeven we alleen de prijs te vergelijken.

De meeste van deze uitstootvrije oplossingen zijn duurder dan hun fossielebrandstoftegenhangers. Dat komt deels doordat de prijzen van fossiele brandstoffen de milieuschade die ze toebrengen niet weerspiegelen, zodat ze goedkoper lijken dan de alternatieven. (In hoofdstuk 10 kom ik terug op de uitdaging van de prijsstelling van broeikasgassen.) De bijkomende kosten noem ik Green Premiums – groene meerprijzen.*

Bij elk gesprek dat ik over klimaatverandering voer, houd ik die groene meerprijs in mijn achterhoofd. Ik kom in de volgende hoofdstukken herhaaldelijk terug op dit concept, dus ik leg hier graag uit wat ermee wordt bedoeld.

Er is niet één groene meerprijs. Er zijn er veel meer: voor elektriciteit, voor diverse brandstoffen, voor cement, enzovoort. De hoogte ervan hangt af van wat je vervangt en waar je het door vervangt. De meerprijs voor, laten we zeggen, uitstootvrije kerosine komt niet overeen met die voor door de zon opgewekte elektriciteit. Ik geef je een voorbeeld van groene meerprijzen in de praktijk.

De gemiddelde prijs van kerosine in de Verenigde Staten in de afgelopen jaren bedroeg 59 dollarcent per liter. Geavanceerde biobrandstoffen, voor zover beschikbaar, kosten gemiddeld 1,41 dollar per liter. De groene meerprijs voor uitstootvrije brandstof is het verschil tussen deze twee prijzen: 82 dollarcent per liter. Dat is een meerprijs van zo'n 140 procent. (Ik leg dit allemaal gedetailleerder uit in hoofdstuk 7.)

In zeldzame gevallen kan een groene meerprijs negatief uitvallen; dan kan voor groen gaan dus goedkóper zijn dan fossiele brandstoffen blijven gebruiken. Je kunt bijvoorbeeld, afhankelijk van waar je woont, geld besparen als je je gasgestookte verwarmingsketel en airconditioning vervangt door een elektrische warmtepomp. In Oakland betekent dit een besparing van 14 procent op verwarmings- en verkoelingskosten, terwijl het in Houston 17 procent oplevert.

* Ik heb verschillende partijen gesproken over de Green Premium (de groene meerprijs), onder wie experts van de Rhodium Group en Evolved Energy Research, en klimaatonderzoeker dr. Ken Caldeira. Kijk op breakthroughenergy.org voor informatie over de manier waarop de groene meerprijzen in dit boek zijn berekend.

Misschien denk je dat zo'n technologie met een negatieve groene meerprijs al lang en breed in de hele wereld zal worden toegepast. In grote lijnen is dat ook zo, maar er zit gewoonlijk een vertraging tussen de introductie van een nieuwe technologie en de toepassing ervan – vooral als het gaat om zoiets als verwarmingsketels in woningen, die we niet zo vaak vervangen.

Als je de groene meerprijzen voor alle grote uitstootvrije opties eenmaal op een rijtje hebt, kun je serieus gaan praten over inruil. Hoeveel zijn we bereid te betalen om voor groen te gaan? Gaan we geavanceerde biobrandstoffen kopen die twee keer zo duur zijn als kerosine? Gaan we groen cement kopen dat twee keer zoveel kost als het conventionele materiaal?

Overigens, als ik me afvraag 'Hoeveel zijn we bereid te betalen?' bedoel ik daarmee 'we' in de mondiale context. Het is niet alleen een kwestie van wat Amerikanen en Europeanen zich kunnen veroorloven. Je kunt je voorstellen dat er hoge groene meerprijzen zijn die de Verenigde Staten wél willen en kunnen betalen, maar India, China, Nigeria en Mexico niet. We hebben meerprijzen nodig die zo laag zijn dat alle landen hun uitstoot zullen kunnen terugbrengen.

Toegegeven: groene meerprijzen vormen een variabel gegeven. Bij de schatting ervan zijn veel aannames nodig; voor dit boek heb ik de aannames gedaan die mij redelijk lijken, maar andere kenners van deze materie zouden andere aannames kunnen doen, en dus tot andere getallen komen. Wat belangrijker is dan de specifieke cijfers, is te weten of een bepaalde groene technologie qua betaalbaarheid dicht bij de prijs van haar fossiele tegenhanger komt, en waar dat niet het geval is na te denken over innovatie die helpt de prijs te verlagen.

Ik hoop dat de groene meerprijzen in dit boek de aanzet zullen vormen voor een langere discussie over de kosten van de weg naar nul. Ik hoop dat andere mensen hun eigen berekening op de meerprijzen loslaten, waarbij ik met name verheugd zal zijn om te horen dat sommige minder hoog zullen zijn dan ik denk. De prijzen die ik voor dit boek heb berekend zijn een onvolkomen instrument om kosten te vergelijken, maar dat is beter dan niets.

Groene meerprijzen zijn bovenal een fantastisch hulpmiddel om beslissingen te kunnen nemen. Ze helpen ons om onze tijd, aandacht en geld zo goed mogelijk te besteden. Als we alle verschillende meerprijzen in aanmerking nemen, kunnen we beslissen welke uitstootvrije oplossingen we nu moeten inzetten en waar we naar een doorbraak moeten streven omdat de schone alternatieven niet goedkoop genoeg zijn. Ze helpen ons een antwoord te vinden op vragen als deze:

Welke uitstootvrije opties zouden we nu al moeten inzetten?
Het antwoord: die met een lage groene meerprijs of helemaal geen meerprijs. Als we deze oplossingen niet nu al toepassen, blijkt daaruit dat het niet de prijs is die de hindernis vormt. Iets anders – zoals achterhaald overheidsbeleid of een gebrek aan bewustzijn – houdt deze opties in hoge mate tegen.

Waar moeten we ons onderzoeks- en ontwikkelingsgeld, onze investeringen en onze beste uitvinders inzetten?
Het antwoord: daar waar we de groene meerprijs te hoog vinden. Waar die ons ervan weerhoudt onze uitstoot terug te brengen, ligt de kans voor nieuwe technologieën, bedrijven en producten om iets betaalbaar te maken. Landen die uitblinken in research en ontwikkeling kunnen hierin een rol spelen en de goedkopere nieuwe producten exporteren naar de regio's die de huidige meerprijs niet kunnen betalen. Dan heeft niemand reden om zich af te vragen of elk land eigenlijk wel genoeg bijdraagt aan het vermijden van een klimaatramp; in plaats daarvan zullen landen en ondernemingen zich haasten om de betaalbare innovaties te creëren en lanceren die de wereld helpen de nul te halen.

En er is nóg een voordeel aan het groenemeerprijzenconcept: het kan dienen als een meetsysteem dat ons laat zien hoeveel voortgang we boeken in het stuiten van de klimaatverandering.

In die zin doet het me denken aan een probleem dat Melinda en ik tegenkwamen toen we begonnen met ons werk op het gebied van de mondiale gezondheidszorg. Deskundigen konden ons wel vertellen hoeveel kinderen er jaarlijks wereldwijd stierven, maar veel minder over de oorzaak van die sterfte. We wisten dat een bepaald aantal kinderen aan diarree overleed, maar we wisten niet wat die diarree had veroorzaakt. Hoe konden we weten welke innovaties levens zouden kunnen redden als we niet wisten waarom er kinderen stierven?

Dus financierden we samen met partners van over de hele wereld verschillende onderzoeken om erachter te komen waardoor kinderen doodgingen. Uiteindelijk lukte het om sterfgevallen veel gedetailleerder te volgen, en de daaruit voortvloeiende data wezen de weg naar grote doorbraken. We zagen bijvoorbeeld dat een groot aantal sterfgevallen onder kinderen te wijten was aan een longontsteking. Hoewel er al een longontstekingsvaccin bestond, was dat zo duur dat arme landen het niet kochten. (De drijfveer was ook niet erg groot, want ze hadden geen idee hoeveel kinderen aan de ziekte stierven.) Toen ze de data echter eenmaal zagen, en er ook nog eens donateurs waren die zich bereid verklaarden de kosten grotendeels te betalen, begonnen ze het vaccin in hun gezondheidsprogramma op te nemen en konden we op den duur een veel goedkoper vaccin financieren, dat nu in landen over de hele wereld wordt gebruikt.

De groene meerprijzen kunnen iets vergelijkbaars doen in de strijd tegen de uitstoot van broeikasgassen. De meerprijzen geven ons een ander inzicht dan het ruwe emissiecijfer, dat ons wel vertelt hoever we van de nul zitten, maar niet hoe moeilijk het zal zijn om er te komen. Wat zou het kosten om de middelen te gebruiken die we nu hebben? Welke innovaties zullen de grootste impact hebben op de uitstoot? De groene meerprijzen geven antwoord op die vragen, ze meten de kosten van de route naar nul, sector voor sector, en ze laten zien waar we moeten vernieuwen – zoals de data ons vertelden dat we kindersterfte het beste konden tegengaan door ons te richten op het longontstekingsvaccin.

In sommige gevallen, zoals het kerosinevoorbeeld dat ik eerder gaf, is de directe schatting van de groene meerprijs eenvoudig. Maar als we het principe in algemenere zin toepassen, hebben we een probleem: er is niet altijd een direct groen equivalent voorhanden. Er bestaat niet zoiets als uitstootvrij cement (althans nog niet). Hoe krijgen we in zo'n geval dan een indruk van de kosten voor een groene oplossing?

We kunnen daarvoor een gedachte-experiment inzetten: 'Hoeveel zou het kosten om de broeikasgassen gewoon direct uit de atmosfeer te zuigen?' Dat idee heeft een naam; het heet *direct air capture.* (In het kort: met DAC blaas je lucht over een installatie die kooldioxide absorbeert, en vervolgens sla je het gas op.) DAC is een dure en grotendeels onbewezen technologie, maar als deze methode op grote schaal kan werken, kunnen we kooldioxide uit de lucht halen ongeacht wanneer of waar het is geproduceerd. De installatie die in Zwitserland al in gebruik is, absorbeert gas dat misschien tien jaar geleden is uitgestoten door bijvoorbeeld een kolencentrale in Texas.

Om uit te zoeken hoeveel deze methode kost, hebben we maar twee gegevens nodig: de hoeveelheid wereldwijde uitstoot en de kosten om uitstoot met DAC te absorberen.

We kennen het uitstootcijfer al; dat is 51 miljard ton per jaar. De kosten voor het verwijderen van een ton uitstoot uit de lucht zijn nog niet met zekerheid vastgesteld, maar het gaat om minstens 200 dollar per ton. Met behulp van innovatie denk ik dat de realistische verwachting is dat we dat bedrag kunnen terugbrengen naar 100 dollar per ton, dus dat is het cijfer dat ik zal gebruiken.

Dat levert de volgende rekensom op:

51 miljard ton per jaar x $100 per ton = $5,1 biljoen per jaar

Met andere woorden: toepassing van de DAC-aanpak zou ten minste 5,1 biljoen dollar per jaar kosten zolang we uitstoot blijven produceren. Dat is ongeveer 6 procent van de wereldeconomie. (Het is een enorm bedrag, hoewel deze theoretische DAC-technologie in feite veel goedkoper zou zijn dan wat het zou kosten om uitstoot terug te brengen door sectoren van de economie stil te leggen, zoals we tijdens de COVID-19-pandemie hebben gedaan. Volgens data van de Rhodium Group bedroegen de kosten per ton voor de economie van de Verenigde Staten tussen de 2600 en 3300 dollar.[24] In de Europese Unie ging het om meer dan 4000 dollar per ton. Dus het kost tussen de 25 en 40 keer de 100 dollar per ton die we op een dag hopen te bereiken.)

Zoals ik al aangaf, is de op DAC gebaseerde aanpak slechts een gedachte-experiment. In werkelijkheid is de technologie achter DAC nog niet klaar voor een mondiale toepassing, en zelfs als dat wel het geval was, zou DAC een zeer inefficiënte methode zijn om het uitstootprobleem uit de wereld te helpen. Het is niet duidelijk of we honderden miljarden tonnen kooldioxide veilig kunnen opslaan. Er is geen praktische manier om 5,1 biljoen dollar per jaar te verzamelen of om ervoor te zorgen dat iedereen een eerlijke financiële bijdrage levert (het bepalen van een eerlijk aandeel zou veel politieke onenigheid opleveren). We zouden wereldwijd meer dan 50.000 DAC-installaties moeten bouwen om de uitstoot te managen die we nu produceren. Daar komt bij dat DAC niet werkt bij methaan of andere broeikasgassen, maar alleen bij kooldioxide. En het is waarschijnlijk de duurste oplossing: in veel gevallen zal het goedkoper zijn om überhaupt geen broeikasgassen uit te stoten.

Zelfs als DAC uiteindelijk op mondiale schaal zou kunnen werken – en onthoud dat ik een optimist ben als het om technologie gaat – kan deze methode bijna zeker niet snel genoeg worden ontwikkeld en toegepast om enorme schade aan onze leefomgeving te voorkomen. Helaas kunnen we niet wachten op een toekomstige technologie als DAC om ons te redden. We moeten meteen beginnen onszelf te redden.

Tip: houd de groene meerprijs in je achterhoofd en ga na of die betaalbaar genoeg is voor een land met een middelgroot budget.

Hier is een samenvatting van alle vijf de tips:

1. Reken tonnen uitstoot om naar een percentage van 51 miljard.
2. Onthoud dat we een oplossing moeten vinden voor alle vijf de activiteiten die uitstoot veroorzaken: spullen maken, stroom opwekken, voedsel produceren, vervoeren en verplaatsen, koel en warm blijven.
3. Kilowatt = huishouden. Gigawatt = (middelgrote) stad. Honderden gigawatts = groot, rijk land.
4. Ga na hoeveel ruimte er voor een bepaalde oplossing nodig zal zijn.
5. Houd de groene meerprijs steeds in je achterhoofd en ga na of een land met een middelgroot budget die kan betalen.

HOOFDSTUK 4

HOE WE STROOM OPWEKKEN

27 procent van 51 miljard ton per jaar

We houden van elektriciteit, maar zijn ons daar doorgaans niet van bewust. Elektriciteit staat continu tot onze beschikking, ze zorgt ervoor dat onze lantaarnpalen, airconditioning, computers en televisies altijd werken. Ze levert het vermogen voor allerlei industriële processen waar de meesten van ons liever niet aan denken. Maar zoals wel vaker in het leven, beseffen we pas hoeveel iets betekent als het er niet meer is. In de Verenigde Staten en Europa is stroomuitval zo zeldzaam dat mensen zich die ene keer tien jaar geleden dat de lampen uitgingen of dat ze vastzaten in een lift nog kunnen herinneren.

Ik heb me niet altijd gerealiseerd in welke hoge mate we rekenen op elektriciteit, maar in de loop der jaren ben ik geleidelijk gaan inzien dat stroomvoorziening essentieel is. En ik heb veel achting voor datgene wat ervoor nodig is om dit wonder te leveren. Sterker nog, ik ben diep onder de indruk van alle fysieke infrastructuur die elektriciteit zo goedkoop, beschikbaar en betrouwbaar maakt. Het is ronduit magisch dat je bijna overal in een welvarend land domweg op een knopje kunt drukken om het licht voor een habbekrats aan te laten gaan. In de Verenigde Staten kost het laten branden van een lampje van 40 watt gedurende een uur slechts ongeveer een halve dollarcent.

Ik ben niet de enige binnen ons gezin die zo over elektriciteit denkt: mijn zoon, Rory, en ik hebben puur voor ons plezier elektriciteitscentrales bezocht, gewoon om te zien hoe het er in zijn werk ging.

Na een bezoek met ons gezin aan de IJslandse vulkaan Þríhnúkagígur, in 2015, bezochten Rory en ik de naastgelegen geothermische elektriciteitscentrale.[25]

Ik ben blij dat ik zoveel tijd heb gestoken in het bestuderen van elektriciteit. Ten eerste was het een geweldige vader-en-zoonactiviteit. (Serieus.) Bovendien is het voor het klimaat van het grootste belang dat we uitzoeken hoe we kunnen profiteren van alle voordelen van goedkope, betrouwbare elektriciteit zonder broeikasgassen uit te stoten. Deels omdat de productie van elektriciteit voor een belangrijk deel bijdraagt aan klimaatverandering, maar ook omdat we uitstootvrije elektriciteit – als we die realiseren – kunnen gebruiken om de uitstoot van vele andere activiteiten terug te brengen, zoals ons vervoer en de vervaardiging van onze spullen. De energie die we opgeven door geen kolen, aardgas en aardolie te gebruiken, zal ergens anders vandaan moeten komen – en grotendeels van schone elektriciteit afkomstig zijn. Daarom komt dit onderwerp als eerste in het rijtje aan de orde, ook al is de vervaardiging van spullen verantwoordelijk voor meer uitstoot.

Daar komt bij dat nog méér mensen recht hebben op het gebruik van elektriciteit. In Sub-Saharaans Afrika heeft minder dan de helft van de bevolking thuis toegang tot betrouwbare stroom.* En als je geen elektriciteit tot je beschikking hebt, is zelfs een simpele taak als het opladen van je mobiele telefoon moeilijk en duur. Je moet naar een winkel lopen en 25 cent of meer betalen om de stekker in het stopcontact te steken, honderdmaal meer dan iemand in een beter ontwikkeld land.

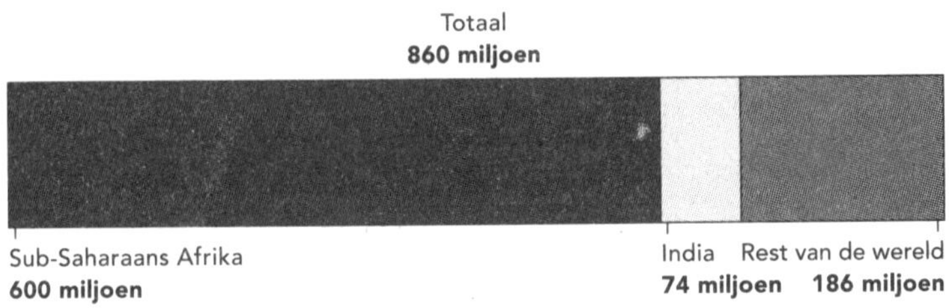

860 miljoen mensen hebben geen betrouwbare toegang tot elektriciteit.[26] Minder dan de helft van de mensen in Sub-Saharaans Afrika heeft thuis stroom. (IEA)

Ik verwacht niet dat de meeste mensen net zo enthousiast worden over elektriciteitsnetwerken en transformators als ondergetekende. (Zelfs ík begrijp wel dat je een behoorlijke nerd moet zijn om een zin op te schrijven als 'Ik ben diep onder de indruk van alle fysieke infrastructuur'.) Maar als iedereen toch eens stilstond bij wat ervoor nodig is om de dienst te leveren die we als vanzelfsprekend ervaren, denk ik dat er meer waardering voor zou zijn. En dat we zouden beseffen dat we er niet zonder willen en kunnen. Welke methoden we in de toekomst ook gaan toepassen om uitstootvrije elektriciteit te realiseren, ze moeten in elk geval net zo degelijk en bijna net zo betaalbaar zijn als die van vandaag.

* Ik gebruik het woord 'stroom' hier overigens in niet al te strikte zin; omwille van de leesbaarheid gebruik ik de term in algemene zin als synoniem voor elektriciteit.

In dit hoofdstuk leg ik uit wat ervoor nodig is om alles wat we prettig vinden aan elektriciteit – een goedkope bron van energie die altijd beschikbaar is – te behouden, en dat comfort te verschaffen aan nog meer mensen, maar dan zonder de bijkomende broeikasgassen. Als eerste zet ik uiteen: hoe zijn we hier gekomen en hoe gaan we nu verder?

Als je bedenkt hoe alomtegenwoordig elektriciteit vandaag de dag is, vergeet je gemakkelijk dat ze pas in de loop van de eerste decennia van de twintigste eeuw een belangrijke factor in het leven van de meeste Amerikanen (en Europeanen) werd. En een van onze vroege voorname bronnen van elektriciteit behoorde niet tot die waar we vandaag de dag aan denken, zoals kolen, olie of aardgas. Die bron was waterkracht.

Waterkracht heeft veel voordelen – als relatief goedkope optie – maar ook enkele flinke nadelen. Het maken van een stuwmeer verdringt lokale gemeenschappen en dieren en planten. Wanneer je land met water bedekt en er zit veel koolstof in de bodem, dan wordt die koolstof uiteindelijk omgezet in methaan, dat dan ontsnapt naar de atmosfeer.[27] Uit onderzoeken blijkt dat een stuwdam, afhankelijk van de plek waar hij wordt gebouwd, gedurende vijftig tot honderd jaar een ergere bron van uitstoot kan zijn dan kolen voordat hij alle methaan waar hij verantwoordelijk voor is, heeft goedgemaakt.* Daar komt bij dat de hoeveelheid elektriciteit die je met behulp van een dam kunt genereren afhangt van het seizoen,

* Deze berekeningen komen voort uit een levenscyclusanalyse van dammen. Levenscyclusanalyse is een interessante methode waarbij alle broeikasgassen die een bepaald product teweegbrengt, worden gedocumenteerd, van het moment dat het wordt gemaakt tot het einde van zijn bestaan. Deze analyses vormen een nuttige manier om de klimaatimpact van verschillende technologieën te onderzoeken, maar ze zijn behoorlijk ingewikkeld, dus in dit boek richt ik me op directe uitstoot, die beter uit te leggen valt en in het algemeen toch tot dezelfde conclusies leidt.

omdat je te maken hebt met stromen en rivieren die door neerslag van water worden voorzien. En natuurlijk is waterkracht plaatsgebonden. Je moet de dammen immers bouwen waar de rivieren zijn.

Fossiele brandstoffen hebben die beperking niet. Je kunt kolen, olie of aardgas aan de grond onttrekken en naar een elektriciteitscentrale vervoeren, waar je ze verbrandt en de hitte gebruikt om water te koken, waarna de stoom een turbine aan het draaien brengt om elektriciteit te produceren.

Toen de vraag naar elektriciteit in de Verenigde Staten na de Tweede Wereldoorlog toenam, voldeden we daar vanwege al die voordelen aan met fossiele brandstoffen. Ze leverden het grootste deel van de nieuwe capaciteit die we in de tweede helft van de twintigste eeuw hebben gebouwd – ongeveer 700 gigawatt, bijna zestig keer meer dan voor de oorlog.

In de loop der tijd is elektriciteit buitengewoon goedkoop geworden. Een onderzoek heeft uitgewezen dat ze in het jaar 2000 minstens tweehonderd keer zo betaalbaar was als in 1900.[28] Tegenwoordig besteden de Verenigde Staten slechts 2 procent van hun bruto binnenlands product aan elektriciteit, een verbazingwekkend laag aandeel als je bedenkt hoezeer we ervan afhankelijk zijn.

De mondiale elektriciteit van louter schone bronnen verkrijgen zal niet eenvoudig zijn.[29] Momenteel wordt van alle elektriciteit wereldwijd twee derde opgewekt met fossiele brandstoffen. (BP Statistical Review of World Energy 2020)

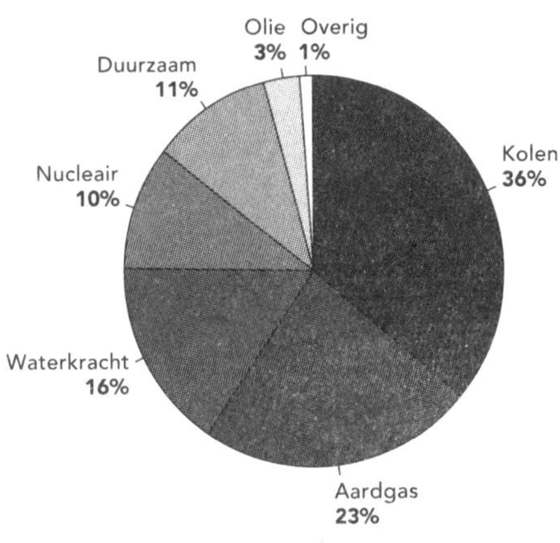

De belangrijkste reden waarom stroom zo goedkoop is, is het feit dat fossiele brandstoffen goedkoop zijn. Ze zijn alom verkrijgbaar en we hebben steeds betere en efficiëntere manieren ontwikkeld om ze te winnen en in elektriciteit om te zetten. En regeringen spannen zich in om de prijzen van fossiele brandstoffen laag te houden en de productie ervan aan te moedigen.

In de Verenigde Staten doen we dit al sinds de eerste jaren van de Republiek: het Congres stelde in 1789 Amerika's eerste beschermende invoerrecht op geïmporteerde kolen vast. Na 1800 begonnen staten, toen ze inzagen hoe belangrijk kolen waren voor de spoorwegen, het product vrij te stellen van bepaalde belastingen; ook creëerden ze andere prikkels voor de winning ervan. Nadat in 1913 de vennootschapsbelasting in het leven was geroepen, kregen olie- en gasproducenten het recht om bepaalde kosten af te trekken, onder andere voor het boren. In totaal ging het tussen 1950 en 1978 om grofweg 42 miljard dollar aan belastingkortingen (in de huidige dollarwaarde)[30] ter ondersteuning van kolen- en aardgasondernemingen, en ook vandaag de dag bestaan die belastingvoordelen nog. Bovendien profiteren kolen- en gasproducenten van gunstige voorwaarden voor het gebruik van nationale grond.

En hierin staan de Verenigde Staten niet alleen. De meeste landen nemen diverse maatregelen om fossiele brandstoffen goedkoop te houden[31] – het Internationaal Energieagentschap (IEA) heeft berekend dat overheidssubsidies voor het gebruik van fossiele brandstoffen in 2018 maar liefst 400 miljard dollar bedroegen – wat verklaart waarom ze zo'n constante factor vormen in onze stroomvoorziening. Het aandeel van de mondiale elektriciteit dat van de verbranding van kolen afkomstig is (ongeveer 40 procent) is in dertig jaar niet veranderd. Olie en aardgas samen blijven al drie decennia rond de 26 procent hangen. Al met al leveren fossiele brandstoffen twee derde van de elektriciteit op de wereld. Zonne- en windenergie zijn goed voor slechts 7 procent.

Deze flyer met daarop een afbeelding van een kolenmijn in Connellsville, Pennsylvania, dateert van omstreeks 1900.

Vanaf halverwege 2019 zijn er wereldwijd kolencentrales voor rond de 236 gigawatt gebouwd; kolen en aardgas zijn de meest gebruikte brandstoffen in ontwikkelingsgebieden, waar de vraag in de afgelopen decennia explosief is gestegen. Tussen 2000 en 2018 heeft China zijn hoeveelheid elektriciteit uit kolen verdrievoudigd. Het gaat om meer capaciteit dan de Verenigde Staten, Mexico en Canada bij elkaar!

Kunnen we het tij keren en alle elektriciteit die we nodig zullen hebben genereren zonder uitstoot van broeikasgassen?

Dat hangt af wie je met 'we' bedoelt. De Verenigde Staten kunnen er dichtbij komen, door het juiste beleid om wind- en zonne-energie uit te breiden te combineren met een grote stimulans voor specifieke innovaties. Maar kan de hele wereld overstappen op uitstootvrije elektriciteit? Dat wordt een stuk moeilijker.

Laten we beginnen met de groene meerprijs voor elektriciteit in de Verenigde Staten. Goed nieuws: we kunnen onze uitstoot wegwerken tegen bescheiden extra kosten.

In het geval van elektriciteit gaat het om de meerprijs voor het opwekken van al onze stroom met uitstootvrije bronnen, waaronder wind, zon, kernenergie en kolen- en aardgascentrales die zijn uitgerust met installaties die het geproduceerde CO_2 opvangen. (Onthoud dat het doel niet is om alleen maar duurzame bronnen als wind en zon te gebruiken; het doel is nul uitstoot te realiseren. Daarom betrek ik de andere uitstootvrije opties erbij.)

Hoe hoog is de meerprijs? Het omzetten van Amerika's gehele elektriciteitssysteem naar uitstootvrije bronnen zou de gemiddelde verkoopprijs verhogen met een bedrag tussen de 1,3 en 1,7 dollarcent per kilowattuur, ongeveer 15 procent meer dan wat de meeste mensen nu betalen. Dat betekent een groene meerprijs van 18 dollar per maand voor een gemiddeld huishouden – dat bedrag is betaalbaar voor de meeste mensen, maar misschien niet voor Amerikanen met een laag loon, die al een tiende van hun inkomen kwijt zijn aan energie.

(Je kent het begrip kilowattuur – kWh – waarschijnlijk wel van je energierekening. Maar mocht je het je afvragen: kilowattuur is een energie-eenheid waarmee wordt gemeten hoeveel elektriciteit je in een gegeven periode verbruikt. Als je een uur lang één kilowatt hebt gebruikt, noem je dat een kilowattuur. Een doorsneehuishouden in de VS gebruikt 29 kilowattuur per dag. Gemiddeld kost een kilowattuur elektriciteit rond de 10 dollarcent, maar op sommige plekken in de VS kan het zijn dat je drie keer zoveel betaalt.)

Het is geweldig dat Amerika's groene meerprijs zo laag is. Europa zit in een vergelijkbare gunstige situatie:[32] een Europees onderzoek suggereerde dat een uitstootvermindering van het elektriciteitsnetwerk met 90 tot 95 procent de gemiddelde prijs zou doen stijgen met circa 20 procent. (In dit onderzoek werd overigens een andere methode gebruikt dan die waarmee ik Amerika's groene meerprijs heb berekend.)

Helaas verkeren maar weinig andere landen in zulke gunstige

omstandigheden. De Verenigde Staten hebben veel duurzame bronnen, waaronder waterkracht in de Pacific Northwest, krachtige wind in de Midwest en de hele jaar zon in de Southwest en in Californië. Andere landen hebben misschien wel zon maar weinig wind, of wel wind maar weinig zon het hele jaar door, of van geen van beide noemenswaardige hoeveelheden. En ze hebben wellicht ook nog een lage kredietwaardigheid, waardoor het lastig is om dure nieuwe elektriciteitscentrales te financieren.

Afrika en Azië hebben het wat dat betreft het moeilijkst. In de afgelopen decennia heeft China een van de grootste prestaties uit de geschiedenis geleverd – het heeft honderden miljoenen mensen uit de armoede getrokken – en dat gebeurde deels door de bouw van goedkope kolengestookte elektriciteitscentrales. Chinese firma's wisten de kosten voor een kolencentrale met maar liefst 75 procent terug te dringen. En nu willen ze begrijpelijkerwijs meer klanten, dus doen ze hun best om de volgende golf ontwikkelingslanden aan te trekken: India, Indonesië, Vietnam, Pakistan en landen in heel Afrika.

Wat zullen deze potentiële nieuwe klanten doen? Gaan ze kolencentrales bouwen of gaan ze voor schone stroom? Bedenk eens wat hun doelstellingen en opties zijn. Kleinschalige zonne-energie kan een goede keuze zijn voor mensen in arme, landelijke gebieden die hun mobieltjes moeten opladen en 's avonds wat lampen willen aanknippen. Maar dat type oplossing zal nooit de enorme hoeveelheden goedkope, altijd beschikbare elektriciteit leveren die deze landen nodig hebben om hun economie op gang te krijgen. Ze willen doen wat China heeft gedaan: hun economie laten groeien door fabrieken en callcenters aan te trekken – ondernemingen die veel meer (en betrouwbaarder) stroom nodig hebben dan kleinschalige duurzame bronnen vandaag de dag kunnen leveren.

Als deze landen kiezen voor kolencentrales, zoals China en alle rijke landen hebben gedaan, zal dat voor het klimaat rampzalig zijn. Maar momenteel is het in economisch opzicht hun gunstigste keuze.

Het is misschien niet meteen duidelijk waarom er überhaupt zoiets bestaat als een groene meerprijs. Aardgascentrales moeten zolang ze draaien brandstof blijven kopen; zonne- en windparken en stuwdammen krijgen hun brandstof gratis. Ook staat het vast dat een technologie die op bredere schaal wordt toegepast, goedkoper wordt. Dus waarom kost het extra om voor groen te gaan?

Eén reden is dat fossiele brandstoffen zo goedkoop zijn. Omdat de werkelijke kosten van klimaatverandering – de economische schade die ze veroorzaken door de planeet warmer te maken – niet in hun prijs worden meegerekend, is het voor schone energiebronnen lastiger om ermee te concurreren. En we hebben in de loop van decennia een systeem opgebouwd waarmee we fossiele brandstoffen uit de bodem halen, er energie aan onttrekken en die energie leveren – allemaal heel goedkoop.

Een andere reden is dat sommige gebieden op de wereld, zoals ik eerder heb vermeld, simpelweg geen goede duurzame bronnen hebben. Om dicht bij de 100 procent te komen, zouden we veel schone energie moeten ophalen van de plek waar ze wordt gemaakt (zonnige regio's, idealiter nabij de evenaar, en winderige streken) en naar de plek moeten brengen waar ze nodig is (bewolkte, windluwe gebieden). Daarvoor zouden nieuwe hoogspanningsleidingen moeten worden aangelegd, een kostbare en tijdrovende zaak, zeker als de stroom ook landsgrenzen moet passeren. Hoe meer elektriciteitsleidingen we aanleggen, hoe hoger de prijs voor de stroom wordt. In feite zijn transmissie en distributie goed voor meer dan een derde van de uiteindelijke kosten van elektriciteit.* En veel landen willen voor hun stroomvoorziening niet afhankelijk zijn van andere landen.

* Transmissie kun je beschouwen als de snelweg, en distributie als de lokale weg. We gebruiken hoogspanningsleidingen voor de transmissie van elektriciteit vanaf de centrale naar stad. Dan gaat de elektriciteit het lokale distributiesysteem in, met een lager voltage.

Maar goedkope olie en dure transmissie zijn niet de grootste aanjagers van de groene meerprijs op elektriciteit. De belangrijkste boosdoeners zijn onze vraag naar betrouwbaarheid en de vloek van de discontinuïteit.

Zon en wind zijn wisselvallige – of discontinue – bronnen; het is niet zo dat ze gedurende 24 uur per dag en 365 dagen per jaar elektriciteit genereren. Maar onze behoefte aan stroom is niet wisselvallig: we hebben continu elektriciteit nodig. Dus als zonne- en windenergie een groot deel van onze elektriciteit leveren, en we willen stroomuitval voorkomen, dan zullen we andere opties nodig hebben voor als de zon niet schijnt en de wind niet waait. We zullen een overschot aan elektriciteit moeten opslaan in batterijen (wat onbetaalbaar is, zoals ik straks uiteenzet), of we moeten andere energiebronnen toevoegen op basis van fossiele brandstoffen, zoals gascentrales die alleen werken op het moment dat je ze nodig hebt. Beide opties zijn in economisch opzicht ongunstig. Naarmate we de 100 procent schone elektriciteit verder benaderen, wordt het discontinue karakter ervan een groter en duurder probleem.

Het duidelijkste voorbeeld van die discontinuïteit is het dagelijks ondergaan van de zon, waarmee de opwekking van elektriciteit door zonneschijn wordt onderbroken. Stel dat we dat probleem willen verhelpen door een kilowattuur aan te veel overdag gegenereerde elektriciteit op te slaan en dat 's nachts te gebruiken. (Je zou veel meer nodig hebben, maar ik kies voor een kilowattuur om het sommetje gemakkelijk te maken.) Hoeveel hoger zou onze energierekening dan worden?

Het antwoord op die vraag hangt af van twee factoren: hoeveel de batterij kost en hoelang het duurt voordat we haar moeten vervangen. Wat de kosten betreft: laten we zeggen dat we een batterij voor een kilowattuur kunnen kopen voor 100 dollar. (Dit is een bescheiden schatting en ik laat een eventueel benodigde lening voor de aanschaf nog buiten beschouwing.) Laten we wat de levensduur van de batterij betreft aannemen dat ze 1000 laadcycli meegaat.

De prijs voor deze éénkilowattuurbatterij bedraagt dus 100 dollar gespreid over 1000 cycli, wat neerkomt op 10 cent per kilowattuur. Dat komt nog boven op de prijs voor het opwekken van de stroom – en zonnestroom kost ongeveer 5 cent per kilowattuur. Met andere woorden, de elektriciteit die we voor 's nachts bewaren, kost ons drie keer zoveel als de stroom die we overdag gebruiken: 5 cent voor het opwekken en 10 cent voor de opslag, dus in totaal 15 cent.

Ik ken researchers die denken dat ze een batterij kunnen maken die vijf keer langer meegaat dan het beschreven exemplaar. Dat hebben ze nog niet gedaan, maar als ze gelijk hebben, zou dat de meerprijs verlagen van 10 naar 2 cent, en dat scheelt nogal. Hoe dan ook valt het nachtprobleem nu al op te lossen als je een hoge meerprijs wilt betalen. Met de nodige innovatie kunnen we die prijs ook nog eens verlagen, daar ben ik zeker van.

Helaas is de nachtonderbreking niet het lastigste probleem. Het verschil tussen zomer en winter is een nog grotere hindernis. Er zijn meerdere manieren om hiermee om te gaan – zoals het toevoegen van stroom uit een kerncentrale of uit een gascentrale die is voorzien van een installatie voor het afvangen van de uitstoot – en elk realistisch scenario zal deze opties omvatten. Ik kom er later in dit hoofdstuk op terug, maar omwille van de eenvoud gebruik ik nu alleen batterijen om het probleem van de seizoensverschillen te illustreren.

Stel dat we één kilowattuur niet slechts een dag lang willen opslaan maar een heel seizoen. We genereren de elektriciteit in de zomer en gebruiken haar in de winter om een kachel te laten werken. Deze keer is de laadcyclus van de batterij geen issue, want we laden haar maar één keer per jaar op.

Maar laten we aannemen dat we de aanschaf van de batterij moeten financieren. Nu hebben we er 100 dollar in geïnvesteerd. (Uiteraard zou je voor een batterij van die prijs normaal gesproken geen lening afsluiten, maar financiering kan nodig zijn als je genoeg opslagruimte koopt voor een aantal gigawatts. En de berekening komt op hetzelfde neer.) Als we 5 procent rente over het geleende bedrag moeten betalen en de batterij 100 dollar kost, betekent dat 5 dollar extra om ons ene kilowattuur te bewaren. En onthoud hoeveel we overdag voor de zonne-energie betalen: slechts 5 cent. Wie zou 5 dollar betalen om een stuiver aan elektriciteit op te slaan?

Seizoenswisselingen en de hoge kosten voor de opslag brengen nóg een probleem met zich mee, met name voor grootverbruikers van zonne-energie: dat van overproductie in de zomer en onderproductie in de winter.

Omdat de aarde in een schuine stand ten opzichte van de zon om haar as draait, varieert de hoeveelheid zonlicht die op een bepaald deel van de planeet schijnt per seizoen, net als de intensiteit ervan. De mate van de variatie hangt af van de afstand tot de evenaar. In Ecuador is er vrijwel geen verandering. In de regio Seattle, waar ik woon, krijgen we op de langste dag van het jaar ongeveer twee keer zoveel zonlicht als op de kortste. Delen van Canada en Rusland ongeveer twaalf keer zoveel.*

Laten we, om te zien waarom deze variatie ertoe doet, nog een gedachte-experiment doen. Stel je voor dat er een stad dicht bij Seattle is – Suntown genaamd – die jaarlijks een gigawatt zonnestroom wil opwekken. Hoe groot moet het zonnepark van Suntown dan zijn?

Eén optie is om genoeg panelen te installeren om in de zomer een gigawatt te produceren, wanneer er volop zonlicht aanwezig is. Maar de stad zou in de winter pech hebben, omdat de zon er dan de helft minder schijnt, met als gevolg te weinig productie. (En het stadsbestuur is zich ervan bewust dat opslag buitengewoon duur is, dus de keuze voor batterijen is verworpen.) Een andere optie zou zijn dat Suntown alle zonnepanelen installeert die nodig zijn voor

* Er is ook seizoensvariatie in wind. In de Verenigde Staten is de windkracht gewoonlijk op zijn hoogtepunt in de lente, en bereikt hij zijn dieptepunt in de midden- en late zomer (hoewel het in Californië andersom is). Het verschil kan een veelvoud van twee of vier zijn.

de kortere, donkere dagen van de winter, maar dan zou er in de zomer veel meer stroom worden opgewekt dan nodig. Elektriciteit zou dan zo goedkoop worden dat het voor de stad heel moeilijk zou zijn om de kosten van de installatie van al die panelen terug te verdienen.

Suntown zou het probleem van de overproductie kunnen aanpakken door een deel van de panelen in de zomer uit te schakelen, maar dan zou er geld worden gestoken in apparatuur die maar een deel van het jaar gebruikt wordt. Daardoor zouden de kosten van elektriciteit voor de huishoudens en bedrijven in de stad nog hoger worden. Met andere woorden: de groene meerprijs zou toenemen.

De situatie van Suntown is niet slechts een hypothetisch voorbeeld. Iets vergelijkbaars is gebeurd in Duitsland, dat met zijn ambitieuze *Energiewende* als doel stelde om in het jaar 2050 voor 60 procent duurzame bronnen te hebben. Het land heeft de afgelopen tien jaar miljarden uitgegeven om het gebruik van duurzame bronnen uit te breiden; de zonnecapaciteit is tussen 2008 en 2010 met bijna 650 procent toegenomen. Maar Duitsland produceerde in juni 2018 ongeveer tien keer zoveel zonne-energie als in december 2018.[33] In feite wekken de zonne- en windparken er in de zomer soms zoveel elektriciteit op dat het land die niet allemaal kan gebruiken. Als dat gebeurt, levert het een deel van het overschot aan buurlanden Polen en Tsjechië,[34] waarvan de leiders hebben geklaagd dat hun elektriciteitsnetwerk erdoor wordt overbelast en dat het onvoorspelbare schommelingen in hun stroomkosten veroorzaakt.

En er is nog een probleem dat door discontinuïteit ontstaat en dat lastiger op te lossen valt dan de variatie van dag en nacht of per seizoen. Want wat gebeurt er als een extreme gebeurtenis een stad dwingt om het een aantal dagen zonder duurzame energie te redden?

Stel je een toekomst voor waarin Tokio al zijn elektriciteit uit enkel windkracht verkrijgt. (Japan heeft behoorlijk wat wind op land en boven zee.) Op een keer in augustus, op het hoogtepunt van het cycloonseizoen, steekt er een enorme storm op; de wind is zo hard dat hij de windturbines van de stad uiteen zal rukken als ze niet worden stilgelegd. Tokio's leiders besluiten om de turbines uit te schakelen en zich te redden met elektriciteit die is opgeslagen in de beste grootschalige batterijen die ze kunnen vinden.

De vraag is vervolgens deze: hoeveel batterijen zouden ze nodig hebben om Tokio drie dagen van stroom te voorzien, tot de storm voorbij is en ze de turbines weer aan kunnen zetten?

Het antwoord: meer dan 14 miljoen batterijen. Dat is meer opslagcapaciteit dan de wereld in tien jaar produceert. Aanschafprijs: 400 miljard dollar. Gerekend over de levensduur van de batterijen is dat een jaarlijkse uitgave van meer dan 27 miljard dollar.* En dat is nog maar de prijs van de batterijen, zonder de andere kosten zoals de installatie en het onderhoud.

Dit voorbeeld is volledig hypothetisch. Niemand denkt serieus dat Tokio al zijn stroom zou moeten opwekken met wind, of dat het al die stroom in de hedendaagse batterijen zou moeten opslaan. Ik gebruik dit voorbeeld om een cruciaal punt te maken: het is buitengewoon moeilijk en duur om elektriciteit op grote schaal te bewaren, maar het is wel een voorziening die we nodig zullen hebben als we de komende jaren een aanmerkelijk percentage van onze schone elektriciteit uit discontinue bronnen willen verkrijgen.

En we zullen in de komende jaren véél meer schone elektriciteit nodig hebben. De meeste deskundigen zijn het erover eens dat de elektriciteitsproductie op de wereld tegen 2050 verdubbeld of verdrievoudigd moet zijn, willen we andere uitstootintensieve

* Ik ben als volgt aan deze cijfers gekomen: tussen 6 en 8 augustus 2019 verbruikte Tokio 3122 gigawattuur elektriciteit. Voor de *baseload* (basislast) ben ik uitgegaan van 5,4 miljoen *redox flow*-batterijen met een systeemlevensduur van 20 jaar en een prijs-per-unit van $36.000. Voor de piekvraag ging ik uit van 9,1 miljoen lithium-ionbatterijen met een systeemlevensduur van 10 jaar en een prijs-per-unit van $23.300.

processen als het maken van staal en het aandrijven van auto's elektrificeren. En daarbij houden we nog niet eens rekening met bevolkingsgroei of het gegeven dat mensen rijker zullen worden en meer stroom gaan verbruiken. Dus de wereld zal veel meer nodig hebben dan drie keer de elektriciteit die we nu opwekken.

Omdat zonne- en windenergie discontinu zijn, zal onze *capaciteit* om elektriciteit op te wekken nóg meer moeten groeien. (De capaciteit betreft de hoeveelheid elektriciteit die we in theorie kunnen produceren als de zon op haar felst schijnt of de wind op zijn hardst blaast; de opwekking betreft de hoeveelheid die we daadwerkelijk verkrijgen, na rekening te hebben gehouden met discontinuïteit, sluiting van centrales voor onderhoud en andere factoren. De daadwerkelijk opgewekte energie is altijd minder dan de capaciteit, en in het geval van variabele bronnen als zon en wind kan ze zelfs veel minder zijn.)

Met alle extra elektriciteit die we zullen gebruiken, aangenomen dat wind en zon daarin een belangrijke rol spelen, zou er voor het volledig fossielvrij maken van Amerika's elektriciteitsnetwerk tegen 2050 de komende drie decennia per jaar ongeveer 75 gigawatt meer capaciteit nodig zijn.

Is dat veel? In de afgelopen tien jaar hebben we gemiddeld 22 gigawatt per jaar toegevoegd. Nu moeten we elk jaar meer dan drie keer zoveel installeren en dat tempo dertig jaar lang volhouden.

Dat zal iets gemakkelijker zijn als we zonnepanelen en windturbines goedkoper en nog efficiënter maken – dus als we manieren uitvinden om nog meer energie te verkrijgen uit een bepaalde hoeveelheid zon of wind. (De beste zonnepanelen van nu zetten minder dan een kwart van het zonlicht dat ze opvangen om in elektriciteit, en de theoretische grens voor het meest voorkomende type paneel dat in de handel verkrijgbaar is, ligt rond de 33 procent.) Als panelen meer zonlicht gaan omzetten, halen we meer stroom uit dezelfde oppervlakte, wat zal helpen bij de grootschalige inzet van deze technologieën.

Maar efficiëntere panelen en turbines zijn niet voldoende, want er is een groot verschil tussen de opbouw van het netwerk in het Amerika van de twintigste eeuw en wat we in de eenentwintigste eeuw zullen moeten doen. Locatie zal van groter belang zijn dan ooit.

Sinds het begin van het elektriciteitsnetwerk zijn de meeste centrales dicht bij Amerika's snelgroeiende steden geplaatst, omdat het relatief eenvoudig was om spoorwegen en pijpleidingen te gebruiken voor het transport van fossiele brandstoffen van de plek waar ze werden gewonnen naar de centrales waar ze werden verbrand om elektriciteit op te wekken. Als gevolg daarvan drijft het netwerk van Amerika voor het vervoer van brandstoffen over lange afstanden nog op diezelfde spoorverbindingen en pijpleidingen richting de elektriciteitscentrales, waarna de stroom via elektriciteitsleidingen over korte afstand naar de steden gaat.

Dat transportmodel werkt niet met zon en wind. Je kunt zonlicht niet in een wagon naar een centrale vervoeren; het moet ter plekke worden omgezet in elektriciteit. Maar het meeste zonlicht in Amerika zit in de Southwest, en de meeste wind in de Great Plains, ver van het merendeel van de grote stedelijke gebieden.

Kortom: discontinuïteit is de belangrijkste factor die de kosten opschroeft naarmate we de volledig uitstootvrije elektriciteit dichter naderen. Daarom vullen steden die voor groen willen gaan hun zonne- en windenergie nog steeds aan met andere manieren om elektriciteit op te wekken, zoals gascentrales, die hun productie naar boven of beneden kunnen bijstellen, afhankelijk van de vraag. Deze zogenoemde pieklastcentrales hebben hun uitstoot nog bij lange na niet volledig uitgebannen.

Voor alle duidelijkheid: variabele energiebronnen als zon en wind kunnen een belangrijke rol vervullen op onze weg naar nul. We hebben ze zelfs hard nodig. We moeten duurzame bronnen snel toepassen waar dat in economische zin mogelijk is. Het is ongelooflijk hoezeer de kosten van zonne- en windenergie de afgelopen tien jaar zijn gedaald: zonnecellen werden tussen 2010 en 2020 bijvoorbeeld tien keer zo goedkoop, en de prijs voor een volledig zonnesysteem daalde in alleen al 2019 met 11 procent. Die prijsdaling komt grotendeels voort uit het feit dat we leren door te doen: we worden in de loop der tijd steeds beter in het maken van een product.

We zullen de hindernissen die ons ervan weerhouden om duurzame bronnen optimaal te gebruiken, moeten weghalen. Het is bijvoorbeeld vanzelfsprekend om Amerika's elektriciteitsnetwerk te beschouwen als één onderling verbonden geheel, maar in werkelijkheid klopt dat beeld niet. Er bestaat niet één netwerk; het zijn er vele, en ze vormen een onoverzichtelijke lappendeken die het onmogelijk maakt om elektriciteit te verplaatsen naar een plek buiten de regio waar die wordt geproduceerd. Arizona kan overtollige zonne-energie wel aan zijn buurstaten verkopen, maar niet aan een staat aan de andere kant van het land.

Dit probleem zouden we kunnen oplossen door duizenden kilometers speciale hoogspanningsleidingen door het hele land heen aan te leggen. Deze technologie bestaat; in feite hebben de Verenigde Staten er al een aantal. (De langste loopt van de staat Washington naar Californië.) Maar de politieke obstakels voor een grootscheepse upgrade van ons elektriciteitsnetwerk zijn aanzienlijk.

Bedenk maar eens hoeveel landeigenaars, nutsbedrijven en lokale en staatsoverheden je samen zou moeten brengen om hoogspanningsleidingen te realiseren die zonne-energie zouden kunnen vervoeren van de Southwest helemaal naar klanten in New England. Alleen al het bepalen van de routes en het vaststellen van vergunningen zou een enorme onderneming zijn; mensen komen veelal in verzet als je een grote elektriciteitsleiding door hun plaatselijke park wilt laten lopen.

De aanleg van de TransWest Express, een transmissieproject dat is ontworpen om met wind opgewekte elektriciteit van Wyoming over te brengen naar Californië en de Southwest, gaat volgens de planning in 2021 van start. Het project zou dan gebruiksklaar moeten zijn in 2024 – zo'n zeventien jaar nadat de planning begon.

Maar als het ons lukt, zou dat een grote verandering betekenen. Ik financier een project voor de bouw van een computermodel van alle elektriciteitsnetwerken in de Verenigde Staten. Met dat model hebben deskundigen onderzocht wat ervoor nodig zou zijn om alle westelijke staten het doel te laten halen dat Californië voor ogen heeft, te weten 60 procent duurzame bronnen in 2030; en om alle oostelijke staten het doel te laten halen dat New York voor ogen heeft, namelijk 70 procent schone energie in datzelfde jaar. Wat ze hebben ontdekt, is dat er simpelweg geen manier is om die doelen te bereiken zonder het elektriciteitsnetwerk te verbeteren. Het model heeft ook aangetoond dat een overkoepelende benadering van transmissie – in plaats van de verschillende staten alles zelf te laten regelen – elke staat in de gelegenheid zou stellen om de afname van uitstoot met 30 procent minder duurzame bronnen te verwezenlijken dan die staat anders nodig zou hebben. Met andere woorden, we besparen geld door op de beste locaties duurzame bronnen te benutten, een gemeenschappelijk nationaal elektriciteitsnetwerk te creëren en uitstootvrije elektronen te transporteren naar waar ze nodig zijn.*

De komende jaren, waarin elektriciteit een nog grotere rol zal spelen in onze totale energieconsumptie, zullen we dit soort modellen nodig hebben voor netwerken over de hele wereld. Ze helpen ons vragen als deze te beantwoorden: welke mix van schone energiebronnen zal het meest efficiënt zijn in een bepaald gebied? Waar moeten de hoogspanningsleidingen lopen? Welke regels staan er in de weg en welke impulsen moeten we creëren? Ik hoop veel meer van dergelijke projecten te zien.

Er is nog een complicatie: naarmate onze huishoudens minder op fossiele brandstoffen en meer op elektriciteit gaan draaien (bijvoorbeeld om elektrische auto's op te laden en om warm te blijven

* Het betreffende model is online beschikbaar. Zie breakthroughenergy.org voor meer informatie.

in de winter), zullen we de levering van elektriciteit moeten opschroeven met minstens een factor twee. Veel straten zullen moeten worden opengebroken en elektriciteitspalen zullen zwaardere leidingen moeten dragen, er zullen zwaardere transformators en andere benodigdheden moeten komen. Dus het zal in vrijwel elke gemeenschap echt merkbaar worden, en de politieke impact dringt door tot de lokale niveaus.

De technologie kan wellicht helpen om een deel van de politieke obstakels te overwinnen die deze verbetering van het netwerk met zich meebrengt. Elektriciteitsleidingen zijn bijvoorbeeld geen doorn in het oog als ze ondergronds liggen. Maar de aanleg van ondergrondse kabels vermeerdert de prijs op dit moment met een factor vijf tot tien. (Het probleem is de warmte: kabels worden heet als er elektriciteit doorheen loopt. Dat maakt niet uit als ze zich bovengronds bevinden – dan verdwijnt de warmte gewoon de lucht in – maar onder de grond kan de warmte nergens heen. Als de temperatuur te hoog wordt, smelten de leidingen.) Verschillende ondernemingen werken aan een innovatieve transmissie die het warmteprobleem opheft en de kosten van ondergrondse kabels aanzienlijk kan terugbrengen.

Het belang van de toepassing van duurzame bronnen en verbetering van de transmissie valt niet te onderschatten. Als we ons netwerk niet significant verbeteren in plaats van het elk gebied zelf te laten oplossen, zal de groene meerprijs niet pakweg 15 tot 30 procent bedragen, maar wel 100 procent of meer worden. Tenzij we grote hoeveelheden kernenergie gebruiken (waar ik straks op terugkom), zal elke route naar nul in de Verenigde Staten van ons vragen dat we wind- en zonne-energie benutten waar we maar kunnen. Het is lastig precies te zeggen hoeveel van de Amerikaanse elektriciteit uiteindelijk van duurzame installaties afkomstig zal zijn, maar wat we wél weten is dat we ze tussen nu en 2050 veel sneller – vijf tot tien keer zo snel – zullen moeten bouwen dan we momenteel doen.

En onthoud dat de meeste landen niet zo gunstig liggen als de

Verenigde Staten als het gaat om zon en wind. Onze verwachting een groot percentage stroom te kunnen opwekken met duurzame bronnen is niet de regel, maar de uitzondering. Daarom zal de wereld, ook als wij zon en wind benutten, benutten en nog eens benutten, ook nieuwe schone uitvindingen op elektriciteitsgebied nodig hebben.

Er wordt al heel veel onderzoek gedaan. Als er iets is wat ik geweldig vind aan mijn werk, is het de kans om wetenschappers en ondernemers op het hoogste niveau te ontmoeten en van hen te leren. In de loop der jaren heb ik, via mijn investeringen in Breakthrough Energy en via andere wegen, kennisgenomen van enkele potentiële doorbraken die de revolutie zouden kunnen betekenen die we nodig hebben om elektriciteit zonder uitstoot te realiseren. Deze ideeën verkeren in diverse stadia van ontwikkeling: sommige zijn relatief vergevorderd en al behoorlijk getest, terwijl andere, eerlijk is eerlijk, krankzinnig zijn. Maar we mogen niet bang zijn om enkele waanzinnige ideeën een kans te geven. Dat is de enige manier om minstens een paar doorbraken te garanderen.

Uitstootvrije elektriciteit maken

Kernsplijting. Het pleidooi voor kernenergie in één zin: het is de enige uitstootvrije energiebron die dag en nacht betrouwbare stroom kan leveren, in elk seizoen en bijna overal op aarde, waarvan is bewezen dat hij grootschalig kan worden ingezet.

Geen andere schone energiebron komt ook maar in de buurt van wat kernenergie vandaag de dag al levert. (Hiermee bedoel ik kernsplijting: het proces waarbij energie vrijkomt bij het splitsen van atomen. Ik kom nog terug op haar tegenhanger: kernfusie.) De Verenigde Staten verkrijgen ongeveer 20 procent van hun elektriciteit uit kerncentrales. Van alle landen ter wereld haalt Frankrijk met 70 procent het hoogste aandeel van zijn elektriciteit uit kernenergie.

Onthoud ter vergelijking dat zonne- en windenergie samen goed zijn voor ongeveer 7 procent wereldwijd.

En het is moeilijk om een toekomst te zien waarin we ons elektriciteitsnetwerk betaalbaar uitstootvrij maken zonder meer kernenergie te gebruiken. In 2018 analyseerden onderzoekers aan het Massachusetts Institute of Technology (MIT) bijna duizend scenario's voor de route naar nul in de Verenigde Staten; alle goedkoopste routes omvatten een schone en altijd beschikbare bron – zoals kernenergie. Zonder een dergelijke bron zou uitstootvrije elektriciteit een stuk duurder worden.

Kerncentrales staan ook op nummer één als het gaat om een efficiënte toepassing van materialen als cement, staal en glas. Deze grafiek laat zien hoeveel materiaal ervoor nodig is om een bepaalde eenheid aan elektriciteit uit verschillende bronnen te verkrijgen:

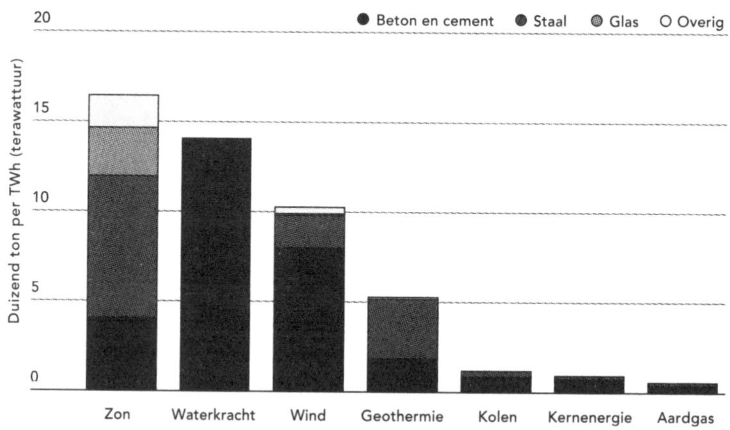

Hoeveel materiaal is ervoor nodig om een elektriciteitscentrale te bouwen en te laten draaien?[35] Dat hangt af van het type centrale. Kernenergie is het meest efficiënt; er wordt per eenheid opgewekte stroom veel minder materiaal voor gebruikt dan bij andere bronnen. (Amerikaanse ministerie van Energie)

Zie je hoe laag de kernenergiekolom is? Dat betekent dat je veel meer energie verkrijgt per kilo aan materiaal dat in het gebouw gaat zitten en ervoor nodig is om de centrale draaiende te houden. Het is een belangrijk gegeven, gelet op alle broeikasgassen die worden uitgestoten bij het produceren van al dat materiaal. (Zie het volgende hoofdstuk voor meer daarover.) En in deze cijfers wordt nog geen rekening gehouden met het feit dat zonne- en windparken over het algemeen meer landoppervlak nodig hebben dan kerncentrales, en dat ze slechts 25 tot 40 procent van de tijd stroom opwekken, tegenover 90 procent in het geval van kernenergie. Het verschil is dus nog groter dan in deze grafiek te zien is.

Het is geen geheim dat kernenergie gepaard gaat met problemen. Een kerncentrale bouwen is vandaag de dag heel duur. Een menselijke fout kan ongelukken veroorzaken. Uranium, de brandstof die ervoor wordt gebruikt, kan worden aangepast voor gebruik in wapens. Het afval is gevaarlijk en moeilijk op te slaan.

De bekende ongelukken bij Three Mile Island in de VS, Tsjernobyl in de voormalige Sovjet-Unie en Fukushima in Japan hebben de schijnwerpers op al deze risico's gericht. De problemen die tot die rampen hebben geleid zijn reëel, maar in plaats van te werken aan de oplossing daarvan, hebben we geprobeerd de vooruitgang op het gebied van kernenergie tegen te houden.

Stel je voor dat we op een dag met zijn allen bij elkaar waren gekomen en hadden gezegd: 'Luister, er vallen doden door auto's. Ze zijn gevaarlijk. Laten we er voortaan niet meer in rijden en het automobiel opgeven.' Dat zou natuurlijk belachelijk zijn geweest. We hebben het tegenovergestelde gedaan: we hebben innovatie toegepast om auto's veiliger te maken. Om ervoor te zorgen dat mensen niet door de voorruit konden vliegen, hebben we veiligheidsgordels en airbags uitgevonden. Om passagiers in het geval van een ongeluk te beschermen, creëerden we veiliger materialen en betere ontwerpen. Om voetgangers op parkeerplaatsen te beschermen, hebben we achteruitkijkcamera's geïnstalleerd.

Er komen heel veel minder mensen om door kernenergie dan door auto's. Sterker nog, er komen ook veel minder mensen om door kernenergie dan door welke fossiele brandstof ook.

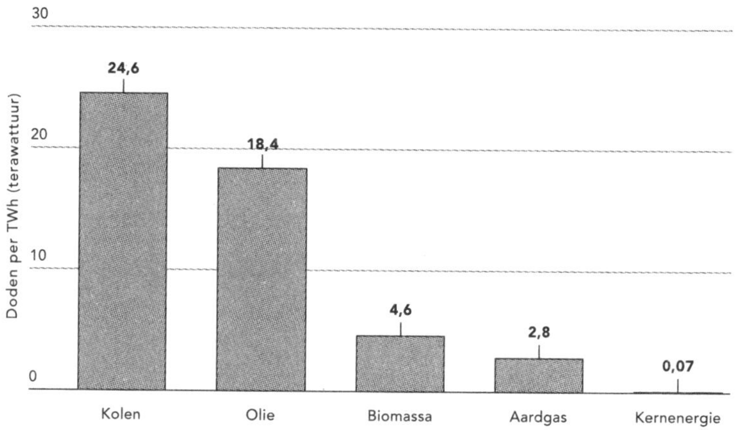

Is kernenergie gevaarlijk?[36] Niet als je uitgaat van het aantal doden dat per eenheid elektriciteit wordt veroorzaakt, zoals deze grafiek laat zien. De aantallen omvatten het complete proces van de opwekking van energie, van het winnen van brandstoffen om ze in elektriciteit om te zetten tot de milieuproblemen die ze veroorzaken, zoals luchtvervuiling. (Our World in Data)

Niettemin zullen we er verbetering in moeten aanbrengen, net als we met auto's hebben gedaan, door de problemen een voor een te analyseren en ze met innovatie te lijf te gaan.

Wetenschappers en technici hebben verschillende oplossingen naar voren gebracht. Ik ben zeer optimistisch over de aanpak van TerraPower, een bedrijf dat ik in 2008 heb opgericht en waar een aantal van de knapste koppen uit de wereld van de kernfysica en de computermodellen gezamenlijk werken aan het ontwerp van een kernreactor van de volgende generatie.

Omdat niemand ons in de echte wereld experimentele reactors zou laten bouwen, creëerden we een lab met supercomputers in

Bellevue, Washington, waar het team digitale simulaties van verschillende reactorontwerpen uitprobeert. We denken dat we een model hebben ontwikkeld dat alle hoofdproblemen oplost met een design dat *traveling wave reactor* – 'lopendegolfreactor' – heet.

De reactor van TerraPower zou op veel verschillende soorten brandstof kunnen draaien, waaronder het afval van andere nucleaire installaties. Hij zou veel minder afval produceren dan de huidige centrales, zou volledig automatisch werken – waarmee de mogelijkheid van een menselijke fout wordt geëlimineerd – en zou ondergronds gebouwd kunnen worden, om hem te beschermen tegen een eventuele aanval. Ten slotte zou het ontwerp intrinsiek veilig zijn, gebruikmakend van enkele ingenieuze kenmerken om de kernreactie te controleren; de radioactieve brandstof zit bijvoorbeeld in vaten die uitzetten als ze te heet worden, wat de nucleaire reactie vertraagt en oververhitting voorkomt. Ongelukken zouden worden voorkomen door de wetten van de natuurkunde.

We zijn nog jaren verwijderd van de verwezenlijking van een nieuwe centrale. Tot nu toe bestaat het design van TerraPower alleen in onze supercomputers; we werken samen met de Amerikaanse overheid aan de bouw van ons eerste prototype.

Kernfusie. Er is nog een heel andere benadering van kernenergie, die behoorlijk veelbelovend is, maar nog minstens een decennium verwijderd van het leveren van elektriciteit aan klanten. In plaats van energie te verkrijgen door atomen te splitsen, zoals bij kernsplijting, breng je ze bij elkaar en laat je ze samensmelten – of fuseren.

Fusie is in de basis vergelijkbaar met het proces waarmee de energie van de zon ontstaat. Je begint met een gas – het meeste onderzoek is gericht op bepaalde typen waterstof – en je maakt dat uitzonderlijk heet, meer dan 50 miljoen graden Celsius. Het verkeert dan in een elektrisch geladen stadium dat plasma wordt genoemd. Bij deze temperaturen bewegen de deeltjes zo snel dat ze elkaar raken en samensmelten, net als de waterstofatomen in de zon. Wanneer de waterstofdeeltjes fuseren, worden ze omgezet in helium, waarbij een grote hoeveelheid energie vrijkomt, die kan worden gebruikt om elektriciteit op te wekken. (Wetenschappers hebben verschillende manieren om het plasma in toom te houden; de meest gebruikte methoden behelzen zeer krachtige magneten dan wel lasertechnieken.)

Kernfusie bevindt zich nog in de experimentele fase, maar is veelbelovend. Aangezien ze zou worden gevoed door algemeen beschikbare elementen als waterstof, zou de brandstof goedkoop en alom voorradig zijn. Het belangrijkste type waterstof dat gewoonlijk bij kernfusie wordt gebruikt, kan uit zeewater worden gewonnen, en daar is genoeg van aanwezig om vele duizenden jaren aan de energiebehoefte van de wereld te kunnen voldoen. Het afvalproduct zou honderden jaren radioactief blijven, versus honderdduizenden jaren voor plutonium en andere elementen die vrijkomen bij splijting, en op een veel lager niveau – ongeveer net zo gevaarlijk als het radioactieve afval van ziekenhuizen. Er is geen kettingreactie die uit de hand kan lopen, want de fusie stopt zodra je ophoudt met brandstof toevoegen of de installatie die het plasma bevat uitschakelt.

In de praktijk is kernfusie echter zeer moeilijk te verwezenlijken. Er bestaat een oude grap onder nucleair wetenschappers: 'Fusie gaat over veertig jaar lukken, en dat zal altijd zo blijven.' (Toegegeven: ik interpreteer de term 'grap' in nogal ruime zin.) Een van de grote hindernissen is dat er zoveel energie voor nodig is om de fusiereactie te starten, dat je vaak meer in het proces stopt dan eruit komt. En zoals je je met het oog op de benodigde temperaturen kunt voorstellen, is het ook een enorme technische uitdaging om een reactor te bouwen. Geen van de bestaande fusiereactors is ontworpen om elektriciteit te produceren die door mensen kan worden gebruikt; ze zijn er alleen voor onderzoeksdoeleinden.

Het grootste project dat momenteel gaande is, een samenwerking tussen zes landen en de Europese Unie, is een experimenteel complex in Zuid-Frankrijk dat bekendstaat als ITER. De bouw is begonnen in 2010 en duurt nog voort. Halverwege de jaren twintig van deze eeuw zal het ITER-project naar verwachting zijn eerste plasma genereren, en eind jaren dertig zal het energie voortbrengen – tien keer meer dan nodig voor de werking van de installatie. Dat zou een mijlpaal zijn voor de kernfusie, een grote prestatie die de weg zal vrijmaken voor de bouw van een commerciële demonstratiecentrale.

En er zijn meer innovaties in opkomst die fusie een praktischer optie zouden kunnen maken. Ik ken bijvoorbeeld ondernemingen die hogetemperatuursupergeleiders gebruiken om veel sterkere magnetische velden te maken voor het bedwingen van het plasma. Als deze benadering werkt, zouden we veel kleinere, dus goedkopere en snellere, fusiereactors kunnen bouwen.

Maar het belangrijkste punt is niet dat één bedrijf met die ene doorbraak komt die we nodig hebben in de kernsplijting of kernfusie. Het is veel belangrijker om als wereld weer serieus aan de slag te gaan met de vooruitgang op het gebied van kernenergie. Deze bron is gewoon te veelbelovend om te veronachtzamen.

Zeewind. Het plaatsen van windturbines in een oceaan of zee heeft verschillende voordelen. Omdat veel grote steden aan de kust liggen, kunnen we elektriciteit dicht bij de plek waar ze wordt gebruikt opwekken, zodat er minder problemen zijn met de transmissie. Wind op zee waait bovendien vaak gelijkmatiger, waardoor discontinuïteit ook minder een issue is.

Ondanks deze voordelen vertegenwoordigt wind op zee momenteel slechts een heel klein deel van de totale wereldwijde capaciteit voor de elektriciteitsvoorziening – maar zo'n 0,4 procent in 2019. Het grootste gedeelte daarvan wordt opgewekt in Europa, vooral op de Noordzee; de Verenigde Staten heeft voor slechts 30 megawatt geïnstalleerd, en dat allemaal binnen één project voor de kust van Rhode Island. En als je weet dat Amerika rond de 500 gigawatt verbruikt, levert zeewind grofweg 1/16.000e van de elektriciteit van het land.

Wat windenergie betreft kunnen we nog een stuk vooruit. Bedrijven vinden manieren om de turbines groter te maken, zodat ze meer stroom kunnen opwekken, en ze lossen een aantal van de technische moeilijkheden op die komen kijken bij de plaatsing van grote metalen objecten in de oceaan. Naarmate die innovaties de prijs drukken, installeren landen meer windturbines; de afgelopen drie jaar is het gebruik van zeewind jaarlijks met 25 procent gestegen. Het Verenigd Koninkrijk is momenteel 's werelds grootste gebruiker van zeewind, dankzij slimme overheidssubsidies die bedrijven hebben gestimuleerd om erin te investeren. China investeert op grote schaal in zeewind en zal tegen 2030 waarschijnlijk de grootste gebruiker van windenergie zijn.

De Verenigde Staten hebben behoorlijk veel zeewind tot hun beschikking, met name in New England, Noord-Californië en Oregon, de Gulf Coast en de Great Lakes.[37] In theorie zouden we er 2000 gigawatt mee kunnen opwekken – meer dan genoeg om in onze huidige elektriciteitsbehoefte te voorzien. Maar als we dat potentieel willen benutten, zullen we het gemakkelijker moeten maken om windturbines te plaatsen. Als je nu een vergunning wilt verwerven, krijg je te maken met een hoop bureaucratische rompslomp: je koopt een van de door de centrale overheid beperkt beschikbaar gestelde opstalovereenkomsten, vervolgens staat je een jarenlang proces te wachten waarin de impact op de omgeving in kaart moet worden gebracht, waarna je de betreffende lokale vergunningen nog moet regelen. En bij elke stap zul je tegenstand ondervinden – al dan niet terecht – van strandeigenaars, de toeristische industrie, vissers en milieuactiegroepen.

Zeewind is zeer veelbelovend: deze bron wordt goedkoper en kan een sleutelrol gaan spelen om veel landen te helpen het gebruik van fossiele brandstoffen terug te dringen.

Geothermie. Diep onder de grond – een paar honderd meter tot 2,5 kilometer – bevindt zich heet gesteente dat zou kunnen worden gebruikt om uitstootvrije elektriciteit op te wekken. We kunnen water onder hoge druk de grond in pompen, waar het de warmte absorbeert en op een andere plek bovenkomt, waar het dan een turbine in gang zet of op een andere manier elektriciteit opwekt.

Maar gebruikmaken van de warmte onder onze voeten heeft zo zijn nadelen. De energiedichtheid – de hoeveelheid per vierkante meter – is vrij laag. In zijn geweldige boek uit 2009, *Sustainable Energy – Without the Hot Air*, schatte David MacKay in dat geothermie minder dan 2 procent van de Britse energiebehoefte kon vervullen.[38] En om zoveel te leveren zou elke vierkante meter van het land moeten worden benut en zou het boren kosteloos moeten gebeuren.

Verder moeten we putten graven om de warmte te bereiken, en is het lastig om van tevoren te weten of een bepaalde put de warmte die we nodig hebben zal opbrengen – en hoelang. Zo'n 40 procent van alle geothermische putten blijkt uiteindelijk niets op te leveren. En geothermie is alleen beschikbaar op bepaalde plaatsen op de wereld, met name in gebieden met bovengemiddelde vulkanische activiteit.

Hoewel deze problemen betekenen dat geothermie slechts bescheiden zal bijdragen aan de stroomvoorziening van de wereld, is het toch de moeite waard om ze een voor een op te lossen, zoals we met auto's hebben gedaan. Ondernemingen werken aan diverse innovaties die voortbouwen op de technische vooruitgang waardoor het boren naar olie en gas de laatste jaren veel productiever is geworden. Sommige bedrijven ontwikkelen bijvoorbeeld geavanceerde sensoren die het gemakkelijker kunnen maken om veelbelovende geothermische bronnen te vinden. Andere gebruiken horizontale boortechnieken om deze bronnen veiliger en efficiënter aan te boren. Het is een goed voorbeeld van hoe technologie die van oorsprong werd ontwikkeld voor de winning van fossiele brandstoffen ons kan helpen om naar nul uitstoot toe te werken.

De opslag van elektriciteit

Batterijen. Ik heb veel meer tijd en aandacht geschonken aan batterijen dan ik ooit voor mogelijk had gehouden. (En ik heb ook meer geld verloren aan start-ups op batterijengebied dan ik ooit voor mogelijk had gehouden.) Tot mijn verbazing is het lastig om ze te verbeteren, ondanks alle beperkingen van lithium-ionbatterijen – waar je laptop en mobiele telefoon op werken. Uitvinders hebben alle metalen die we in batterijen kunnen gebruiken bestudeerd, en het lijkt onwaarschijnlijk dat er materialen zijn die veel betere batterijen zullen opleveren dan we al maken. Ik denk dat we ze met een factor drie kunnen verbeteren, maar niet met een factor vijftig.

Maar een goede uitvinder laat zich niet ontmoedigen. Ik heb enkele briljante ingenieurs ontmoet die werken aan betaalbare batterijen waarop genoeg energie voor een hele stad bewaard kon worden, en die energie lang genoeg vasthouden om de seizoensdiscontinuïteit te kunnen opvangen. Een uitvinder die ik zeer bewonder, werkt aan een batterij die vloeibare metalen gebruikt in plaats van de vaste metalen die in traditionele batterijen worden toegepast. Het idee erachter is dat vloeibaar metaal de mogelijkheid biedt om veel meer energie op te slaan en deze sneller te leveren – precies wat je nodig hebt als je een complete stad van stroom wilt voorzien. De technologie is bewezen in een lab, dus nu probeert het team deze betaalbaar genoeg te maken om economisch interessant te zijn en te bewijzen dat ze ook haalbaar is in de praktijk.

Anderen werken aan zogeheten flowbatterijen, wat wil zeggen dat er vloeistoffen in aparte tanks worden bewaard, die elektriciteit genereren als ze samengepompt worden. Hoe groter de tanks, hoe meer energie je kunt opslaan, en hoe groter de batterij, hoe betaalbaarder het systeem wordt.

Pompcentrales. Er bestaat nog een methode – *pumped hydro power* – om stedelijke hoeveelheden energie op te slaan. Deze werkt als volgt: wanneer elektriciteit goedkoop is (bijvoorbeeld als een straffe wind je turbines op volle snelheid laat draaien), pomp je water omhoog naar een spaarbekken; wanneer de vraag naar elektriciteit vervolgens toeneemt, laat je het water weer naar beneden stromen en gebruik je het om een turbine te laten draaien en zo meer elektriciteit op te wekken.

Deze vorm van opslag is de omvangrijkste vorm van grootschalige elektriciteitsopslag wereldwijd. Helaas zegt dat niet zoveel. De tien grootste installaties in de VS kunnen voor minder dan een uur in de elektriciteitsbehoefte van het land voorzien. Je begrijpt waarschijnlijk wel waarom deze methode nog geen hoge vlucht heeft genomen: om water naar boven te pompen, heb je een groot reservoir nodig, en natuurlijk ook een heuvel. Heb je geen van beide voorhanden, dan heb je pech.

Verschillende bedrijven werken aan alternatieven. Een daarvan gaat na of je iets anders dan water – bijvoorbeeld kiezelstenen – omhoog kunt bewegen. Een ander bedrijf werkt aan een proces waarbij de heuvel wegvalt, maar het water niet: je pompt water onder de grond, houdt het daar onder druk vast en geeft het weer vrij als je klaar bent om een turbine in beweging te zetten. Als deze aanpak werkt, zou dat geweldig zijn, want bovengronds zou er dan weinig zijn om je zorgen over te maken.

Warmteopslag. Hierbij is het idee dat je elektriciteit op het moment dat ze goedkoop beschikbaar is, gebruikt om een bepaald materiaal op te warmen. En als je weer meer elektriciteit nodig hebt, gebruik je die warmte om stroom op te wekken via een warmtemachine. Deze methode kan werken met een efficiëntie van 50 of 60 procent, wat niet slecht is. Ingenieurs hebben kennis over veel materialen die lange tijd warm kunnen blijven zonder veel energie te verliezen. De meest veelbelovende benadering waar verschillende wetenschappers en bedrijven aan werken, is opslag van de warmte in gesmolten zout.

Bij TerraPower proberen we uit te zoeken hoe we gesmolten zout kunnen toepassen zonder dat we (als we een centrale kunnen bouwen) hoeven te concurreren met gedurende de dag door de zon opgewekte energie. Het idee is om overdag opgewekte warmte te bewaren en die 's nachts, als de goedkope zonne-energie niet beschikbaar is, om te zetten in elektriciteit.

Goedkope waterstof. Ik hoop dat we enkele grote doorbraken gaan meemaken op het gebied van opslag. Maar het is ook mogelijk dat er een innovatie in zicht komt die al deze ideeën overbodig maakt, zoals de personal computer dat heeft gedaan met de typemachine. Als het gaat om de opslag van elektriciteit zou goedkope waterstof die innovatie kunnen zijn.

De reden hiervoor is dat waterstof een sleutelingrediënt vormt in brandstofcelbatterijen. Brandstofcellen verkrijgen hun energie uit een chemische reactie tussen twee gassen – gewoonlijk waterstof en zuurstof – en hun enige nevenproduct is water. We zouden de elektriciteit van een zonne- of windpark kunnen gebruiken om waterstof te creëren, die we als gecomprimeerd gas of in andere vorm zouden kunnen opslaan. Dan zouden we die vervolgens in een brandstofcel kunnen invoeren om wanneer nodig elektriciteit op te wekken. In feite zouden we dan schone elektriciteit gebruiken om een uitstootvrije brandstof te creëren die jaren zou kunnen worden opgeslagen en in een oogwenk weer in elektriciteit zou kunnen worden omgezet. En we zouden het eerdergenoemde locatieprobleem kunnen oplossen: je kunt zonlicht niet in een wagon vervoeren, maar het wel in brandstof omzetten en daarna op elke gewenste manier transporteren.

Maar er is een moeilijkheid: op dit moment is het duur om waterstof te produceren zonder uitstoot. En het is niet zo efficiënt als het direct opslaan van de elektriciteit in een batterij, aangezien je eerst elektriciteit moet gebruiken om waterstof te maken, en later die waterstof gebruikt om elektriciteit mee te maken. Bij deze stappen verlies je onderweg een deel van de energie.

Waterstofgas is bovendien heel licht in gewicht, wat opslag ervan in tanks van een hanteerbare grootte lastig maakt. Het is gemakkelijker om het gas op te slaan als je het samenperst (dan past er meer in een tank met hetzelfde volume), maar omdat waterstofmoleculen onder druk heel klein zijn, kunnen ze door metaal heen gaan. En dan is het alsof je benzinetank heel langzaam leegdruppelt.

Ten slotte zijn er bij het maken van waterstof (een proces dat elektrolyse heet) ook verschillende materialen nodig (*electrolyzers*) die behoorlijk kostbaar zijn. In Californië, waar auto's die rijden op brandstofcellen al verkrijgbaar zijn, is de prijs van waterstof vergelijkbaar met het betalen van 1,48 dollar per liter benzine – en dat is duur voor Amerikaanse begrippen. Dus experimenteren wetenschappers met goedkopere materialen die als electrolyzers kunnen dienen.

Andere innovaties

CO_2 afvangen. We zouden elektriciteit kunnen blijven maken zoals we nu doen, met aardgas en kolen, maar het kooldioxide kunnen opzuigen voordat het de atmosfeer in kan gaan. Internationaal wordt dit proces CCS (*carbon capture and storage*) genoemd. Voor de afvang en opslag zijn speciale installaties nodig om de uitstoot van centrales die op fossiele brandstoffen draaien te absorberen. Deze machines bestaan al tientallen jaren, maar ze zijn duur in aanschaf en gebruik, ze vangen meestal slechts 90 procent van de uitgestoten broeikasgassen op, en energiebedrijven hebben er zelf geen baat bij. Er zijn er dus maar weinig in gebruik. Slim overheidsbeleid zou prikkels kunnen creëren om afvang en opslag te stimuleren – hier kom ik in de hoofdstukken 10 en 11 op terug.

Eerder wees ik al op een hieraan gerelateerde technologie die DAC (direct air capture) wordt genoemd. Hierbij wordt het CO_2 direct uit de lucht gehaald. DAC is flexibeler dan afvang ter plekke (daar waar de uitstoot plaatsvindt), want je kunt de installatie in principe overal plaatsen. En naar alle waarschijnlijkheid zal deze techniek een cruciaal onderdeel vormen op de weg naar nul.[39] Een onderzoek door de Amerikaanse National Academy of Sciences wees uit dat we halverwege de eeuw ongeveer 10 miljard ton per jaar aan kooldioxide zullen moeten verwijderen, en tegen het eind van de eeuw ongeveer 20 miljard.

Maar vanwege de lage concentratie van kooldioxide in de lucht is DAC een veel grotere technische uitdaging dan afvang ter plekke. De rechtstreekse emissie van een kolencentrale is zeer geconcentreerd, om en nabij de 10 procent, maar als het CO_2 eenmaal in de atmosfeer zit, waar DAC opereert, verspreidt het zich en wordt het verdund. Haal een willekeurige molecuul uit de atmosfeer en de kans dat je kooldioxide te pakken hebt, is slechts 1 op de 2500.

Bedrijven werken aan nieuwe materialen die beter zijn in het absorberen van CO_2, wat zowel afvang ter plekke als DAC goedkoper en effectiever zal maken. Verder is er bij de huidige aanpak van DAC veel energie nodig om de broeikasgassen uit de lucht te halen en veilig op te slaan. Al dat werk kan met geen mogelijkheid plaatsvinden zonder in elk geval wát energie te gebruiken; volgens de wetten der natuurkunde vergt het in elk geval een minimumhoeveelheid. Maar de nieuwste technologie gebruikt veel meer dan dat minimum, dus er is nog veel verbetering mogelijk.

Minder verbruiken. Ik trok vroeger mijn wenkbrauwen op bij de suggestie dat een efficiënter gebruik van stroom iets zou kunnen betekenen voor het klimaat. Mijn redenering: als je beperkte middelen hebt om uitstoot terug te brengen (en dat is zo), verkrijg je de grootste impact door naar nul uitstoot toe te werken in plaats van in te zetten op pogingen de vraag naar energie te verlagen.

Ik heb die kijk op de dingen niet helemaal achter me gelaten, maar wel genuanceerd toen ik besefte hoeveel land ervoor nodig zal zijn om met zon en wind veel meer elektriciteit op te wekken.

Een zonnepark neemt tussen de vijf en vijftig keer meer oppervlak in beslag om net zoveel elektriciteit op te wekken als een gelijkwaardige kolencentrale, en een windpark nog eens tien keer zoveel als een zonnepark. We moeten alles doen wat we kunnen om de kans te vergroten dat we honderd procent schone energie halen, en dat zal gemakkelijker zijn als we de vraag naar elektriciteit zo veel mogelijk verminderen. Als we onze energiebehoefte reduceren, zal dat helpen.

Er bestaat een hieraan gerelateerde benadering die *load shifting* of *demand shifting* – 'vraagverschuiving' – heet, die erop neerkomt dat we onze stroom consistenter over de dag verdelen. Als we dat op grote schaal gaan doen, zou dat een flinke verandering betekenen in onze omgang met elektriciteit. Momenteel hebben we de neiging om stroom op te wekken wanneer we die gebruiken – een centrale werkt bijvoorbeeld harder om 's avonds de lampen van de stad te laten branden. Maar met load shifting doen we het anders: we gebruiken meer elektriciteit op het moment dat die het goedkoopst opgewekt kan worden.

Een voorbeeld: je boiler zou om 16.00 uur ingeschakeld kunnen worden, als er minder vraag naar stroom is, in plaats van om 19.00 uur. Of je plugt je elektrische vervoermiddel in als je thuiskomt, waarna die vervolgens met opladen wacht tot het 4.00 uur is, als de elektriciteit goedkoop is omdat er zo weinig mensen gebruik van maken. Op industrieel niveau kunnen energie-intensieve processen als de behandeling van afvalwater en het maken van waterstofbrandstoffen plaatsvinden op een tijdstip dat de meeste elektriciteit beschikbaar is.

Willen we dat vraagverschuiving een significante impact heeft, dan zullen we enkele veranderingen in beleid moeten doorvoeren. Ook moeten we technologische stappen zetten. Nutsbedrijven zullen bijvoorbeeld de prijs van elektriciteit voor overdag moeten aanpassen om verschuiving in vraag en aanbod te realiseren, en de boiler en elektrische auto moeten 'smart' genoeg zijn om deze prijsinformatie te benutten en erop te reageren. En in extreme gevallen, als elektriciteit heel schaars is, zouden we de mogelijkheid moeten hebben om de vraag te verminderen, wat betekent dat we elektriciteit zouden rantsoeneren en prioriteiten zouden stellen (met voorrang voor ziekenhuizen, bijvoorbeeld) en niet-essentiële activiteiten zouden stopzetten.

Onthoud dat we weliswaar op al deze ideeën moeten voortborduren, maar dat ze waarschijnlijk niet allemaal hoeven te slagen om ons elektriciteitsnetwerk uitstootvrij te maken. Sommige ideeën overlappen elkaar: als we bijvoorbeeld een doorbraak bereiken in goedkope waterstof, hoeven we misschien wat minder hard te streven naar een magische batterij.

Wat ik met zekerheid kan zeggen, is dat we een concreet plan nodig hebben om onze stroomvoorziening te vernieuwen, waarmee we betrouwbare uitstootvrije elektriciteit kunnen verkrijgen op elk moment dat we die nodig hebben. Als een goede fee me één wens toestond, één enkele doorbraak in slechts één activiteit die klimaatverandering veroorzaakt, zou ik de productie van elektriciteit kiezen: die gaat een grote rol spelen in het uitstootvrij maken van andere delen van de fysieke economie. Op het eerste onderdeel hiervan – hoe we dingen als staal en cement maken – kom ik in het volgende hoofdstuk terug.

HOOFDSTUK 5

HOE WE SPULLEN MAKEN

31 procent van 51 miljard ton per jaar

Het is dertien kilometer rijden van Medina, Washington, waar Melinda en ik wonen, naar het hoofdkwartier van onze stichting in Seattle. Om op kantoor te komen steek ik Lake Washington over via wat officieel bekendstaat als de Evergreen Point Floating Bridge, hoewel niemand die hier in de buurt woont deze brug daadwerkelijk zo noemt. Voor de locals heet hij de 520 Bridge, genoemd naar de snelweg die erover loopt. Met zijn 2350 meter is het de langste pontonbrug ter wereld.

Soms, als ik over de 520 Bridge rijd, sta ik erbij stil hoe geweldig deze brug is. Niet omdat het de langste drijvende brug ter wereld is, maar omdat het een brug is die dríjft. Hoe kan deze massieve constructie van tonnen asfalt, beton en staal, en met honderden auto's erop, op een meer blijven drijven? Waarom zinkt hij in hemelsnaam niet?

Het antwoord hierop zit hem in een wonderbaarlijk staaltje techniek dat mogelijk wordt gemaakt door een bijzonder materiaal: beton. Dat lijkt op het eerste gezicht misschien vreemd, omdat het zo voor de hand ligt om beton te beschouwen als een zwaar blok dat onmogelijk kan blijven drijven. Hoewel het waar is dat beton zo kan worden gemaakt – massief genoeg om radioactieve straling in de muren van een ziekenhuis te absorberen – kan het ook worden gebruikt om holle vormen te maken, zoals de 77 met lucht gevulde, waterdichte pontons die de 520 Bridge ondersteunen. Elke ponton weegt duizenden tonnen,[40] heeft genoeg drijfvermogen om op het oppervlak van het meer te blijven liggen en is robuust genoeg om de brug te dragen, mét alle auto's die eroverheen jakkeren. Of kruipen, tijdens een van onze dagelijkse files.

Dit is de 520 Bridge in Seattle, waar ik overheen rijd als ik van huis naar het hoofdkantoor van de Gates Foundation reis. Het is een juweel van moderne techniek.[41]

Je hoeft niet lang te zoeken om voorbeelden te vinden van andere met beton verrichte wonderen. Het is een roest- en rotbestendig en niet-brandbaar materiaal; daarom maakt het deel uit van de meeste moderne gebouwen. Als je fan bent van waterkracht, zou je ook waardering moeten hebben voor beton, waarmee stuwdammen worden gemaakt. Kijk de eerstvolgende keer dat je het Vrijheidsbeeld ziet eens naar het voetstuk waar het op staat: dat is gemaakt van 24.500 ton beton.[42]

De charme van beton is niet voorbijgegaan aan Amerika's grootste uitvinder. Thomas Edison probeerde complete huizen van het spul te maken.[43] Hij droomde ervan om betonnen meubilair te maken, zoals slaapkamersets, en hij probeerde zelfs een betonnen platenspeler te ontwerpen.

Deze hersenspinsels van Edison zijn nooit in werkelijkheid omgezet, maar we gebruiken wél heel veel beton. Elk jaar produceert Amerika alleen al, met het vervangen of repareren van bestaande wegen, bruggen en gebouwen, en het bouwen van nieuwe, meer dan 87 miljoen ton cement, een van de hoofdingrediënten van beton. Dat is ongeveer 270 kilo per inwoner. En Amerika is nog niet eens de grootste gebruiker: China heeft in de eerste zestien jaar van de eenentwintigste eeuw meer beton toegepast dan de Verenigde Staten in de gehele twintigste eeuw!

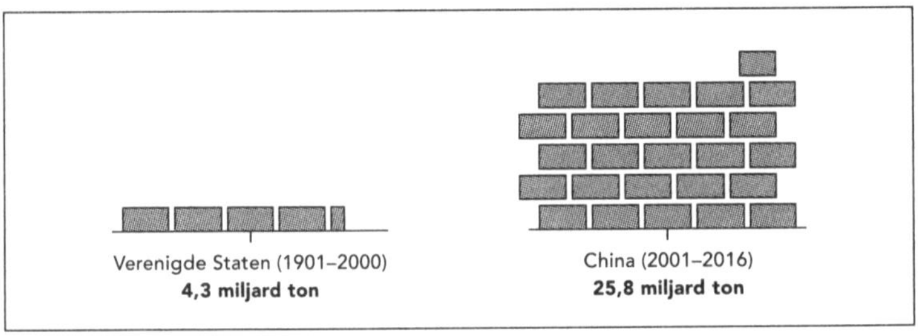

China maakt zeer veel cement.[44] Het land heeft in de eenentwintigste eeuw al meer geproduceerd dan de Verenigde Staten in de hele twintigste eeuw. (U.S. Geological Survey)

Uiteraard zijn cement en beton niet de enige materialen waar we veel gebruik van maken. Er is ook het staal dat we verwerken in auto's, schepen en treinen; in koelkasten en fornuizen; in fabrieksmachines; in blikken voor voedsel; en zelfs computers. Staal is sterk, goedkoop, onverslijtbaar en oneindig recyclebaar. Het gaat ook perfect samen met beton: zet ijzeren staven in een blok beton en je hebt geweldig constructiemateriaal dat tonnen gewicht kan hebben en niet gemakkelijk breekt. Daarom wordt in de meeste gebouwen en bruggen gewapend beton gebruikt.

Amerikanen gebruiken net zoveel staal als cement – dus dat is nog eens 270 kilo per inwoner per jaar. En dan reken ik het staal dat we recyclen en hergebruiken nog niet eens mee.

Kunststoffen, waaronder plastic, vormen ook al zulk fantastisch materiaal: ze zitten in zoveel producten, van kleding en speelgoed tot meubels, auto's en mobiele telefoons, dat het onmogelijk is om ze allemaal op te noemen. Kunststoffen, met name plastics, hebben tegenwoordig een slechte reputatie, en dat is gedeeltelijk terecht. Maar ze zijn ook heel nuttig. Terwijl ik dit hoofdstuk schrijf, zit ik aan mijn bureau en zie ik overal om me heen kunststof: mijn computer, keyboard, monitor en muis, mijn nietmachine, mijn telefoon, enzovoort. Kunststoffen maken het ook mogelijk om zuinige auto's zo licht te maken; ze vormen ongeveer de helft van het totale volume van een auto, maar zijn goed voor slechts 10 procent van het gewicht.[45]

En dan hebben we nog glas – in onze ramen, potten en flessen, isolatie, auto's en de glasvezels die een snelle internetverbinding mogelijk maken. En aluminium: dat wordt verwerkt in frisdrankblikjes, elektriciteitsleidingen, deurknoppen, treinen, vliegtuigen en biervaten. En er is kunstmest, dat helpt de wereld te voeden. Jaren geleden heb ik de ondergang van het papier voorspeld toen elektronische communicatie een vlucht nam en schermen alomtegenwoordig werden, maar voorlopig lijkt het erop dat ook papier nog wel een tijd zal blijven bestaan.

Kortom, we maken materialen die voor het moderne dagelijks leven net zo essentieel zijn als elektriciteit. We gaan ze echt niet opgeven. Sterker nog, we gaan er juist meer van gebruiken naarmate de wereldbevolking groter en rijker wordt.

Er zijn data in overvloed die deze bewering bevestigen – we zullen halverwege de eeuw bijvoorbeeld 50 procent meer staal produceren dan vandaag de dag – maar ik denk dat de twee plaatjes op pagina 119 minstens zo overtuigend zijn.

Kijk er maar eens naar. Het lijken foto's van twee verschillende steden, nietwaar?

Maar dat zijn het niet. Het zijn twee foto's van Shanghai, genomen vanaf hetzelfde punt. De foto links is genomen in 1987, de foto rechts in 2013. Als ik naar al die nieuwe gebouwen op de rechterfoto kijk, zie ik tonnen en tonnen staal, cement, glas en kunststof.

Deze twee foto's laten zien hoe groei eruitziet – of we er nu blij mee zijn of niet. Shanghai in 1987 (links) en 2013 (rechts).[46]

En zo gaat het overal op de wereld, hoewel de groei niet overal zo indrukwekkend is als in Shanghai de afgelopen decennia. Om een thema te herhalen dat steeds weer in dit boek naar voren komt: *deze vooruitgang is goed.* De snelle groei die je op deze twee foto's ziet, geeft aan dat het leven van mensen op talloze manieren beter is geworden. Ze verdienen meer geld, krijgen beter onderwijs en hebben minder kans om jong te sterven. Iedereen die armoedebestrijding belangrijk vindt, zou deze ontwikkeling als goed nieuws moeten zien.

Maar, om een ander thema te herhalen dat veel in dit boek naar voren komt: *alles heeft een keerzijde.* Bij het maken van al deze materialen worden veel broeikasgassen uitgestoten. In feite zijn ze verantwoordelijk voor ongeveer een derde van alle uitstoot wereldwijd. En in sommige gevallen, met name beton, hebben we geen praktische manier om ze te maken zonder CO_2 te produceren.

Laten we eens kijken hoe we deze cirkel kunnen doorbreken – hoe we deze materialen kunnen blijven vervaardigen zonder het klimaat onleefbaar te maken. Om het kort te houden, zullen we ons richten op drie van de belangrijkste: staal, beton en kunststof. Zoals we met elektriciteit hebben gedaan, zullen we nagaan hoe we op dit punt zijn beland en waarom deze materialen zo funest zijn voor het klimaat. Dan berekenen we de groene meerprijzen voor het terugbrengen van de emissies door toepassing van de huidige technologie, en we bestuderen manieren om die meerprijzen te verlagen en de materialen uitstootvrij te maken.

De geschiedenis van staal gaat zo'n vierduizend jaar terug. In de loop der eeuwen is er een lange reeks fascinerende uitvindingen gedaan, die ons van de ijzertijd naar het goedkope, veelzijdige staal van vandaag hebben gebracht, maar de ervaring heeft me geleerd dat de meeste mensen niet enorm geïnteresseerd zijn in de verschillen tussen blaasovens, puddelovens en het bessemerproces. Dus volgen hier de belangrijkste dingen die je moet weten.

We houden van staal omdat het zowel sterk is als gemakkelijk te vormen wanneer het heet is. Om staal te maken, heb je puur ijzer en koolstof nodig; in zuivere vorm is ijzer niet zo heel sterk, maar als je precies de juiste hoeveelheid koolstof toevoegt – minder dan één procent, afhankelijk van het type staal dat je wilt hebben – nestelen de koolstofatomen zich tussen de ijzeratomen, waardoor het staal zijn belangrijkste eigenschappen krijgt.

Koolstof en ijzer zijn niet moeilijk te vinden: je kunt koolstof uit kool halen en ijzer is een veelvoorkomend element in de aardkorst. Maar puur ijzer is behoorlijk zeldzaam: als je het metaal opgraaft, is het bijna altijd gecombineerd met zuurstof en andere elementen – een mengsel dat we ijzererts noemen.

Om staal te vervaardigen, moet je de zuurstof scheiden van het ijzer en er een klein beetje koolstof aan toevoegen. Beide kun je tegelijkertijd doen door ijzererts op zeer hoge temperatuur (1700 graden Celsius) te smelten, in de aanwezigheid van zuurstof en een type steenkool dat we cokes noemen. Bij die temperatuur geeft het ijzererts zijn zuurstof vrij en geeft de cokes zijn koolstof af. Een beetje van de koolstof bindt zich aan het ijzer, waarbij het staal wordt gevormd dat we willen hebben. De rest van de koolstof grijpt zich vast aan de zuurstof, waarbij een ongewenst bijproduct vrijkomt: kooldioxide (CO_2). Behoorlijk veel zelfs. Bij de vervaardiging van één ton staal produceren we ongeveer 1,8 ton kooldioxide.

Waarom doen we het dan op deze manier? Omdat het goedkoop is, en we tot de tijd dat we ons zorgen begonnen te maken over de klimaatverandering geen prikkel hadden om het op een andere manier te doen. IJzererts is vrij eenvoudig (en dus goedkoop) op te graven. Ook steenkool is niet duur, want daar zit veel van in de grond.

Dus de wereld blijft maar voortdenderen en maakt meer staal, hoewel de productie in de Verenigde Staten op gelijk niveau blijft. Diverse andere landen produceren nu meer ruw staal dan de Verenigde Staten – waaronder China, India en Japan – en tegen 2050 zal de wereld grofweg 2,8 miljard ton per jaar produceren. Dat komt halverwege de eeuw neer op 5 miljard ton kooldioxide per jaar, alleen al door het maken van staal, tenzij we een nieuwe, klimaatvriendelijker manier vinden om dat te doen.

Dat klinkt als een grote uitdaging, maar met beton is het nog lastiger. Om dat te maken, meng je grind, zand, water en cement. De eerste drie zijn relatief probleemloos; de moeilijkheid voor het klimaat zit hem in het cement.

Om cement te vervaardigen, heb je calcium nodig. Om calcium te verkrijgen, begin je met kalksteen – dat is opgebouwd uit calcium plus koolstof en zuurstof – en verhit je dat in een oven, samen met enkele andere materialen.

Gezien de aanwezigheid van koolstof en zuurstof begrijp je waarschijnlijk al waar dit naartoe gaat. Na de verbranding van het kalksteen heb je verkregen wat je wilt – calcium voor je cement – maar ook iets wat je juist niet wilt: kooldioxide. Niemand kent een manier om cement te maken zonder dit proces. Het is een chemische reactie – *kalksteen plus hitte* is *calciumoxide plus kooldioxide* – en je kunt er niet omheen. Het is een een-op-eenrelatie: maak een ton cement en je krijgt een ton kooldioxide.

En net als met staal is er geen reden om te veronderstellen dat we gaan stoppen met het maken van cement. China is verreweg de grootste producent.[47] Het overtreft India, dat op de tweede plaats staat, met een factor zeven, en het maakt meer dan de hele rest van de wereld bij elkaar. Tussen nu en 2050 zal de jaarlijkse cementproductie een beetje stijgen[48] – de bouwexplosie zal in China vertragen en juist beginnen in kleinere ontwikkelingslanden – waarna ze terugkeert naar bijna 4 miljard ton per jaar, ongeveer de situatie van nu.

Vergeleken met cement en staal zijn kunststoffen de benjamin in de groep. Hoewel de mens duizenden jaren geleden vergelijkbare natuurlijke stoffen gebruikte, zoals rubber, kwamen synthetische stoffen pas op in de jaren vijftig van de vorige eeuw, dankzij enkele doorbraken in de chemische technologie. Inmiddels zijn er meer dan vijfentwintig typen kunststof, van het type dat je waarschijnlijk wel herkent – het polypropyleen in yoghurtbekers bijvoorbeeld – tot verrassende als het acryl in verf en vloerwas of de microplastics in zeep en shampoo, of het nylon in je waterdichte jas, of het polyester in de smakeloze kleren die ik in de jaren zeventig droeg.

Al deze verschillende typen kunststof hebben één ding gemeen: ze bevatten koolstof. Koolstof blijkt nuttig te zijn bij het creëren van allerlei verschillende materialen, omdat hij gemakkelijk verbindingen aangaat met een verscheidenheid van verschillende elementen: in het geval van kunststoffen meestal met waterstof en zuurstof.

Nu je op dit punt in het boek bent beland, zal het je niet verbazen te lezen waar bedrijven die kunststoffen vervaardigen hun koolstof gewoonlijk vandaan halen. Ze verkrijgen die door olie, kolen of aardgas te raffineren en de geraffineerde producten op diverse manieren te verwerken. Dit helpt te verklaren waarom kunststoffen de naam hebben gekregen niet duur te zijn: net als cement en staal is kunststof goedkoop omdat fossiele brandstoffen goedkoop zijn.

Maar kunststoffen verschillen in één belangrijk opzicht fundamenteel van cement en staal. Maken we cement of staal, dan komt er kooldioxide vrij als onvermijdelijk bijproduct, maar als we een kunststof maken, blijft ongeveer de helft van de koolstof in de kunststof zitten. (Het percentage varieert nogal, afhankelijk van de betreffende kunststof, maar rond de helft zal het meestal redelijk benaderen.) Koolstof hecht zich graag aan zuurstof en waterstof en is niet geneigd los te laten; het kan dus honderden jaren duren voordat een kunststof wordt afgebroken.

Dat is een groot milieuprobleem, omdat de kunststoffen die worden gedumpt op stortplaatsen en in zee daar een eeuw of langer blijven hangen. En het is een probleem dat de moeite van het oplossen waard is: stukjes kunststof en plastic die in de oceaan ronddrijven veroorzaken een hoop ellende, zoals de vergiftiging van zeeleven. Maar ze maken de opwarming van de aarde niet erger. Als we het alleen over uitstoot hebben, valt het mee met de koolstof in kunststoffen. Omdat kunststoffen zo langzaam afbreken, zullen de koolstofatomen die erin zitten niet de atmosfeer in verdwijnen om de temperatuur te doen stijgen – of pas over heel lange tijd.

Ik wil nog even benadrukken dat dit snelle overzicht slechts drie van de belangrijkste materialen die we tegenwoordig maken behandelt. Ik heb het niet over kunstmest, glas, papier, aluminium en vele andere. Maar de hoofdpunten zijn steeds dezelfde: we vervaardigen een enorme hoeveelheid materialen, waardoor we heel veel broeikasgassen uitstoten, bijna een derde van de 51 miljard ton per jaar. We moeten die uitstoot terug naar nul zien te krijgen, maar het is geen optie om op te houden met dingen maken. In de rest van dit hoofdstuk bekijken we de alternatieven en gaan we na hoe hoog de groene meerprijzen daarvan zijn. Daarna kijken we hoe we de meerprijzen met behulp van technologische oplossingen omlaag kunnen krijgen, zodat iedereen de uitstootvrije benadering wil gaan toepassen.

Om de groene meerprijzen voor materialen te berekenen, moet je begrijpen waar de uitstoot vandaan komt als we spullen maken. Ik ga uit van drie stadia: we stoten broeikasgassen uit (1) wanneer we fossiele brandstoffen gebruiken om de elektriciteit op te wekken die fabrieken nodig hebben om te draaien; (2) wanneer we ze gebruiken om warmte te genereren die we nodig hebben voor verschillende fabricageprocessen, zoals het smelten van ijzererts om staal te maken; en (3) wanneer we een materiaal daadwerkelijk maken, zoals cement, waarbij onvermijdelijk kooldioxide wordt geproduceerd. Laten we deze stadia een voor een doornemen en kijken hoe ze zich verhouden tot de groene meerprijs.

Voor het eerste stadium, de elektriciteit, hebben we de belangrijkste uitdagingen in hoofdstuk 4 al uiteengezet. Nadat je opslag en transmissie hebt ingecalculeerd, en het feit dat veel fabrieken vierentwintig uur per dag betrouwbare stroom nodig hebben, stijgen de kosten voor schone elektriciteit snel – en veel meer voor de meeste landen dan voor de Verenigde Staten of voor Europa.

Dan is er het tweede stadium: hoe genereren we warmte zonder fossiele brandstoffen in te zetten? Als je geen superhoge temperaturen nodig hebt, kun je elektrische warmtepompen en andere technologieën gebruiken. Maar als je temperaturen van duizenden graden nodig hebt, is elektriciteit geen economische optie – althans niet met de huidige technologie. Je zult kernenergie moeten gebruiken of fossiele brandstoffen moeten verbranden en de emissies afvangen met *carbon-capture*-installaties. Helaas zijn die erg prijzig. Ze komen bij de kosten die de fabrikant maakt, en die worden doorberekend naar de consument.

Ten slotte is er het derde stadium: wat kunnen we doen aan de processen die automatisch gepaard gaan met de uitstoot van broeikasgassen? Onthoud dat er bij het maken van staal en cement CO_2 vrijkomt – niet alleen door het gebruik van fossiele brandstoffen, maar ook als gevolg van de chemische reacties die essentieel zijn voor het ontstaan ervan.

Op dit moment is het antwoord duidelijk: behalve door deze onderdelen van de productiesector te stoppen, kunnen we niets doen om deze emissies te vermijden. Als we ze helemaal willen elimineren met behulp van de technologieën die we nu hebben, zouden onze opties net zo beperkt zijn als in het tweede stadium. We zouden fossiele brandstoffen moeten gebruiken en de CO_2 afvangen – carbon capture. En daarmee stijgen de kosten dus.

Laten we met deze drie stadia in het achterhoofd eens kijken naar de groene meerprijzen voor het gebruik van carbon capture om schone kunststoffen, staal en cement te maken:

Groene meerprijzen voor kunststoffen, staal en cement[49]

Materiaal	Gemiddelde prijs per ton	Uitstoot broeikasgassen per ton vervaardigd materiaal	Nieuwe prijs na carbon capture	Groene meerprijs
Ethyleen (kunststof)	$ 1000	1,3 ton	$ 1087–$1155	**9%–15%**
Staal	$ 750	1,8 ton	$ 871–$964	**16%–29%**
Cement	$ 125	1 ton	$ 219–$300	**75%–140%**

Behalve voor cement lijken deze groene meerprijzen mee te vallen. En het is waar dat consumenten er in sommige gevallen misschien amper wat van zullen merken. Een auto van 30.000 dollar (plusminus 25.000 euro) bevat misschien een ton aan staal; of dit staal nu 750 dollar of 950 dollar kost, maakt nauwelijks uit voor de totaalprijs van de auto. Zelfs voor dat flesje cola van 2 dollar dat je onlangs uit een verkoopautomaat hebt gehaald, vertegenwoordigt het plastic maar een minuscuul deel van de algehele prijs.

Maar de uiteindelijke prijs voor de consument is niet de enige factor die ertoe doet. Stel je voor dat je een technicus bent die werkt voor de stad Seattle, en je ontvangt offertes voor de reparatie van een van onze vele bruggen. Er komt een offerte binnen die 125 dollar per ton cement rekent, en een andere die 250 dollar per ton rekent, waar de kosten voor de afvang van CO_2 bij zijn opgeteld.

Welke offerte kies je? Zonder een of andere prikkel om voor het uitstootvrije cement te gaan, zul je vast en zeker de goedkoopste versie kiezen.

En als je autofabrikant bent, ben je dan bereid om 25 procent meer te betalen voor al het staal dat je inkoopt? Waarschijnlijk niet, vooral niet als je concurrenten besluiten om het goedkopere spul te blijven kopen. Het feit dat de algehele prijs van de auto er slechts een klein beetje door stijgt, zou een schrale troost zijn. Je marges zijn altijd al klein en je zou er niet blij mee zijn als een van je belangrijkste grondstoffen een kwart duurder werd. In een industrie met kleine winstmarges kan een meerprijs van 25 procent het verschil betekenen tussen voortbestaan en een faillissement.

Hoewel enkele fabrikanten in sommige industrieën misschien bereid zijn te betalen voor het recht te kunnen zeggen dat ze hun bijdrage leveren in de strijd tegen de klimaatverandering, zullen we met deze prijzen nooit de systeembrede verbetering op gang brengen die we nodig hebben om de nul te halen. Ook kunnen we niet rekenen op consumenten die de prijzen drukken door meer groene producten te eisen. Tenslotte kopen zij geen cement of staal in; dat doen de grote ondernemingen.

Er zijn verschillende manieren om de meerprijzen omlaag te brengen. Een daarvan is overheidsbeleid om schone producten te stimuleren – bijvoorbeeld door prikkels te creëren of het gebruik van uitstootvrij cement of staal te verplichten. Bedrijven betalen nu eenmaal wél de meerprijs voor schone materialen als de wet dat voorschrijft, als consumenten ernaar vragen en als hun concurrenten het ook doen. Ik zal deze prikkels in de hoofdstukken 10 en 11 bespreken.

Maar – en dit is een essentieel punt – we hebben innovatie nodig in het fabricageproces, manieren om spullen te maken zonder broeikasgassen uit te stoten. Laten we eens wat mogelijkheden bekijken.

Van alle materialen die ik in dit hoofdstuk heb besproken, is cement het ingewikkeldste. We hebben nu eenmaal te maken met dat ene simpele feit: *kalksteen plus hitte* is *calciumoxide plus kooldioxide.* Maar er zijn gelukkig verschillende bedrijven met goede ideeën.

Eén benadering is om gerecycled kooldioxide – afgevangen tijdens het productieproces van cement – terug in het cement te injecteren voordat het in de bouw wordt gebruikt. Het bedrijf dat dit idee hanteert, heeft al enkele tientallen klanten, waaronder Microsoft en McDonald's; tot nu toe heeft het de uitstoot met slechts 10 procent weten te verminderen, maar de hoop is dat uiteindelijk de 33 procent wordt gehaald. Een ander, meer theoretisch idee is het maken van cement uit zeewater en het kooldioxide dat bij energiecentrales wordt afgevangen; de uitvinders achter dit idee denken dat de uitstoot hiermee uiteindelijk met meer dan 70 procent teruggebracht kan worden.

Maar zelfs als deze ideeën succesvol blijken te zijn, komen we nog niet uit op honderd procent uitstootvrij cement. In de nabije toekomst zullen we ons moeten richten op afvang (carbon capture) en – als het praktisch haalbaarder wordt – direct air capture (DAC) om het geproduceerde kooldioxide uit de lucht te halen.

Voor vrijwel alle andere materialen is het eerste wat we nodig hebben een heleboel *betrouwbare schone elektriciteit.* Elektriciteit beslaat al ongeveer een kwart van alle energie die wereldwijd door het fabriekswezen wordt gebruikt; om alle industriële processen van stroom te voorzien zullen we zowel de schone energietechnologie die we al tot onze beschikking hebben moeten inzetten, als doorbraken moeten ontwikkelen die het mogelijk maken om veel uitstootvrije elektriciteit goedkoop op te wekken en te bewaren.

En we zullen al snel meer nodig hebben in onze zoektocht naar een andere manier om emissies terug te brengen: *elektrificatie,* oftewel de techniek om voor bepaalde industriële processen elektriciteit in plaats van fossiele brandstoffen te gebruiken. Een goed voorbeeld is een heel coole aanpak van staalvervaardiging met gebruik van elektriciteit als vervanging voor kolen. Een bedrijf dat ik met interesse volg, heeft een nieuw proces ontwikkeld: elektrolyse van gesmolten oxide. In plaats van ijzer te verbranden in een oven met cokes laat je elektriciteit door een cel gaan die een mengsel van vloeibaar ijzeroxide en andere ingrediënten bevat. De elektriciteit zorgt ervoor dat het ijzeroxide uiteenvalt, wat het zuivere ijzer oplevert dat nodig is om staal te maken, plus pure zuurstof als bijproduct. Er wordt geen kooldioxide bij geproduceerd. Deze techniek is veelbelovend – ze is vergelijkbaar met een proces dat we al meer dan een eeuw gebruiken om aluminium te zuiveren – maar net als de andere ideeën voor schoon staal is nog niet bewezen dat ze ook op industriële schaal bruikbaar zal zijn.

Schone elektriciteit zou ons ook helpen een ander probleem op te lossen: de fabricage van kunststoffen. Als er genoeg puzzelstukjes in elkaar vallen, kunnen kunststoffen op een dag een koolstofopvang worden – een manier om CO_2 te binden in plaats van het uit te stoten.

We zouden het als volgt kunnen waarmaken. Eerst hebben we een uitstootvrije manier nodig om het raffinageproces van energie te voorzien. Die zouden we kunnen realiseren met schone elektriciteit of met waterstof geproduceerd uit schone elektriciteit. Vervolgens hebben we een manier nodig om de koolstof voor onze kunststoffen te verkrijgen zonder kolen te verbranden. Een van de ideeën is om kooldioxide uit de lucht te verwijderen en de koolstof te extraheren, hoewel dat een kostbaar proces is. Een andere aanpak waar verschillende bedrijven aan werken is om koolstof uit planten te halen. Ten slotte zullen we een uitstootvrije hittebron nodig hebben – waarschijnlijk ook weer schone elektriciteit, waterstof of aardgas met een installatie die de CO_2-uitstoot afvangt.

Als al deze puzzelstukjes in elkaar passen, zouden we kunststoffen kunnen maken met een netto negatieve uitstoot. In feite zouden we een manier vinden om CO_2 uit de lucht te halen (met gebruik van planten of een andere methode) en die in een fles of ander product van kunststof kunnen verwerken, waar hij dan tientallen jaren of eeuwen zou blijven, zonder extra uitstoot. We zouden meer koolstof wegbergen dan tevoorschijn halen.

Behalve manieren zoeken om zonder uitstoot materialen te maken, kunnen we ook simpelweg minder spullen gebruiken. Op zichzelf zal het recyclen van meer staal, cement en kunststof bij lange na niet genoeg zijn om de uitstoot van broeikasgassen te elimineren, maar het helpt natuurlijk wel. We kunnen meer materialen recyclen en we zouden nieuwe manieren moeten verkennen om de benodigde hoeveelheid energie die daarvoor nodig is terug te brengen. En omdat hergebruik van iets lang niet zoveel energie kost als het recyclen ervan, zouden we ook moeten kijken naar methoden om dingen te bouwen en te vervaardigen met opnieuw gebruikte materialen. Tot slot kunnen gebouwen en wegen ook worden ontworpen met een zo beperkt mogelijk gebruik van cement en staal. In sommige gevallen is kruislaaghout – kruislings verlijmde houten lamellen, de naam zegt het in feite al – robuust genoeg om beide materialen te vervangen.

Kortom, de weg naar nul uitstoot in het fabriekswezen ziet er als volgt uit:

1. *Elektrificeer alle processen waar mogelijk.* Hier zal veel innovatie voor nodig zijn.
2. *Haal die elektriciteit uit een netwerk dat uitstootvrij is.* Ook hierbij komt veel innovatie om de hoek kijken.
3. *Gebruik afvang (carbon capture) om de resterende emissies te absorberen.* En hierbij ook.
4. *Gebruik materialen efficiënter.* Idem.

Raak maar gewend aan dit thema: je komt het de komende hoofdstukken telkens weer tegen. Het volgende hoofdstuk gaat over de landbouw en veeteelt, met daarin aandacht voor een van de grote onbezongen helden van de twintigste eeuw, maar ook voor boerderijen vol boerende koeien.

HOOFDSTUK 6

HOE WE VOEDSEL PRODUCEREN

19 procent van 51 miljard ton per jaar

Mijn familie is dol op cheeseburgers. Als ik in mijn jeugd met de padvinderij ging hiken wilden alle jongens daarna altijd met mijn vader mee naar huis rijden, omdat hij onderweg stopte om ze op een hamburger te trakteren. En vele jaren later, in de begintijd van Microsoft, heb ik talloze lunches en maaltijden verorberd in de nabijgelegen Burgermaster, een van de oudste hamburgerketens in en rond Seattle.

Nadat Microsoft een succes werd, maar voordat Melinda en ik onze stichting oprichtten, begon mijn vader de Burgermaster in de buurt van zijn huis te gebruiken als officieus kantoor. Hij zat daar dan te lunchen terwijl hij de aanvragen voor donaties bekeek die we van mensen hadden ontvangen. Na een tijdje werd dat bekend en kreeg hij brieven die rechtstreeks naar het betreffende fastfoodrestaurant werden gestuurd: 'Bill Gates Sr., per adres Burgermaster'.

Die dagen liggen ver achter ons. Het is al twintig jaar geleden dat mijn vader zijn tafel in de Burgermaster verruilde voor een bureau bij onze stichting. En hoewel ik nog steeds graag mijn tanden in een goede cheeseburger zet, eet ik die lang niet zo vaak als vroeger – door alles wat ik heb geleerd over de impact die rundvlees en andere vleessoorten op klimaatverandering hebben.

De veeteelt vormt een belangrijke bron van de uitstoot van broeikasgassen, zelfs de grootste binnen de sector die door deskundigen 'landbouw, bosbouw en andere vormen van landgebruik' wordt genoemd. Deze sector omvat een scala aan menselijke activiteiten, van het houden van dieren en de verbouw van gewassen tot het kappen van bomen. Daarbij komt een verscheidenheid van broeikasgassen vrij: binnen de landbouw is niet kooldioxide de belangrijkste boosdoener, maar methaan – dat in de loop van een eeuw per molecuul 28 keer zoveel opwarming veroorzaakt als kooldioxide – en distikstofoxide, dat maar liefst *265 keer* zoveel opwarming veroorzaakt.

Al met al vormt de jaarlijkse uitstoot van methaan en distikstofoxide het equivalent van meer dan 7 miljard ton kooldioxide, of meer dan 80 procent van alle broeikasgassen in de landgebruiksector. Als we niets doen om deze uitstoot in te perken, gaat dat cijfer omhoog wanneer we genoeg voedsel produceren om een wereldbevolking te voeden die groter en rijker wordt. Als we naar netto nul uitstoot willen, zullen we moeten uitvinden hoe we gewassen kunnen telen en dieren houden terwijl we de uitstoot van broeikasgassen verminderen en uiteindelijk wegwerken.

En niet alleen het boerenbedrijf vormt een uitdaging. We zullen ook iets moeten doen aan ontbossing en ander landgebruik, samen goed voor de toevoeging van netto 1,6 miljard ton kooldioxide aan de atmosfeer, terwijl ze ook nog eens essentiële natuurlijke leefgebieden verwoesten.[50]

Omdat het over zo'n veelomvattend onderwerp gaat, bevat dit hoofdstuk van alles wat. Ik zal je iets vertellen over een van mijn helden, een agronoom die de Nobelprijs voor de Vrede heeft gewonnen en die een miljard mensen van de hongerdood heeft gered, maar wiens naam grotendeels onbekend is buiten kringen die zich bezighouden met mondiale ontwikkeling. We verkennen ook de ins en outs van varkensmest en boerende koeien, de chemie van ammoniak en de vraag of het planten van bomen helpt een klimaatramp te voorkomen. Maar voor we deze thema's behandelen, beginnen we met een beroemde voorspelling die historisch onjuist bleek te zijn.

In 1968 publiceerde Paul Ehrlich, een Amerikaanse bioloog, zijn boek *The Population Bomb* (*De bevolkingsexplosie*), een bestseller waarin hij een somber beeld van de toekomst schetst, niet ver verwijderd van de dystopische vooruitzichten in romans als *The Hunger Games* (*De hongerspelen*). 'De strijd om de hele mensheid te voeden is verloren,' schreef Ehrlich. 'In de jaren zeventig en tachtig van de twintigste eeuw zullen honderden miljoenen van de honger sterven, ondanks de noodhulpprogramma's die nu tot stand komen.' Ehrlich schreef ook dat 'India in 1980 met geen mogelijkheid 200 miljoen extra mensen zou kunnen voeden'.[51]

Dat is allemaal niet gebeurd. In de tijd na het verschijnen van *De bevolkingsexplosie* is de Indiase bevolking met meer dan 800 miljoen mensen gegroeid – er zijn ondertussen meer dan tweemaal zoveel mensen als in 1968 – terwijl India meer dan driemaal zoveel tarwe en rijst produceert als toen, en de economie met een factor vijftig is gegroeid. In vele andere landen in Azië en Zuid-Amerika is de productiviteit op vergelijkbare wijze toegenomen.

Als gevolg hiervan komen er ondanks de groei van de wereldbevolking in India of elders geen honderden miljoenen mensen meer van de honger om. Het eten is zelfs goedkoper geworden, niet duurder. In de Verenigde Staten besteedt het gemiddelde huishouden tegenwoordig een kleiner deel van zijn budget aan eten dan dertig jaar geleden, een trend die ook in andere delen van de wereld is te zien.[52]

Ik beweer niet dat ondervoeding op sommige plekken geen ernstig probleem is. Dat is het wel. Voor Melinda en mij heeft het verbeteren van de voeding van de allerarmste mensen in de wereld zelfs de hoogste prioriteit. Maar de voorspelling van Ehrlich over massale hongersnood klopte niet.

Waarom niet? Wat hebben Ehrlich en andere onheilsprofeten over het hoofd gezien?

Ze hielden geen rekening met de kracht van innovatie. Ze hielden geen rekening met mensen als Norman Borlaug, de briljante plantkundige die zorgde voor een revolutie in de landbouw die tot de groei in India en elders leidde. Dat deed Borlaug door het ontwikkelen van tarwevarianten met een grotere graankorrel en andere kenmerken, waardoor er per hectare grond veel meer voedsel kon worden geproduceerd – een hogere opbrengst noemen de boeren dat. (Borlaug kwam erachter dat als hij de graankorrels groter maakte de tarwe het gewicht ervan niet kon dragen, waarop hij de graanhalm inkortte; vandaar dat zijn varianten bekendstaan als semidwergtarwe.)

Terwijl Borlaugs semidwergtarwe zich over de wereld verspreidde en andere telers vergelijkbaar werk verrichtten aan mais en rijst, verdrievoudigden de opbrengsten in de meeste gebieden. De hongersnoden namen enorm af, en tegenwoordig wordt Borlaug algemeen gezien als redder van een miljard levens. In 1970 kreeg hij de Nobelprijs voor de Vrede, en nog altijd ervaren we de invloed van zijn werk: vrijwel alle tarwe die in de wereld wordt verbouwd, stamt af van de planten die hij heeft gekweekt. (Een keerzijde van deze nieuwe variëteiten is dat ze veel kunstmest nodig hebben om hun volledige groeipotentie te bereiken, en zoals we verderop zullen bespreken, heeft kunstmest enkele nadelige neveneffecten.) Ik vind het prachtig dat een van de grootste helden uit de geschiedenis een functie had – agronoom – waar de meesten van ons nooit van hebben gehoord.

Maar wat heeft Norman Borlaug met klimaatverandering te maken?

In 2100 zal de wereldbevolking de 10 miljard mensen naderen en zullen we meer voedsel nodig hebben om iedereen te eten te geven. Omdat er aan het eind van de eeuw 40 procent meer mensen zullen zijn, zou je kunnen denken dat we ook 40 procent meer eten nodig zullen hebben, maar dat is niet het geval. We zullen zelfs nog meer nodig hebben dan dat.

Dat is om de volgende redenen: als mensen rijker worden, eten ze meer calorieën, vooral meer vlees en zuivelproducten. En om vlees en zuivelproducten te produceren, moeten we zelfs nog meer voedsel verbouwen. Zo moet een kip twee calorieën aan graan eten om één calorie aan kippenvlees te krijgen. Je moet een kip dus tweemaal zoveel calorieën voeren als je van de kip binnenkrijgt als je haar eet. Een varken eet driemaal zoveel calorieën als je binnenkrijgt als je hem opeet. Voor koeien is de verhouding het hoogst van allemaal: zes calorieën aan voer voor elke calorie rundvlees. Met andere woorden, hoe meer calorieën we uit deze vleessoorten halen, hoe meer planten we moeten verbouwen voor het vlees.

De onderstaande grafiek toont de trend in vleesconsumptie in de wereld. In wezen is die trend in de Verenigde Staten, Europa, Brazilië en Mexico vlak, maar in China en andere ontwikkelingslanden stijgt hij snel.

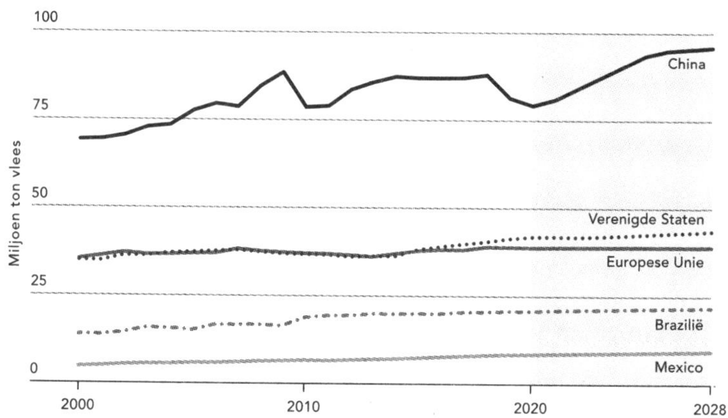

De meeste landen consumeren niet meer vlees dan in het verleden.[53] Maar China vormt een grote uitzondering. (OECD-FAO Agricultural Outlook 2020)

Dat is de netelige kwestie: we moeten meer voedsel produceren dan nu, maar als we dat met de huidige methoden blijven doen, dan zal dat een ramp voor het klimaat zijn. Als we ervan uitgaan dat we niets verbeteren aan de hoeveelheid voedsel die we van een hectare weiland of landbouwgrond halen, dan zal door de landbouw voor 10 miljard mensen de aan voedsel gerelateerde uitstoot met twee derde toenemen.

Een ander punt van zorg: als we flink ons best doen om energie uit planten te halen, dan zou er onbedoeld weleens concurrentie om landbouwgrond kunnen ontstaan. Zoals ik in hoofdstuk 7 zal beschrijven, zouden we met geavanceerde biobrandstoffen gemaakt van planten als het vingergras een uitstootvrije manier kunnen krijgen om vrachtwagens, schepen en vliegtuigen aan te drijven. Maar verbouwen we deze gewassen op land dat anders zou worden gebruikt om een groeiende bevolking te voeden, dan kunnen we onbedoeld de voedselprijzen opdrijven, waardoor er nog meer mensen tot armoede vervallen en ondervoed raken, terwijl de toch al gevaarlijke snelheid van de ontbossing toeneemt.

Om deze valkuilen te vermijden, zullen we de komende jaren meer doorbraken van het formaat van die van Borlaug nodig hebben. Maar voordat we een blik kunnen werpen op wat die doorbraken zouden kunnen zijn, wil ik uitleggen waar deze emissies eigenlijk vandaan komen en nagaan welke mogelijkheden we hebben om ze met de hedendaagse techniek te elimineren. Net als in het vorige hoofdstuk zal ik gebruikmaken van groene meerprijzen om te laten zien waarom het elimineren van deze broeikasgassen op dit moment te duur is, en betogen dat we behoefte hebben aan enkele nieuwe uitvindingen.

Wat me brengt op boerende koeien en varkensmest.

Een maag van een mens bestaat uit slechts één enkele holte waarin het voedsel begint te verteren, om vervolgens het spijsverteringskanaal in te gaan. Maar een koe heeft vier magen. Daarmee is zij in staat gras en andere planten te eten die een mens niet kan verteren. Met een proces dat enterische gisting heet, breken bacteriën in de maag van een koe de cellulose in de plant af, vergisten die en produceren als gevolg daarvan methaan. Het meeste methaan boert de koe uit, al komt een klein deel ervan er aan de andere kant als winden uit.

(Overigens kun je in merkwaardige gesprekken terechtkomen als je je met dit onderwerp bezighoudt. Elk jaar publiceren Melinda en ik een open brief over ons werk, en in de brief van 2019 besloot ik over het probleem van de enterische gisting van rundvee te schrijven. Op een keer, toen we de opzet van de brief doornamen, raakten Melinda en ik verzeild in een stevige discussie over hoe vaak ik in de brief het woord 'scheet' kon toepassen. Ze zorgde ervoor dat het bij één enkele keer bleef. Als enige auteur van dit boek heb ik meer speelruimte, die ik van plan ben te gebruiken.)

Op de hele wereld worden ruwweg een miljard runderen gehouden voor rundvlees en zuivelproducten.[54] Het methaan dat ze jaarlijks uitstoten met hun boeren en scheten heeft een even groot opwarmend effect als 4 procent van alle wereldwijde emissies.

Het in de vorm van boeren en scheten uitscheiden van natuurlijk gas is een probleem dat zich alleen voordoet bij koeien en andere herkauwers als schapen, geiten, herten en kamelen. Maar er is een andere oorzaak van de uitstoot van broeikasgassen die bij elk dier voorkomt: poep.

Als poep uiteenvalt, komt daarbij een mengsel vrij van krachtige broeikasgassen, voornamelijk distikstofoxide en wat methaan, zwavel en ammoniak. Ongeveer de helft van de aan poep gerelateerde emissies is afkomstig van varkenspoep, en de rest van koeienpoep. Er is zoveel dierenpoep dat het zelfs de op een na grootste oorzaak van uitstoot in de landbouw is, na de enterische gisting.

Wat kunnen we doen aan al dit poepen, boeren en scheten laten? Dat is lastig. Onderzoekers hebben allerlei ideeën uitgeprobeerd om een oplossing te vinden voor de enterische gisting. Ze hebben vaccins gebruikt om de hoeveelheid methaan producerende bacteriën in de buik van vee te beperken, vee gefokt dat uit zichzelf minder uitstoot produceert, en speciale ingrediënten of middelen aan hun voedsel toegevoegd. Deze pogingen hebben over het algemeen weinig opgeleverd, op een enkele veelbelovende uitzondering na, een chemische verbinding die 3-nitrooxypropanol heet en die de methaanemissie met 30 procent vermindert. Maar momenteel moet je die minstens eenmaal per dag aan het vee geven, waardoor het voor de meeste bedrijven met graasdieren niet haalbaar is.

Toch is er aanleiding om aan te nemen dat we deze uitstoot kunnen verminderen zonder wat voor nieuwe technologie ook en zonder een wezenlijke groene meerprijs. De hoeveelheid methaan die een koe produceert blijkt namelijk sterk af te hangen van waar die koe leeft. Zo produceert het vee in Zuid-Amerika tot vijfmaal zoveel broeikasgas als het vee in Noord-Amerika, terwijl het Afrikaanse vee zelfs nog meer uitstoot. Als een koe in Noord-Amerika of Europa opgroeit, zal zij waarschijnlijk van een verbeterd ras zijn dat voedsel efficiënter in melk en vlees omzet. Zij zal ook beter door veeartsen worden verzorgd en hoogwaardiger voer krijgen, wat betekent dat zij minder methaan zal produceren.

Als we de verbeterde rassen en de beste praktijken meer kunnen verspreiden – vooral door Afrikaanse koeien productiever te maken door ze te kruisen, en door hoogwaardig voer beschikbaar en betaalbaar te maken – zal dat de uitstoot verminderen en bijdragen aan een hoger inkomen voor arme boeren. Hetzelfde geldt voor de omgang met mest. Boeren in de rijke landen hebben toegang tot verschillende technieken waarmee ze zodanig van de mest afkomen dat daarbij minder uitstoot vrijkomt. Als deze technieken betaalbaarder worden, zullen ze zich ook onder arme boeren verspreiden en zal de kans toenemen dat de uitstoot vermindert.

Een fanatieke veganist zou een andere oplossing kunnen voorstellen: *In plaats van al deze manieren om de emissies te reduceren uit te proberen, zouden we gewoon moeten stoppen met de veeteelt.* Ik begrijp de aantrekkelijkheid van dat argument, maar volgens mij is het niet realistisch. Allereerst omdat vlees in de menselijke cultuur een te grote rol speelt. In grote delen van de wereld, zelfs op plaatsen waar het schaars is, maakt het eten van vlees een wezenlijk onderdeel uit van feestdagen en feestelijkheden. In Frankrijk staat de gastronomische maaltijd – inclusief voorgerecht, vlees of vis, kaas en dessert – officieel op de lijst van Unesco van immaterieel cultureel werelderfgoed van de mensheid: 'De gastronomische maaltijd benadrukt de gezamenlijkheid, het genot van de smaak, en het evenwicht tussen de mens en de voortbrengselen van de natuur.'[55]

Maar we kunnen minder vlees eten en toch nog genieten van de smaak van vlees. Een mogelijkheid is vlees op basis van planten: plantaardige producten die op verschillende manieren zo zijn bewerkt dat de smaak op die van vlees lijkt. Ik heb ooit geïnvesteerd in twee bedrijven die momenteel plantaardige 'vleesproducten' op de markt brengen – Beyond Meat en Impossible Foods – dus ik ben bevooroordeeld, maar ik moet zeggen dat kunstvlees behoorlijk goed is. Als het op de juiste manier wordt bereid, is het een overtuigende vervanger van rundergehakt. En alle ontwikkelde alternatieven zijn beter voor het milieu, omdat er veel minder land en water voor nodig zijn en ze voor veel minder uitstoot verantwoordelijk zijn. Ook heb je minder graan nodig om ze te produceren, zodat de druk op de voedselproductie en het gebruik van meststoffen afnemen. En het is een grote zegen voor het dierenwelzijn als er minder levende have in krappe ruimten wordt gehouden.

Kunstvlees heeft echter een forse groene meerprijs. Gemiddeld kost een vervanger voor rundergehakt 86 procent meer dan het echte spul.[56] Maar omdat er steeds meer van deze alternatieven worden verkocht, en er meer van op de markt worden gebracht, verwacht ik dat ze uiteindelijk goedkoper zullen zijn dan dierlijk vlees.

Toch draait het bij kunstvlees vooral om de smaak, niet om het geld. Hoewel de textuur van een hamburger verhoudingsgewijs eenvoudig met planten is na te maken, is het veel lastiger om mensen te laten denken dat ze werkelijk een runderlapje of kippenborst eten. Zullen ze het kunstvlees zo lekker vinden dat ze de overstap wagen en zullen er genoeg mensen overstappen om een wezenlijk verschil te maken?

We hebben al enig bewijs gezien dat dit zo zal zijn. Ik moet toegeven dat het me verbaast hoe goed Beyond Meat en Impossible Foods het doen, vooral gezien hun aanvankelijke probleempjes. Ik was aanwezig bij een vroege demonstratie van Impossible Foods waarbij ze de burger zo lieten aanbranden dat het brandalarm afging. Het is verbazingwekkend om te zien hoe algemeen beschikbaar hun producten zijn, in elk geval in de omgeving van Seattle en de steden waar ik kom. Beyond Meat had in 2019 een zeer geslaagde beursintroductie. Het duurt misschien nog tien jaar, maar volgens mij zullen mensen die zich zorgen maken over klimaatverandering en het milieu er de voorkeur aan geven als de producten beter en goedkoper worden.

Een andere benadering is verwant aan plantaardig vlees, maar in plaats van planten te kweken die je vervolgens zodanig bewerkt dat ze naar vlees smaken, kweek je het vlees in een laboratorium. Het kweekvlees heeft een soms wat onaantrekkelijke naam, zoals 'uit cellen gegroeid vlees', 'gecultiveerd vlees' en 'schoon vlees', en er zijn een stuk of vijfentwintig startende bedrijven bezig om het op de markt te brengen, al zullen hun producten waarschijnlijk pas halverwege de jaren twintig van de eenentwintigste eeuw in de supermarkt liggen.

Bedenk wel dat het geen *namaak* is. Gecultiveerd vlees bestaat uit hetzelfde vet en dezelfde spieren en pezen als een dier op twee of vier poten. Maar in plaats van het op een boerderij te kweken, wordt het in een laboratorium gemaakt. Wetenschappers beginnen met een paar cellen afkomstig van een levend dier, vermenigvuldigen die cellen en slagen er vervolgens in om ze alle weefsels te laten vormen die we gewend zijn te eten. Dat kan allemaal terwijl er weinig of geen broeikasgassen worden uitgestoten, los van de elektriciteit die nodig is om de laboratoria waarin het proces plaatsvindt van energie te voorzien. De uitdaging van deze benadering zit hem erin dat zij heel duur is en onduidelijk is hoeveel de kosten kunnen dalen.

En beide soorten kunstvlees voeren nog een andere ongelijke strijd. De wetgevende macht van ten minste zeventien Amerikaanse staten heeft geprobeerd tegen te gaan dat deze producten met het label 'vlees' in de winkels komen te liggen. Eén staat heeft voorgesteld de verkoop ervan volledig te verbieden. Dus zelfs als de techniek verbetert en de producten goedkoper worden, is er een gezond openbaar debat nodig over hoe ze worden gereguleerd, verpakt en verkocht.

Er is nog een laatste manier waarop we de uitstoot van het voedsel dat we eten terug kunnen brengen: door er minder van te verspillen. In Europa, geïndustrialiseerde delen van Azië en Sub-Saharaans Afrika wordt meer dan 20 procent van het voedsel gewoon weggegooid, kan het verrotten of wordt het anderszins verspild. In de Verenigde Staten is dat 40 procent. Dat is slecht voor mensen die niet genoeg te eten hebben, slecht voor de economie en slecht voor het klimaat. Als het verspilde voedsel gaat rotten, komt er jaarlijks zoveel methaan bij vrij dat het evenveel bijdraagt aan de opwarming als 3,3 miljard ton kooldioxide.

De belangrijkste oplossing is gedragsverandering: meer gebruiken van wat we hebben. Maar de technologie kan helpen. Zo zijn er twee bedrijven die werken aan onzichtbare, plantaardige deklaagjes die de houdbaarheid van fruit en groenten kunnen verlengen; ze zijn eetbaar en hebben geen enkele invloed op de smaak. Een ander heeft een 'slimme prullenbak' ontwikkeld, die gebruikmaakt van beeldherkenning om na te gaan hoeveel eten er in een huis of bedrijf wordt verspild. Hij maakt een overzicht van de hoeveelheid die je weggooit, van wat dat kost en wat de CO_2-voetafdruk ervan is. Het systeem klinkt misschien ingrijpend, maar door mensen meer informatie te geven, kunnen ze betere keuzes maken.

Een paar jaar geleden liep ik in Dar es Salaam, Tanzania, een opslagplaats in, waar ik iets opwindends zag: miljoenen kilo's kunstmest, als een huizenhoge berg sneeuw. De opslagplaats maakte deel uit van het nieuwe Yara-distributiecentrum voor kunstmest, het grootste in zijn soort in Oost-Afrika. Terwijl ik rondliep in de opslagplaats, sprak ik met arbeiders die zakken vulden met kleine witte balletjes die stikstof, fosfor en andere nutriënten bevatten, waarmee korte tijd later de gewassen van een van de armste gebieden van de wereld zouden worden gevoed.

Het was het soort reis dat ik dolgraag maak. Ik weet dat het gek klinkt, maar ik vind kunstmest iets magisch, en niet alleen omdat onze tuinen er mooier van worden. Samen met Norman Borlaugs semidwergtarwe en de nieuwe varianten van mais en rijst, was kunstmest in de landbouwrevolutie die de wereld in de jaren zestig en zeventig van de vorige eeuw heeft veranderd van doorslaggevend belang. Geschat wordt dat de wereldbevolking 40 tot 50 procent kleiner zou zijn als er geen kunstmest was.

Op bezoek in het Yara-distributiecentrum voor kunstmest in Dar es Salaam, Tanzania, 2018. Ik vermaak me zelfs nog meer dan het lijkt.[57]

Er wordt in de wereld al veel kunstmest gebruikt en arme landen zouden er meer van moeten gebruiken. De landbouwrevolutie waarover ik het had – vaak de groene revolutie genoemd – is grotendeels voorbijgegaan aan Afrika, waar een gemiddelde boer vergeleken met een Amerikaanse boer per hectare land slechts een vijfde deel van het voedsel haalt. Dat is omdat de meeste boeren in arme landen niet genoeg geld hebben om kunstmest te kopen en die er duurder is dan in rijke landen, omdat hij over slechte wegen naar landelijke gebieden getransporteerd moet worden. Als we de arme boeren kunnen helpen hun oogst te vergroten, kunnen ze meer geld verdienen en hebben ze meer te eten, en zullen miljoenen mensen in enkele van de armste landen ter wereld meer voedsel en voedingsstoffen tot hun beschikking hebben. (In hoofdstuk 9 zullen we hier nader op ingaan.)

Wat is er zo bijzonder aan kunstmest? Deze stof voorziet planten van essentiële voedingsstoffen, waaronder fosfor, kalium en de stof die extra relevant is voor klimaatverandering: stikstof. Stikstof is niet onverdeeld positief. Hij wordt nauw in verband gebracht met fotosynthese, het proces waarmee planten zonlicht in energie omzetten, dat dus al het plantenleven mogelijk maakt, en daarmee al ons voedsel. Om te begrijpen waarom, moeten we het hebben over wat stikstof voor planten doet.

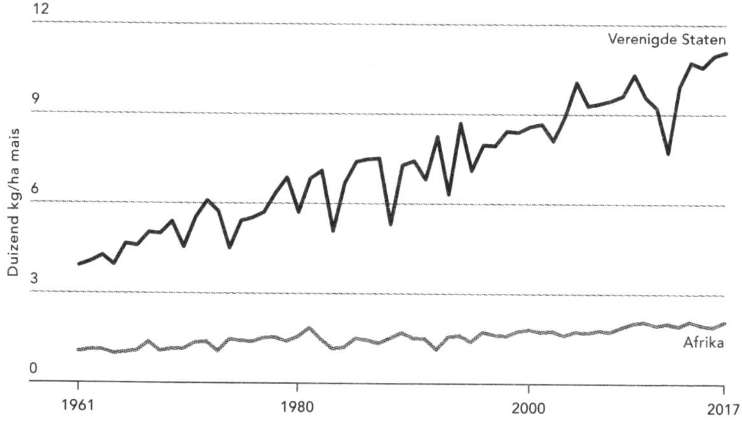

Er is een groot onderscheid in de landbouw.[58] Dankzij kunstmest en andere verbeteringen oogsten Amerikaanse boeren nu meer mais per eenheid land dan ooit tevoren. Maar de opbrengsten van Afrikaanse boeren zijn nauwelijks veranderd. Door het verschil te verkleinen, kunnen levens worden gered en mensen uit de armoede gehaald. Zonder innovatie zal het klimaat hier echter ook negatief door worden beïnvloed. (Voedsel- en Landbouworganisatie van de VN)

Om de oogst te vergroten, heb je tonnen stikstof nodig, veel meer dan je ooit in een natuurlijke omgeving aantreft. Door stikstof toe te voegen, wordt de mais drie meter hoog en levert hij enorme hoeveelheden korrels op. Vreemd genoeg kunnen de meeste planten niet hun eigen stikstof maken; in plaats daarvan krijgen ze hem van de ammoniak in de bodem, waar hij door verschillende micro-organismen wordt gemaakt. Een plant zal blijven groeien zolang zij stikstof kan krijgen en zal daarmee stoppen als de stikstof op is. Daarom groeit zij sneller als die wordt toegevoegd.

Duizenden jaren lang heeft de mens extra stikstof aan zijn gewassen toegevoegd met natuurlijke mest, zoals koeienstront en vleermuizenpoep. De grote doorbraak kwam in 1908, toen de twee Duitse scheikundigen Fritz Haber en Carl Bosch uitvonden hoe ze in een fabriek met stikstofgas en waterstofgas ammoniak konden maken. Het belang van hun uitvinding is nauwelijks te overschatten. Met wat nu bekendstaat als het Haber-Boschproces werd het mogelijk om kunstmest te maken, waardoor zowel de hoeveelheden voedsel die konden worden verbouwd als de geografische omstandigheden waarin dat mogelijk was enorm werden vergroot. Tegenwoordig is het nog steeds de voornaamste manier om ammoniak te maken. Net zoals Norman Borlaug een van de grote miskende helden van de geschiedenis is, zou Haber-Bosch weleens de belangrijkste uitvinding kunnen zijn waar de meeste mensen nog nooit van hebben gehoord.*

Dan nu de keerzijde: het kost micro-organismen die stikstof maken veel energie om dat proces uit te voeren. Zoveel energie zelfs, dat ze zich zo hebben ontwikkeld dat ze het alleen doen als het absoluut nodig is – als er geen stikstof in de bodem om hen heen aanwezig is. Als ze voldoende stikstof detecteren, stoppen ze met

* Fritz Haber heeft een ingewikkeld verleden. Naast zijn levensreddend werk aan ammoniak, was hij een voorloper in het gebruik van chloor en andere gifgassen als chemisch wapen in de Eerste Wereldoorlog.

de productie ervan, zodat ze hun energie ergens anders voor kunnen gebruiken. Dus als we kunstmest aan de bodem toevoegen, bespeuren de natuurlijke organismen die daar zitten de stikstof en houden ze zelf op met de productie ervan.

Er kleven nog meer nadelen aan kunstmest. Om die te maken, moeten we ammoniak produceren, een proces waar warmte voor nodig is, die we verkrijgen door het verbranden van aardgas, waarbij broeikasgassen vrijkomen. Vervolgens laden we de kunstmest in vrachtwagens die met diesel worden aangedreven, om hem van de fabriek waar hij is gemaakt te vervoeren naar de opslagplaats waar hij wordt bewaard (zoals die ik in Tanzania heb bezocht). Nadat de kunstmest aan de bodem is toegevoegd, wordt ten slotte een groot deel van de stikstof niet door de plant opgenomen. Het is zelfs zo dat wereldwijd minder dan de helft van de stikstof die op de akkers wordt uitgestrooid door de gewassen wordt opgenomen. De rest zakt weg in de bodem, belandt in het oppervlaktewater, dat erdoor wordt vervuild, of ontsnapt in de lucht, in de vorm van distikstofoxide, dat, zoals je misschien nog weet, een 265 maal zo sterk broeikasgas is als CO_2.

Alles bij elkaar was kunstmest in 2010 verantwoordelijk voor een uitstoot van ongeveer 1,3 miljard ton aan broeikasgassen, en die hoeveelheid zal waarschijnlijk stijgen tot 1,7 miljard ton halverwege de eeuw. Haber-Bosch geeft en Haber-Bosch neemt.

Helaas bestaat er op dit moment voor kunstmest eenvoudigweg geen alternatief waar praktisch geen CO_2 bij wordt uitgestoten. Weliswaar zouden we van de uitstoot die vrijkomt bij het maken van kunstmest af kunnen komen door bij de productie van ammoniak gebruik te maken van schone elektriciteit in plaats van fossiele brandstoffen, maar dat is een duur proces waardoor de prijs van kunstmest flink zou stijgen. In de Verenigde Staten zouden met dit proces de kosten voor het maken van op stikstof gebaseerde kunstmest ureum met meer dan 20 procent stijgen.

Maar dat zijn slechts de kosten voor het *maken* van kunstmest.

We hebben geen methode om de bij de *toepassing* vrijgekomen broeikasgassen vast te leggen en op te slaan. Voor distikstofoxide bestaat er niets wat vergelijkbaar is met het afvangen en opslaan van CO_2. Dat betekent dat ik de complete groene meerprijs voor een uitstootvrije kunstmest niet kan berekenen – al is dat op zichzelf weer nuttige informatie, omdat we eruit kunnen opmaken dat we op dit vlak behoefte hebben aan wezenlijke vernieuwing.

Technisch gezien is het mogelijk om gewassen veel effectiever stikstof te laten opnemen dan nu het geval is, als boeren de technologie hebben om hun stikstofniveaus heel zorgvuldig in de gaten te houden en de kunstmest in de loop van een groeiseizoen in precies de juiste hoeveelheid toe te passen. Maar dat is een duur en tijdrovend proces, en kunstmest is goedkoop (in rijke landen tenminste). Het is economischer om er meer van toe te passen dan je nodig hebt, in de wetenschap dat je er in elk geval voldoende van gebruikt om de maximale oogst te krijgen.

Sommige bedrijven hebben additieven ontwikkeld die ervoor zouden moeten zorgen dat planten de stikstof beter opnemen, zodat er minder wegspoelt in het grondwater of verdampt in de atmosfeer. Maar deze additieven worden wereldwijd maar bij 2 procent van de kunstmest gebruikt, omdat ze niet altijd even goed werken en de fabrikanten niet veel investeren om ze te verbeteren.

Andere experts werken aan uiteenlopende manieren om het stikstofprobleem op te lossen. Zo wordt er genetisch onderzoek verricht aan nieuwe varianten van gewassen die bacteriën kunnen inzetten om stikstof voor ze vast te leggen. Verder is er een bedrijf dat genetisch gemodificeerde microben heeft ontwikkeld die stikstof vastleggen; in feite voeg je dan geen stikstof toe met kunstmest, maar voeg je bacteriën aan de bodem toe die altijd stikstof produceren, ook als die daar al aanwezig is. Als deze benaderingen werken, zullen ze de behoefte aan kunstmest en de bijbehorende uitstoot drastisch verminderen.

Alles waarover je zojuist hebt gelezen, wat ik heel in het algemeen als landbouw omschrijf, is verantwoordelijk voor 70 procent van de uitstoot van het boerenbedrijf, de bosbouw en ander gebruik van land. Als ik de andere 30 procent met een enkel woord zou moeten benoemen, dan zou het 'ontbossing' zijn.

Volgens de Wereldbank is de wereld sinds 1990 meer dan een 1,3 miljoen vierkante kilometer bos kwijtgeraakt.[59] (Dat is een gebied groter dan Zuid-Afrika of Peru, een achteruitgang van ongeveer 3 procent.) Er is een directe en duidelijke impact van ontbossing (als de bomen bijvoorbeeld worden verbrand, komt alle kooldioxide meteen vrij), maar de ontbossing veroorzaakt ook schade die lastiger te zien is. Als je een boom uit de grond haalt, verstoor je de bodem, en er blijkt in de bodem veel koolstof te zijn opgeslagen (de bodem bevat zelfs meer koolstof dan de atmosfeer en al het plantenleven bij elkaar). Als je de bomen verwijdert, belandt de opgeslagen koolstof als kooldioxide in de atmosfeer.

Het zou gemakkelijker zijn om ontbossing tegen te gaan als die overal om dezelfde redenen plaatsvond, maar dat is helaas niet het geval. Zo was het grootste deel van de vernietiging van het regenwoud in Brazilië de afgelopen tientallen jaren het gevolg van het creëren van grasland voor vee. (Sinds 1990 zijn de bossen van Brazilië met 10 procent gekrompen.) En omdat voedsel een wereldwijd basisproduct is, kan wat in het ene land wordt geconsumeerd veranderingen van het landgebruik in een ander land tot gevolg hebben. Omdat er in de wereld meer vlees wordt gegeten, versnelt de ontbossing in Latijns-Amerika. Als er waar dan ook meer hamburgers worden gegeten, neemt daar het aantal bomen af.

En al die uitstoot tikt snel aan. Volgens een onderzoek van het World Resources Institute is, als je kijkt naar de verandering van landgebruik, het Amerikaanse eetpatroon verantwoordelijk voor bijna evenveel uitstoot als alle energie die de Amerikanen verbruiken voor het opwekken van elektriciteit, de industrie, het transport en de bebouwing.[60]

Maar in andere delen van de wereld hangt ontbossing niet samen met de productie van meer hamburgers en biefstukken. Zo is het in Zuid-Afrika een kwestie van het vrijmaken van de bodem om eten en brandstof op te verbouwen voor de groeiende bevolking van het continent. Nigeria, dat een van de hoogste ontbossingspercentages van de wereld heeft, is sinds 1990 60 procent van zijn bosareaal kwijtgeraakt, en het is een van de grootste exporteurs van houtskool, die wordt gemaakt door hout te verkolen.

In Indonesië daarentegen worden bossen gekapt om ruimte te maken voor palmbomen, die de palmolie leveren die je overal in aantreft, van popcorn tot shampoo. Het is een van de voornaamste redenen dat het land de op drie na grootste uitstoter van broeikasgassen van de wereld is.[61]

Ik zou willen dat ik hier kon vertellen over een uitvinding die een doorbraak zou betekenen voor het redden van de bossen op aarde. Er zijn een paar dingen die eraan zullen bijdragen, zoals geavanceerde satellietsystemen die het eenvoudiger maken om de bossen in de gaten te houden, die ontbossing en bosbranden kunnen waarnemen op het moment dat ze plaatsvinden en de schade na afloop kunnen vaststellen. Ik volg ook enkele bedrijven die synthetische alternatieven voor palmolie ontwikkelen, zodat we niet zoveel bossen hoeven te kappen om ruimte voor palmboomplantages te maken.

Maar het is niet in de allereerste plaats een technologisch probleem. Het is een politiek en economisch probleem. Mensen kappen geen bomen uit kwaadaardigheid; ze doen het als de prikkels om bomen om te hakken sterker zijn dan de prikkels om ze met rust te laten. Dus hebben we behoefte aan politieke en economische oplossingen, waaronder het betalen van landen om hun bossen te behouden, de handhaving van regels bedoeld om bepaalde gebieden te beschermen en ervoor te zorgen dat plattelandsgemeenschappen andere economische mogelijkheden hebben, zodat ze alleen maar om te overleven geen natuurlijke hulpbronnen hoeven te verwijderen.

Je hebt wellicht gehoord van een oplossing voor klimaatverandering die verband houdt met ontbossing: het planten van bomen als manier om kooldioxide uit de atmosfeer vast te leggen. Hoewel het klinkt als een eenvoudig idee – de goedkoopste, minst technologische manier om koolstof vast te leggen die je je kunt voorstellen – en het voor ieder van ons die van bomen houdt zeer aantrekkelijk lijkt, is het eigenlijk een uiterst ingewikkelde zaak. Er moet nog veel meer onderzoek naar worden verricht, maar vooralsnog lijkt het effect op klimaatverandering overdreven.

Zoals zo vaak bij de opwarming van de aarde het geval is, moet je met een aantal factoren rekening houden:

Hoeveel kooldioxide kan een boom in zijn leven opnemen? Dat varieert, maar een goede vuistregel is 4 ton in de loop van 40 jaar.

Hoelang zal een boom overleven? Als hij verbrandt, komt alle kooldioxide die hij had vastgelegd weer in de atmosfeer.

Wat zou er zijn gebeurd als je die boom niet had geplant? Als een boom daar niet zou zijn geplant, had je niet voor extra CO_2-opname gezorgd.

In welk deel van de wereld plant je de boom? Alles bij elkaar veroorzaken bomen in sneeuwgebieden eerder voor opwarming dan voor verkoeling, omdat ze donkerder zijn dan de sneeuw en het ijs dat eronder ligt, en donkere dingen meer hitte opnemen dan lichte dingen. Aan de andere kant veroorzaken bomen in tropische bossen meer verkoeling dan opwarming, omdat ze veel vocht afgeven, dat voor wolken zorgt die het zonlicht reflecteren. Bomen op gematigde breedte (tussen de tropen en de poolcirkel) zitten daar min of meer tussenin.

Wat groeit er nog meer op die plek? Als je bijvoorbeeld een landbouwbedrijf inwisselt voor een bos, heb je de totale hoeveelheid beschikbare sojabonen verkleind, waardoor de prijs zal stijgen, waardoor de kans toeneemt dat iemand elders bomen zal omhakken om sojabonen te verbouwen. Hierdoor zal in elk geval een deel van het positieve effect van het planten van bomen teniet worden gedaan.

Al deze factoren in aanmerking genomen, kun je berekenen dat je een oppervlak van 200.000 vierkante meter aan bomen nodig hebt, geplant in een tropische omgeving, om de uitstoot die een gemiddelde Amerikaan gedurende zijn leven produceert op te nemen. Vermenigvuldig dat met de bevolking van de Verenigde Staten en je hebt 65 miljoen vierkante kilometer nodig, ruwweg de helft van het landoppervlak van de aarde. De bomen zouden daar dan voor altijd moeten blijven staan. En dat betreft dan alleen nog maar de Verenigde Staten, zonder met de uitstoot van andere landen rekening te houden.

Begrijp me niet verkeerd: bomen hebben allerlei voordelen, zowel in esthetisch opzicht als voor het milieu, en we zouden er meer van moeten planten. Over het algemeen zou je alleen bomen moeten planten op plekken waar ze al hebben gestaan, zodat ze bijdragen aan het ongedaan maken van de schade door de ontbossing. Maar praktisch gezien kun je er niet genoeg van planten om de problemen op te lossen die door verbranding van fossiele brandstoffen worden veroorzaakt. De effectiefste met bomen verband houdende strategie voor klimaatverandering is het stoppen met het omhakken van de bomen die er op dit moment al staan.

Alles bij elkaar genomen zullen we binnenkort 70 procent meer voedsel moeten produceren, terwijl we tegelijkertijd de uitstoot omlaag brengen en toewerken naar het volledig elimineren ervan. Daar zullen veel nieuwe ideeën voor nodig zijn, waaronder nieuwe manieren om planten te bemesten, vee te houden en minder voedsel te verspillen, terwijl de mensen in de rijke landen enkele gewoonten zullen moeten veranderen. Zo zouden ze minder vlees kunnen gaan eten. Zelfs als ze in hun familie dol op hamburgers zijn.

HOOFDSTUK 7

HOE WE ONS VERPLAATSEN

16 procent van 51 miljard ton per jaar

Laten we beginnen met een korte quiz, met maar twee vragen.

1. Wat bevat de meeste energie?
a. Een liter benzine
b. Een staaf dynamiet
c. Een handgranaat

2. Wat is in de Verenigde Staten het goedkoopst?
a. Een liter melk
b. Een liter sinaasappelsap
c. Een liter benzine

De juiste antwoorden zijn A en C: benzine. Benzine bevat een verbazingwekkende hoeveelheid energie. Je moet ruim dertig staven dynamiet bundelen om evenveel energie te krijgen als een liter benzine bevat. Al laat dynamiet al zijn energie natuurlijk tegelijk vrijkomen, terwijl benzine langzamer verbrandt, wat een van de redenen is waarom we onze auto's met benzine vullen en niet met staven explosieven.

In de Verenigde Staten is benzine ook opvallend goedkoop, al lijkt dat niet altijd zo als het tijd is om bij de bezinepomp te stoppen. Naast melk en sinaasappelsap zijn er nog meer dingen die per liter meer kosten: flessenwater, yoghurt, honing, wasmiddel, ahornstroop, ontsmettende handgel, koffie verkeerd van Starbucks, Red Bull-energiedrank, olijfolie en de beroemde goedkope Charles

Shaw-wijn die je bij de buurtsuper Trader Joe's kunt krijgen. Inderdaad, in Amerika is benzine per liter goedkoper dan supermarktwijn van twee dollar per fles.

Bij het lezen van de rest van dit hoofdstuk doe je er goed aan om deze twee feiten over benzine in gedachten te houden: hij is superkrachtig en hij is goedkoop.* Ze wijzen er nog maar weer eens op dat als het aankomt op elke dollar die we aan energie uitgeven, benzine de gouden standaard is. Los van vergelijkbare producten als diesel en kerosine is er niets in ons dagelijks leven wat ook maar in de buurt komt van de grote hoeveelheid energie per liter tegen zulke lage kosten.

De beide concepten van geleverde energie per eenheid brandstof en per dollar zullen van groot belang zijn als we kijken naar manieren om ons transportsysteem uitstootvrij te maken. Je zult ongetwijfeld weten dat er door het verbranden van brandstoffen in onze auto's, schepen en vliegtuigen kooldioxide wordt uitgestoten die bijdraagt aan de wereldwijde opwarming. Om tot nul te komen, zullen we de brandstoffen moeten vervangen door iets met een even grote energiedichtheid en een even lage prijs.

Je zult je er misschien over verbazen dat ik hier zo laat in het boek over begin en dat het transport slechts 16 procent bijdraagt aan de wereldwijde uitstoot, waarmee het op de vierde plaats komt, na de productie van goederen, de elektriciteitsvoorziening en de landbouw. Ik was ook verbaasd toen ik dat te weten kwam, en ik vermoed dat dit voor de meeste mensen geldt. Als je aan een stel willekeurige voorbijgangers zou vragen welke activiteiten het meeste bijdragen aan de klimaatverandering, dan zullen ze misschien

* Natuurlijk is benzine voor mensen die van hun auto afhankelijk zijn noodzakelijker dan de andere dingen die ik heb opgesomd. Als je op je uitgaven let, zul je het probleem van de hogere benzineprijs meer voelen dan een prijsstijging van, zeg, olijfolie, die je altijd kunt besluiten niet te kopen. Maar het punt blijft dat benzine van de dingen die we geregeld consumeren verhoudingsgewijs goedkoop is.

het verbranden van steenkolen voor elektriciteitscentrales noemen, plus autorijden en vliegen.

De verwarring is begrijpelijk: hoewel het transport wereldwijd niet de grootste oorzaak van de uitstoot is, staat het in de Verenigde Staten wel degelijk op de eerste plaats, en dat is nu al een paar jaar het geval geweest, vlak voor de elektriciteitsproductie. Wij Amerikanen rijden en vliegen veel.

Hoe dan ook, als we nul uitstoot willen, zullen we van alle broeikasgassen af moeten die door transport worden veroorzaakt, in de Verenigde Staten en in de hele wereld.

Hoe moeilijk zal dat zijn? Zeer moeilijk. Maar niet onmogelijk.

In de eerste 99,9 procent van de geschiedenis van de mens hebben we ons volledig zonder fossiele brandstoffen kunnen redden. We liepen, zaten op dieren en voeren in zeilboten. Toen, aan het begin van de negentiende eeuw, bedachten we hoe we locomotieven en stoomboten op steenkool konden laten lopen, waarna we niet meer achteromkeken. Nog diezelfde eeuw staken de treinen hele continenten over en vervoerden schepen mensen en goederen de oceanen over. Aan het einde van de negentiende eeuw volgden de door benzine aangedreven auto's, aan het begin van de twintigste eeuw de commerciële luchtvaart, die van wezenlijk belang voor de mondiale economie zou worden.

Hoewel het nauwelijks tweehonderd jaar geleden is dat we voor het eerst fossiele brandstoffen zijn gaan gebruiken, zijn we er op een fundamentele manier van afhankelijk geworden. Zonder een vervanger die bijna even goedkoop is en waarmee we even goed over lange afstanden kunnen reizen, zullen we ze nooit opgeven.

En dan is er nog een andere uitdaging: we zullen niet alleen af moeten van de 8,2 miljard ton kooldioxide van het transport die we tegenwoordig produceren, we zullen nog van veel méér af moeten. De Organisatie voor Economische Samenwerking en Ontwikkeling (OESO) voorspelt dat de vraag naar transport in elk geval tot 2050 zal blijven toenemen – ondanks het feit dat het reizen en de handel door COVID-19 zijn beperkt.[62] De luchtvaart, het vervoer met vrachtauto's en schepen zijn verantwoordelijk voor alle groei van de uitstoot in deze sector – niet de personenauto's. Tegenwoordig is de zeevaart in volume verantwoordelijk voor het transport van 90 procent van de verhandelde goederen rond de wereld, waarbij 3 procent van de wereldwijde uitstoot wordt geproduceerd.

Veel transportuitstoot is afkomstig van de rijke landen, maar de meeste van die landen hebben de afgelopen tien jaar hun piek bereikt, en sindsdien is die zowaar wat afgenomen. Momenteel is vrijwel alle groei van de transportgerelateerde uitstoot afkomstig van de ontwikkelingslanden, omdat hun bevolking groeit, rijker wordt en meer auto's koopt. Zoals gebruikelijk is China het beste voorbeeld: de afgelopen tien jaar zijn de transportemissies verdubbeld en sinds 1990 zijn ze met een factor tien toegenomen.

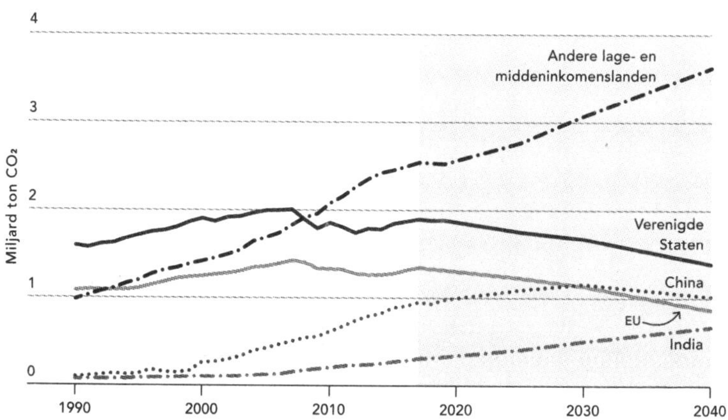

COVID-19 vertraagt de uitstoot door het transport, maar stopt die niet.[63] Hoewel de emissie op veel plaatsen zal afnemen, zal die in lage- en middeninkomenslanden zodanig groeien dat alles bij elkaar de uitstoot van broeikasgassen zal toenemen. (IEA World Energy Outlook 2020; Rhodium Group)

Op het gevaar af te klinken als een langspeelplaat die blijft hangen, wil ik bij het transport op hetzelfde punt wijzen als waar ik bij elektriciteit, industrie en landbouw op heb gewezen: *We zouden ons erover moeten verheugen dat meer mensen en goederen zich verplaatsen.* De mogelijkheid om te reizen tussen plattelandsgebieden en steden is een soort persoonlijke vrijheid, voor boeren in arme landen is het zelfs een kwestie van overleven omdat ze hun oogst naar de markt moeten kunnen brengen. Internationale vluchten verbinden de wereld op manieren die een eeuw geleden niet voor te stellen waren; de mogelijkheid om mensen uit andere landen te ontmoeten, draagt bij aan het begrijpen van onze gemeenschappelijke doelen. En voordat het hedendaagse transport op gang kwam, waren onze voedselkeuzes het grootste deel van het jaar beperkt. Ik houd zelf van druiven en eet ze graag het hele jaar door. Maar dat kan ik alleen doen doordat het fruit vanuit Zuid-Amerika wordt aangevoerd met containerschepen, en die varen momenteel op fossiele brandstoffen.

Dus hoe kunnen we alle voordelen van reizen en transport behouden zonder het klimaat onleefbaar te maken? Beschikken we over alle benodigde technologie, of zijn er nog een paar innovaties nodig?

Om deze vragen te beantwoorden, zullen we de groene meerprijzen van het transport moeten berekenen. Eerst gaan we nader in op waar deze uitstoot vandaan komt.

Dit taartdiagram (pagiana 156) toont het percentage van de uitstoot dat afkomstig is van auto's, vrachtwagens, vliegtuigen, schepen enzovoort. Ons doel is om ze allemaal naar netto nul uitstoot terug te brengen.

Merk op dat personenvoertuigen (auto's, SUV's, motorfietsen en dergelijke) verantwoordelijk zijn voor bijna de helft van de uitstoot. Middelzware en zware voertuigen – van vuilniswagens tot trucks

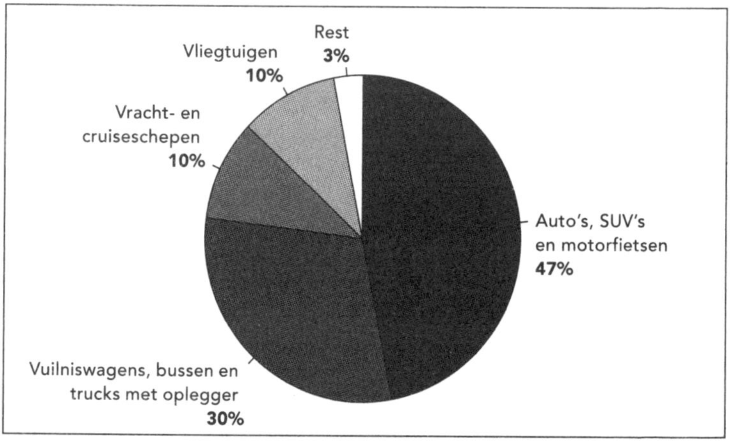

Auto's zijn niet de enige boosdoener.[64] Personenwagens zijn verantwoordelijk voor bijna de helft van alle transportgerelateerde uitstoot. (International Council on Clean Transportation)

met oplegger – veroorzaken nog eens 30 procent. Vliegtuigen voegen 10 procent aan de uitstoot toe, net als containerschepen en andere zeeschepen, terwijl treinen verantwoordelijk zijn voor het restant.*

Laten we ze een voor een langsgaan, om te beginnen met de grootste taartpunt – personenwagens – en nagaan wat onze huidige mogelijkheden zijn voor het kwijtraken van de uitstoot.

Personenwagens. In de wereld rijden ongeveer een miljard auto's op de weg.[65] Alleen al in 2018 voegden we daar meer dan 24 miljoen personenwagens aan toe, rekening houdend met de exemplaren die van de weg werden gehaald.[66] Omdat bij het gebruik van benzine onvermijdelijk broeikasgassen vrijkomen, hebben we een alternatief nodig: ofwel brandstoffen gemaakt met het kooldioxide dat al in de

* Ik reken alleen de uitstoot van de brandstof die de verschillende voertuigen verbruiken. De emissie van de fabricage – voor het maken van het staal en de kunststoffen, het draaien van de fabrieken, enzovoort – wordt meegerekend onder de noemer 'Hoe we spullen maken'. Dat komt in hoofdstuk 5 aan de orde.

lucht zit, in plaats van met het kooldioxide in fossiele brandstoffen, of een totaal andere vorm van energie.

Laten we eerst de tweede optie nemen. Gelukkig hebben we inderdaad een andere vorm van energie die – hoewel verre van ideaal – al heeft bewezen te werken. Waarschijnlijk zullen de auto's die er gebruik van maken tegenwoordig zelfs al worden verkocht bij een autodealer bij jou in de buurt.

Vandaag de dag kun je een volledig elektrische auto kopen van meer dan het halve alfabet: Audi, BMW, Chevrolet, Citroën, Fiat, Ford, Honda, Hyundai, Jaguar, Kia, Mercedes-Benz, Nissan, Peugeot, Porsche, Renault, Smart, Tesla, Volkswagen, en te veel andere om op te noemen, onder meer van fabrikanten in China en India. Ik heb een elektrische auto en vind hem fantastisch.

Hoewel elektrische auto's aanvankelijk veel duurder waren dan hun benzine verbruikende tegenhangers en ze ook nu nog altijd de duurdere optie zijn, is het verschil de laatste jaren sterk afgenomen. Dat is grotendeels te danken aan een enorme daling van de kosten van de batterijen – sinds 2010 met 87 procent – en aan verschillende belastingvrijstellingen en toezeggingen van de overheid om meer uitstootvrije auto's op de weg te krijgen. Maar elektrische voertuigen hebben nog altijd een bescheiden groene meerprijs.

Neem twee auto's, allebei door Chevrolet gemaakt: de door benzine aangedreven Malibu en de volledig elektrische Bolt EV.

Malibu
Beginnend bij $22.095

Verbruik: 12,3 km/l stad / 15,3 km/l snelweg
Laadruimte: 445 l
Vermogen: 250 pk

Bolt EV
Beginnend bij $36.620

Bereik: 402 km
Laadruimte: 1603 l
Vermogen: 200 pk

Chevrolet versus Chevrolet.[67] De door benzine aangedreven Malibu en de volledig elektrische Bolt EV.

Voor wat betreft het motorvermogen, de hoeveelheid ruimte voor de inzittenden en dergelijke, zijn hun eigenschappen ongeveer vergelijkbaar. De Bolt kost 14.000 dollar (11.970 euro) meer (voordat hij door belastingaftrek goedkoper zou kunnen worden), maar je kunt de groene meerprijs niet berekenen door alleen van de aanschafprijs van de auto uit te gaan. Het gaat niet alleen om de kosten van de aanschaf van de auto, maar om alle kosten voor het kopen *en het bezit* van de auto. Zo moet je rekening houden met het feit dat elektrische auto's minder onderhoud nodig hebben en op elektriciteit rijden in plaats van benzine. Aan de andere kant betaal je meer voor de verzekering, omdat elektrische auto's duurder zijn.

Als je rekening houdt met al deze verschillen en naar de totale kosten van het bezit kijkt, zal de Bolt (in de VS) per gereden kilometer 6,2 dollarcent duurder zijn dan de Malibu.[68]

Wat betekent die 6,2 dollarcent per kilometer? Als je 20.000 kilometer per jaar rijdt, dan is de jaarlijkse meerprijs van 1240 dollar niet bepaald te negeren, maar laag genoeg om elektrische voertuigen voor veel autokopers het overwegen waard te maken.

De zojuist genoemde cijfers zijn een nationaal gemiddelde in de Verenigde Staten. In andere landen zal de groene meerprijs anders zijn – de voornaamste factor zit hem in het verschil in de kosten van elektriciteit en benzine. (Bij goedkopere elektriciteit of duurdere benzine zal de groene meerprijs lager zijn.) In sommige delen van Europa zijn de benzineprijzen zo hoog dat de groene meerprijs voor elektrische voertuigen al de nul heeft bereikt. Zelfs in de Verenigde Staten, voorspel ik, zal als de batterijprijzen blijven zakken, de meerprijs voor de meeste auto's tegen 2030 nul zijn.

Dat is geweldig nieuws, en als ze nog betaalbaarder worden, zullen er nog veel meer elektrische voertuigen op de weg komen. (Aan het eind van dit hoofdstuk ga ik nader in op hoe we dit voor elkaar kunnen krijgen.) Maar zelfs in 2030 zullen er, vergeleken met door benzine aangedreven auto's, aan elektrische auto's enkele nadelen kleven.

Een daarvan is dat de benzineprijzen sterk schommelen, terwijl elektrische auto's alleen goedkoper zijn als de benzineprijzen boven een bepaald niveau komen. Op een gegeven moment, in mei 2020, was de gemiddelde benzineprijs in de Verenigde Staten gezakt naar 47 dollarcent per liter; als de benzine zo goedkoop is, kunnen elektrische auto's daar niet mee concurreren – daarvoor zijn de batterijen eenvoudigweg te duur. Met de prijs van de huidige batterijen bespaart iemand met een elektrische auto alleen geld als de benzine meer dan ongeveer 79 dollarcent per liter kost.

Een ander nadeel is dat het een uur of langer duurt voordat een elektrische auto volledig is opgeladen, terwijl je je auto in vijf minuten met benzine kunt vullen. Een elektrische auto komt minder ver op één enkele lading dan een standaardauto met een volle benzinetank. Bovendien kunnen we elektrisch rijden alleen gebruiken om de uitstoot van kooldioxide te voorkomen als we elektriciteit maken uit uitstootvrije bronnen. Dat is een andere reden waarom de doorbraken die ik in hoofdstuk 4 heb genoemd zo belangrijk zijn. Als we onze elektriciteit uit koolstof halen en onze elektrische auto's opladen met uit steenkolen geproduceerde elektriciteit, dan wisselen we gewoon de ene fossiele brandstof in voor de andere.

Verder kost het tijd om al onze benzineauto's van de weg te halen. Gemiddeld duurt het meer dan dertien jaar voordat een auto die van de lopende band rolt op het autokerkhof belandt. Deze lange levenscyclus betekent dat als we zouden willen dat in 2050 alle personenwagens in Amerika op elektriciteit lopen, de komende vijftien jaar bijna 100 procent van alle verkochte auto's elektrisch moet zijn. Momenteel is dat minder dan 2 procent.

Zoals ik zei, kunnen we de nul op een andere manier bereiken door over te stappen op alternatieve vloeibare brandstoffen die gebruikmaken van CO_2 dat al in de atmosfeer zat. Dan voeg je geen extra CO_2 aan de lucht toe, je stuurt hetzelfde CO_2 alleen maar terug naar waar het was toen de brandstof werd gemaakt.

Als je de woorden 'alternatieve brandstof' ziet, zou je aan ethanol kunnen denken, een biobrandstof die meestal wordt gemaakt van mais, suikerriet of bietsuiker. Als je in de Verenigde Staten bent, loopt je auto waarschijnlijk al deels op deze biobrandstof. De meeste in Amerika verkochte benzine bevat 10 procent ethanol, vrijwel volledig van mais gemaakt. Sommige auto's in Brazilië rijden op 100 procent ethanol uit suikerriet. Er zijn maar weinig andere landen die überhaupt biobrandstof gebruiken.

Dit is het probleem: van mais gemaakt ethanol is niet uitstootvrij, en afhankelijk van hoe het is gemaakt, is het niet eens uitstootarm. Voor de plant is kunstmest nodig. Ook het raffineren, als de planten in brandstof worden omgezet, zorgt voor uitstoot. En voor het verbouwen van de planten is land nodig dat anders voor het verbouwen van voedsel zou kunnen worden gebruikt, waardoor boeren genoodzaakt kunnen zijn bossen te kappen om ruimte te maken voor voedselgewassen.

Toch zijn alternatieve brandstoffen geen hopeloze zaak. Er zijn geavanceerde biobrandstoffen van de tweede generatie zonder de problemen van de conventionele biobrandstoffen. Ze kunnen worden gemaakt van planten die niet voor voedsel worden verbouwd (behalve als je een liefhebber bent van vingergrassalade) of van plantaardig landbouwafval (zoals maishalmen), restproducten van de papierproductie en zelfs voedselresten en tuinafval. Omdat het geen voedselgewassen zijn, hebben ze weinig of geen meststoffen nodig en hoeven ze niet te worden verbouwd op landbouwgrond die anders voor voedsel voor mensen en dieren te gebruiken zou zijn.

Sommige geavanceerde biobrandstoffen worden '*drop-in*'-brandstoffen genoemd, wat betekent dat je ze in een gewone motor kunt gebruiken (of ze er zo in kunt 'droppen') zonder deze te hoeven aanpassen. Een ander voordeel: we kunnen ze transporteren zonder de tankers, pijpleidingen of andere infrastructuur aan te passen waaraan we voor de aanleg en het onderhoud al miljarden hebben uitgegeven.

Ik ben optimistisch over biobrandstoffen, maar het is lastige materie. Zelf heb ik iets meegemaakt wat laat zien hoe moeilijk het is om tot een doorbraak te komen. Een paar jaar geleden hoorde ik over een Amerikaans bedrijf dat een procedé had om biomassa, zoals bomen, in brandstoffen om te zetten. Ik ging op bezoek bij de fabriek en was onder de indruk van wat ik zag, en na een financieel-economisch onderzoek investeerde ik 50 miljoen dollar in het bedrijf. Maar de technologie werkte niet goed genoeg – door uiteenlopende technische problemen kon de fabriek bij lange na niet de hoeveelheid produceren die nodig was om rendabel te zijn – met uiteindelijk sluiting als gevolg. Het was een doodlopende weg van 50 miljoen dollar, hoewel het me niet speet dat ik het had gedaan. We moeten veel ideeën onderzoeken, ook al weten we dat vele ervan zullen mislukken.

Jammer genoeg is er nog altijd te weinig geld voor onderzoek naar geavanceerde biobrandstoffen, en kunnen ze nog niet worden ingezet op de schaal die we nodig hebben om ons transportsysteem uitstootvrij te maken. Als gevolg hiervan zou het heel duur worden om benzine ermee te vervangen. Experts verschillen van mening over de precieze kosten van deze en andere schone brandstoffen, en er zijn vele schattingen, dus maak ik gebruik van de gemiddelde kosten uit meerdere onderzoeken.

Groene meerprijs voor het vervangen van benzine door geavanceerde biobrandstoffen[69]

Brandstoftype	**Winkelprijs (in de VS) per liter**	**Uitstootvrije optie per liter**	**Groene meerprijs**
Benzine	$ 0,64	$ 1,32	**106%**

NB: de winkelprijs in deze en de volgende grafieken is de gemiddelde prijs in de Verenigde Staten van 2015 tot 2018. De uitstootvrije optie is een geschatte huidige prijs.

Biobrandstoffen halen hun energie uit planten, maar dat is niet de enige manier om alternatieve brandstoffen te maken. We kunnen ook uitstootvrije elektriciteit gebruiken om de waterstof in water te combineren met de koolstof in kooldioxide, wat resulteert in brandstoffen op basis van koolwaterstof. Omdat je bij dat proces elektriciteit gebruikt, worden ze ook wel elektrobrandstoffen genoemd, en ze hebben veel voordelen. Het zijn drop-in-brandstoffen, en omdat ze zijn gemaakt met kooldioxide dat uit de atmosfeer is gehaald, leidt de verbranding niet tot een toename van de uitstoot in het algemeen.

Maar elektrobrandstoffen hebben ook een nadeel: ze zijn heel duur. Je hebt waterstof nodig om ze te maken, en zoals ik in hoofdstuk 4 zei, is het duur om waterstof te maken zonder CO_2 uit te stoten. Bovendien heb je er schone elektriciteit voor nodig – anders heeft het geen zin – terwijl we in ons elektriciteitsnet te weinig goedkope schone elektriciteit hebben om op economisch verantwoorde wijze brandstof op waterstofbasis mee te maken. Alles bij elkaar hebben elektrobrandstoffen een hoge groene meerprijs:

Groene meerprijs van het vervangen van benzine door uitstootvrije alternatieven[70]

Brandstoftype	**Winkelprijs (in de VS) per liter**	**Uitstootvrije optie per liter**	**Groene meerprijs**
Benzine	$ 0,64	$ 1,32 (geavanceerde biobrandstoffen)	**106%**
Benzine	$ 0,64	$ 2,16 (elektrobrandstoffen)	**237%**

Wat betekent dit voor het gemiddelde gezin? In de Verenigde Staten besteedt een gemiddeld huishouden ongeveer 2000 dollar per jaar aan benzine.[71] Dus als de prijs verdubbelt, dan komt daar nog eens 2000 dollar bovenop, en als die verdrievoudigt, dan is dat 4000 dollar extra voor elke gewone personenauto op de weg in Amerika.

Vuilniswagens, bussen en trucks met oplegger. Helaas zijn batterijen een minder praktische optie voor langeafstandsbussen en -vrachtwagens. Hoe groter het voertuig waarmee je op pad wilt gaan en hoe verder je ermee wilt rijden zonder op te laden, hoe moeilijker het zal zijn om elektriciteit als je energiebron te gebruiken – dat is een wet. Dat is omdat batterijen zwaar zijn, slechts een beperkte hoeveelheid energie kunnen bevatten en alleen maar een bepaalde hoeveelheid van die energie in één keer aan de motor kunnen leveren. (Er is een krachtiger motor nodig, eentje met meer batterijen, om een zware truck aan te drijven dan voor een lichte hatchback.)

Middelzware vrachtwagens, zoals vuilniswagens en stadsbussen, zijn over het algemeen licht genoeg voor elektriciteit als rendabele optie. Ze hebben ook het voordeel dat ze relatief korte routes rijden en elke nacht op dezelfde plek worden geparkeerd, zodat er gemakkelijk laadstations voor kunnen worden ingericht. In de Chinese stad Shenzhen met haar twaalf miljoen inwoners is het hele wagenpark van meer dan 16.000 bussen en bijna twee derde van de taxi's geëlektrificeerd.[72] Gezien het aantal elektrische bussen dat in China wordt verkocht, denk ik dat de groene meerprijs voor bussen binnen tien jaar bij nul zal zijn uitgekomen, wat betekent dat de meeste steden in de wereld in staat zullen zijn hun wagenpark te verruilen.

Shenzhen, China, elektrificeerde zijn wagenpark van 16.000 bussen.

Maar wil je langere afstanden en meer kracht, bijvoorbeeld als je een truck met oplegger vollaadt voor een rit over het hele continent in plaats van een schoolbus vol leerlingen voor een rit door de nabije omgeving, dan moet je veel meer batterijen meenemen. En neem je meer batterijen mee, dan word je zwaarder. Véél zwaarder.

Per kilo bevat de beste lithium-ionbatterij van dit moment 35 keer minder energie dan benzine. Met andere woorden: voor dezelfde hoeveelheid energie als een liter benzine heb je batterijen nodig die 35 keer zoveel wegen als die hoeveelheid benzine.

In de praktijk betekent dat het volgende. Volgens een onderzoek uit 2017 van twee ingenieurs van Carnegie Mellon University zou een elektrische vrachtwagen die op één enkele keer opladen 965 km kan rijden zoveel batterijen nodig hebben dat hij 25 procent minder lading kan meenemen.[73] En een vrachtwagen met een bereik van 1450 km is ondenkbaar, want die zou zoveel batterijen nodig hebben dat hij nauwelijks nog lading kan vervoeren.

Bedenk dat een gemiddelde vrachtwagen op diesel meer dan 1600 km kan rijden zonder te hoeven tanken. Dus om de Amerikaanse vrachtwagens te elektrificeren zouden de transportbedrijven moeten overstappen op wagens die minder vracht kunnen vervoeren, veel vaker moeten stoppen om op te laden, uren aan de laadpaal moeten, en op een of andere manier lange stukken snelweg moeten zien af te leggen waar geen laadpalen zijn. Op de korte termijn zal dat gewoon niet gebeuren. Hoewel elektriciteit een goede optie is voor korte afstanden, is ze geen praktische oplossing voor zware vrachtwagens met verre bestemmingen.

Omdat we onze vrachtwagens niet kunnen elektrificeren, zijn alleen elektrobrandstoffen en geavanceerde biobrandstoffen mogelijk. Helaas hebben die een enorme groene meerprijs. Laten we ze aan de lijst toevoegen:

Groene meerprijs voor het vervangen van diesel door uitstootvrije alternatieven[74]

Brandstoftype	Winkelprijs (in de VS) per liter	Uitstootvrije optie per liter	Groene meerprijs
Diesel	$ 0,72	$ 1,45 (geavanceerde biobrandstoffen)	**103%**
Diesel	$ 0,72	$ 2,39 (elektrobrandstoffen)	**234%**

Schepen en vliegtuigen. Niet zo lang geleden bespraken mijn vriend Warren Buffett en ik hoe vliegtuigen uitstootvrij gemaakt zouden kunnen worden. 'Waarom kunnen we een jumbojet niet op batterijen laten vliegen?' vroeg Warren. Hij wist al dat de brandstof bij het opstijgen van een vliegtuig 20 tot 40 procent van het gewicht uitmaakt. Dus toen ik hem vertelde over het verbijsterende feit dat je 35 keer zoveel gewicht aan batterijen nodig zou hebben om dezelfde hoeveelheid energie te krijgen als in de kerosine zit, begreep hij het meteen. Hoe meer kracht je nodig hebt, hoe zwaarder het vliegtuig wordt. Op een gegeven moment is het zo zwaar dat het niet van de grond kan komen. Warren moest glimlachen, knikte en zei slechts: 'Aha.'

Als je iets probeert aan te drijven dat zo zwaar is als een containerschip of een verkeersvliegtuig, dan wordt de vuistregel die ik eerder gaf – *hoe groter het voertuig waarmee je op pad wilt gaan, en hoe verder je ermee wilt rijden zonder op te laden, hoe moeilijker het zal zijn om elektriciteit als je energiebron te gebruiken* – een wet. Zonder een onwaarschijnlijke doorbraak zullen batterijen nooit licht en krachtig genoeg zijn om vliegtuigen en schepen over meer dan een korte afstand aan te drijven.

Neem de huidige stand van zaken. Het beste volledig elektrische vliegtuig op de markt kan twee passagiers vervoeren, een topsnelheid van 340 kilometer per uur halen en drie uur vliegen voordat het aan de lader moet. Ondertussen kan een Boeing 787 van gemiddelde grootte 296 passagiers vervoeren, tot 1050 kilometer per uur vliegen en bijna 20 uur in de lucht blijven voordat het moet landen om bij te tanken.[75] Met andere woorden: een door fossiele brandstof aangedreven verkeersvliegtuig kan meer dan driemaal zo snel vliegen, en dat zes keer langer, en bijna 150 keer zoveel mensen vervoeren als het beste elektrische vliegtuig op de markt.

Batterijen worden beter, maar het valt nauwelijks te verwachten dat ze het gat ooit zullen dichten. Als we geluk hebben wordt de energiedichtheid driemaal zo groot, en in dat geval is die nog steeds twaalf keer lager dan die van gas of kerosine. We kunnen het beste inzetten op het vervangen van vliegtuigbrandstoffen door elektrobrandstoffen en geavanceerde biobrandstoffen, maar kijk eens wat de forse meerprijs daarvan is:

Groene meerprijs voor het vervangen van kerosine door uitstootvrije alternatieven[76]

Brandstoftype	**Winkelprijs (in de VS) per liter**	**Uitstootvrije optie per liter**	**Groene meerprijs**
Kerosine	$ 0,59	$ 1,41 (geavanceerde biobrandstoffen)	**141%**
Kerosine	$ 0,59	$ 2,32 (elektrobrandstoffen)	**296%**

Hetzelfde geldt voor vrachtschepen.[77] De beste conventionele containerschepen kunnen 200 keer meer lading vervoeren dan elk van de twee elektrische schepen die momenteel varen, en ze kunnen routes afleggen die 400 keer zo lang zijn. Dat zijn grote voordelen voor schepen die hele oceanen moeten kunnen oversteken.

Aangezien containerschepen in de wereldeconomie heel belangrijk zijn geworden, geloof ik niet dat het ooit financieel haalbaar zal zijn om ze op iets anders te laten varen dan vloeibare brandstoffen. De overstap naar alternatieven zou ons heel goed doen. Omdat de scheepvaart alleen al verantwoordelijk is voor 3 procent van alle uitstoot, levert dat een flinke reductie op. Helaas is de brandstof waarop containerschepen varen – stookolie – spotgoedkoop, omdat hij gemaakt is van het residu van het olieraffinageproces. Door de lage prijs van de huidige brandstof is de groene meerprijs voor schepen zeer hoog:

Groene meerprijs voor het vervangen van stookolie door uitstootvrije alternatieven[78]

Brandstoftype	Winkelprijs (in de VS) per liter	Uitstootvrije optie per liter	Groene meerprijs
Stookolie	$ 0,34	$ 1,45 (geavanceerde biobrandstoffen)	**326%**
Stookolie	$ 0,34	$ 2,39 (elektrobrandstoffen)	**601%**

Samengevat staan hier alle groene meerprijzen uit dit hoofdstuk:

Groene meerprijs voor het vervangen van de huidige brandstoffen door uitstootvrije alternatieven[79]

Brandstoftype	Winkelprijs (in de VS) per liter	Uitstootvrije optie per liter	Groene meerprijs
Benzine	$ 0,64	$ 1,32 (geavanceerde biobrandstoffen)	**106%**
Benzine	$ 0,64	$ 2,16 (elektrobrandstoffen)	**237%**
Diesel	$ 0,72	$ 1,45 (geavanceerde biobrandstoffen)	**103%**
Diesel	$ 0,72	$ 2,39 (elektrobrandstoffen)	**234%**
Kerosine	$ 0,59	$ 1,41 (geavanceerde biobrandstoffen)	**141%**
Kerosine	$ 0,59	$ 2,32 (elektrobrandstoffen)	**296%**
Stookolie	$ 0,34	$ 1,45 (geavanceerde biobrandstoffen)	**326%**
Stookolie	$ 0,34	$ 2,39 (elektrobrandstoffen)	**601%**

Zouden de meeste mensen bereid zijn deze prijsstijging te accepteren? Dat is niet duidelijk. Bedenk echter dat de laatste keer dat de Verenigde Staten de federale belasting op benzine verhoogden, dat er überhaupt een verhoging werd opgelegd, in 1993 was, meer dan een kwarteeuw geleden. Volgens mij zitten de Amerikanen er niet op te wachten om meer voor hun benzine te betalen.

Er zijn vier manieren om onze uitstoot door transport te beperken. Een daarvan is door minder te doen, minder te rijden, te vliegen en te varen. We zouden vaker alternatieve vormen moeten aanmoedigen, zoals wandelen, fietsen en carpoolen, en het is geweldig dat sommige steden dat met een slimme stadsplanning voor elkaar willen krijgen.

Een andere manier om de uitstoot te beperken, is door bij de fabricage van auto's minder koolstof bevattende materialen toe te passen, al zou dat niet van invloed zijn op de emissie door brandstoffen waarover we in dit hoofdstuk hebben geschreven. Zoals ik in hoofdstuk 5 zei, is elke auto gemaakt van materialen als staal en kunststoffen die niet zonder de uitstoot van broeikasgassen gefabriceerd kunnen worden. Hoe minder van deze materialen we in onze auto's nodig hebben, hoe lager hun CO_2-voetafdruk zal zijn.

De derde manier om de uitstoot te beperken, is door de brandstof efficiënter te gebruiken. Aan dit onderwerp schenken wetgevers en de pers veel aandacht, in elk geval als het gaat om personenwagens en vrachtwagens. De meeste grote economieën hebben brandstofnormen voor die voertuigen en ze hebben veel bereikt door autobedrijven te dwingen in geavanceerde techniek of efficiëntere motoren te investeren.

Maar de normen gaan niet ver genoeg. Zo zijn er emissienormen voorgesteld voor de internationale scheepvaart en het vliegverkeer, maar zijn die bijna niet af te dwingen. Welk land heeft de jurisdictie over de CO_2-uitstoot van een containerschip midden op de Atlantische Oceaan?

Daarnaast zijn de productie en het gebruik van efficiëntere voertuigen weliswaar belangrijke stappen in de goede richting, maar daarmee zijn we nog niet bij nul. Zelfs als je minder benzine verbruikt, verbruik je nog steeds benzine.

Dat brengt me bij de vierde en meest effectieve manier waarop we in het transport tot nul uitstoot kunnen komen: het overstappen op elektrische voertuigen en alternatieve brandstoffen. Zoals ik in dit hoofdstuk heb betoogd, gaan beide opties momenteel in meer of mindere mate gepaard met een groene meerprijs. Laten we eens kijken hoe we die kunnen verlagen.

Hoe kan de groene meerprijs worden verlaagd?

Voor personenwagens is de groene meerprijs aan het dalen en zal hij uiteindelijk nul worden. Het is inderdaad zo dat als de zuiniger auto's en de elektrische auto's de huidige auto's vervangen, de belastingopbrengsten zullen dalen, waardoor er minder geld beschikbaar komt voor wegenbouw en wegonderhoud. In de Verenigde Staten kunnen de staten de misgelopen inkomsten compenseren door de bezitters van elektrische voertuigen extra te belasten als ze hun nummerbord vervangen – dat is wat negentien staten doen terwijl ik dit hoofdstuk schrijf – al zal het daardoor twee jaar langer duren voordat elektrische auto's even goedkoop zijn als benzineauto's.

Elektrische auto's hebben met nog meer tegenwind te maken: de Amerikaanse voorliefde voor grote brandstof verslindende auto's. In 2019 kochten we meer dan 5 miljoen personenwagens en 12 miljoen pick-uptrucks en SUV's.[80] Op 2 procent na rijden al deze voertuigen op fossiele brandstof.

Om daar verandering in te brengen hebben we een inventief overheidsbeleid nodig. We kunnen de overstap versnellen door een beleid te gaan voeren waarbij mensen worden gestimuleerd om elektrische auto's te kopen en een netwerk van laadpalen te bouwen waarmee het bezit ervan praktischer wordt. Als het op nationaal niveau wordt aangepakt, kan het aanbod van auto's toenemen en kunnen de kosten ervan dalen. China, India en verschillende Europese landen hebben allemaal doelstellingen aangekondigd om auto's op fossiele brandstof – voornamelijk personenwagens – de komende tientallen jaren uit te faseren. Californië heeft beloofd vanaf 2029 alleen nog maar elektrische bussen te kopen en de verkoop van door benzine aangedreven auto's in 2035 te verbieden.

Vervolgens zullen we met al die elektrische auto's op de weg veel schone elektriciteit nodig hebben. Dat is een nog een extra reden waarom het zo belangrijk is om duurzame bronnen in te zetten en de doorbraken bij de opwekking en opslag ervan na te streven waar ik in hoofdstuk 4 over heb geschreven.

We zouden ook met door kernenergie aangedreven containerschepen moeten overwegen. Daar kleven reële risico's aan (zo zou je ervoor moeten zorgen dat de nucleaire brandstof niet vrijkomt als het schip zinkt), maar veel van de technologische problemen zijn al opgelost. Onderzeeërs en vliegdekschepen van de marine varen tenslotte al op kernenergie.

Als laatste moeten we massaal inzetten op onderzoek om alle manieren na te gaan waarop we geavanceerde biobrandstof en goedkope elektrobrandstof kunnen maken. Bedrijven en wetenschappers onderzoeken verschillende richtingen. Denk aan nieuwe manieren om waterstof te maken met elektriciteit of zonne-energie, of om microben in te zetten die op natuurlijke wijze waterstof als bijproduct produceren. Hoe meer onderzoek we doen, hoe meer mogelijkheden we zullen creëren voor doorbraken.

Het is zelden zo dat je de oplossing voor zo'n ingewikkeld onderwerp in een enkele zin kunt beschrijven. Maar in het transport komt de uitstootvrije toekomst in wezen hierop neer: gebruik waar mogelijk elektriciteit om voertuigen aan te drijven en zorg voor goedkope alternatieve brandstoffen voor de rest.

Tot de groep die elektrisch kan worden aangedreven, behoren personenauto's en pick-ups, en lichte en middelgrote vrachtwagens en bussen. Tot de groep met de alternatieve brandstoffen behoren vrachtwagens voor de lange afstand, treinen op niet geëlektrificeerd spoor, vliegtuigen en containerschepen. Elektrische auto's zullen binnenkort niet meer duurder zijn om te bezitten dan door benzine en diesel aangedreven auto's, wat geweldig is. Maar alternatieve brandstoffen zijn nog steeds heel duur, wat niet zo mooi is. Er is onderzoek nodig om de prijs omlaag te krijgen.

In dit hoofdstuk heb ik besproken hoe we mensen en goederen van de ene plek naar de andere plek kunnen vervoeren. Hierna moeten we het hebben over de plekken waar we naartoe gaan, onze huizen, kantoren en scholen, en wat ervoor nodig is om die in een warmere wereld leefbaar te houden.

HOOFDSTUK 8

HOE WE HET KOEL EN WARM HOUDEN

7 procent van 51 miljard ton per jaar

Ik had nooit gedacht dat ik iets positiefs aan malaria zou ontdekken. Jaarlijks gaan er 400.000 mensen aan dood, voornamelijk kinderen, en de Gates Foundation maakt deel uit van een wereldwijde poging om de ziekte uit te bannen. Dus was ik verbaasd toen ik er een tijdje geleden achter kwam dat er zowaar iets aardigs over malaria te zeggen is: we hebben er de airconditioning mede aan te danken.

De mens doet al duizenden jaren pogingen om zichzelf tegen hitte te beschermen.[81] In het oude Perzië werden gebouwen voorzien van windvangers, of *badgirs*, die de lucht in beweging hielden en de temperatuur laag. Maar het eerste apparaat waarmee koele lucht kon worden gemaakt, werd in de jaren veertig van de negentiende eeuw gebouwd door John Gorrie, een arts in Florida die dacht dat hij zijn patiënten bij een lagere temperatuur beter van malaria kon laten herstellen.[82]

Indertijd werd algemeen aangenomen dat malaria niet door een parasiet werd veroorzaakt, zoals we tegenwoordig weten, maar door slechte lucht (vandaar ook de naam: *mal-aria*). Gorrie maakte een apparaat waarmee hij zijn ziekenzaal verkoelde door lucht die over een groot blok ijs werd geblazen uit het plafond te laten komen. Maar de machine verbruikte veel ijs en het ijs was duur, omdat het per schip vanuit het noorden moest worden aangevoerd, dus ontwierp Gorrie een machine om het zelf te maken. Uiteindelijk verwierf hij een patent op zijn ijsmachine en stopte hij als arts om te proberen zijn uitvinding op de markt te brengen. Jammer genoeg mislukten zijn zakelijke plannen. Na een reeks tegenslagen stierf Gorrie in 1855 zonder een cent te bezitten.

Toch sloeg zijn idee aan. De volgende grote stap in de airconditioning werd in 1902 gezet door een ingenieur die Willis Carrier heette, toen zijn werkgever hem naar een drukkerij in New York stuurde om na te gaan hoe kon worden voorkomen dat er een golving ontstond in de pagina's van de tijdschriften die van de drukpers rolden. Toen hij besefte dat de golvende pagina's het gevolg waren van een hoge luchtvochtigheid, ontwierp hij een apparaat waarmee de luchtvochtigheid in het vertrek kon worden verlaagd, terwijl ook de temperatuur in het vertrek daalde. Nog zonder het te weten had hij de aanzet gegeven voor de bedrijfstak van de airconditioning.

Nog geen eeuw nadat de eerste airconditioning in een particuliere woning werd geïnstalleerd, heeft 90 procent van de Amerikaanse huishoudens nu een of andere airconditioner.[83] Als je ooit in een overdekt stadion naar een wedstrijd bent wezen kijken of naar een concert bent geweest, heb je je aangename verpozen daar aan de airconditioning te danken. En het is nauwelijks voor te stellen dat oorden als Florida of Arizona tegenwoordig zonder dergelijke apparaten aantrekkelijke bestemmingen voor gepensioneerden zouden zijn.

Airconditioning is niet langer een aangename luxe die de zomerdagen draaglijk maakt; de hedendaagse economie drijft erop. Zo produceren de serverparken met duizenden computers die de huidige computerontwikkelingen mogelijk maken enorme hoeveelheden warmte (wat ook geldt voor de computers waarop jouw clouddiensten draaien en je je muziek en foto's bewaart). Ze zouden smelten als ze niet werden gekoeld.

Als je in een typisch Amerikaans huis woont, is je airconditioning de grootste elektriciteitsverbruiker die je bezit. Hij verbruikt meer dan je verlichting, koelkast en computer bij elkaar.* In hoofdstuk 4 heb

* Voor het koelen van vertrekken wordt wereldwijd voor 99 procent gebruikgemaakt van elektriciteit. Het grootste deel van de andere 1 procent komt voor rekening van met aardgas aangedreven airconditioning. Er zijn gasaangedreven airconditioningsystemen beschikbaar voor eengezinswoningen, maar ze vormen zo'n klein deel van de markt dat de Energy Information Administration er niet eens gegevens over verzamelt.

ik de uitstoot voor elektriciteit genoemd, maar ik noem die hier opnieuw, omdat de koeling van vertrekken daar nu en in de toekomst zo'n grote bijdrage aan levert. Hoewel de airconditioningunits de meeste *elektriciteit verbruiken*, zijn ze in Amerikaanse woningen en bedrijven niet de grootste *energieverbruikers*. Die eer is weggelegd voor onze verwarmingsketels en boilers. (Dit is ook het geval in Europa en vele andere regio's.) In de volgende sectie ga ik in op het verwarmen van lucht en water.

Amerikanen zijn niet de enigen die koele lucht prettig vinden (en nodig hebben). Wereldwijd zijn er 1,6 miljard airconditioningunits in gebruik, al zijn ze niet gelijkmatig verdeeld.[84] In rijke landen als de Verenigde Staten heeft 90 procent van de huishoudens airconditioning, terwijl dat in de heetste landen van de wereld nog geen 10 procent is.

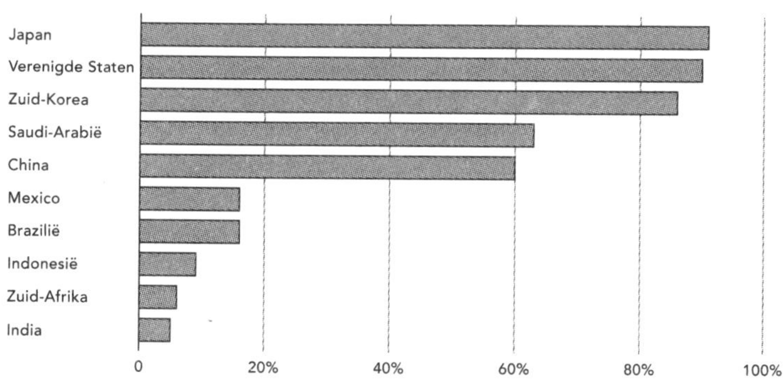

De airconditioning is in opmars.[85] In sommige landen is het merendeel van de huishoudens voorzien van airconditioning, maar in andere is een airco minder gebruikelijk. In de komende decennia zullen de landen die onderaan deze lijst staan steeds warmer en rijker worden, wat betekent dat ze meer airconditioningunits zullen kopen en gebruiken.

Dat betekent dat er met het groeien en rijker worden van de bevolking en de hevigere en frequentere hittegolven veel meer units bij zullen komen. Tussen 2007 en 2017 kwamen er in China 350 miljoen units bij, en momenteel is het de grootste markt voor airconditioners. Wereldwijd is de verkoop alleen al in 2018 met 15 procent gestegen, terwijl een groot deel van de groei afkomstig is van vier landen waar het bijzonder warm wordt: Brazilië, India, Indonesië en Mexico.[86] In 2050 zullen er wereldwijd meer dan 5 miljard airconditioningunits in werking zijn.

De ironie wil dat we met hetzelfde apparaat waarmee we een warmer klimaat kunnen overleven, het klimaat warmer kunnen maken. Tenslotte lopen airconditioners op elektriciteit, dus als we er meer installeren, zullen we meer elektriciteit nodig hebben om ze te laten draaien. Het is zelfs zo dat het Internationaal Energieagentschap (IEA) verwacht dat de wereldwijde vraag naar elektriciteit voor koeling in 2050 zal zijn verdrievoudigd. Als het eenmaal zover is, zullen de airconditioners evenveel elektriciteit verbruiken als heel China en India nu.

Dat zal goed zijn voor mensen die gebukt gaan onder hittegolven, maar slecht voor het klimaat, want in het grootste deel van de wereld is het opwekken van stroom nog altijd een proces waarbij veel kooldioxide vrijkomt. Vandaar dat alle elektriciteit die door gebouwen wordt gebruikt, voor airconditioning, verlichting, computers, enzovoort, verantwoordelijk is voor bijna 14 procent van alle broeikasgassen.

Omdat voor airconditioning voornamelijk stroom wordt gebruikt, is het eenvoudig om de groene meerprijs voor verkoeling van de lucht te berekenen. Om onze airconditioners uitstootvrij te maken, moeten we ons elektriciteitsnetwerk uitstootvrij maken. Ook om die reden hebben we doorbraken nodig bij de opwekking en opslag van elektriciteit zoals ik die in hoofdstuk 4 heb beschreven, anders zal de uitstoot blijven toenemen en belanden we in een vicieuze cirkel, waarin we onze huizen en kantoren steeds koeler en het klimaat steeds warmer maken.

Gelukkig hoeven we niet op die doorbraken te wachten. We kunnen nu maatregelen nemen om de hoeveelheid elektriciteit te verminderen die we voor airconditioners nodig hebben, en dus de uitstoot terugbrengen die we veroorzaken door koel te blijven. En er zijn geen technologische barrières om dit te doen. De meeste mensen kopen gewoon niet de zuinigste airconditioners op de markt. Volgens het IEA is de airconditioningsunit die tegenwoordig vaak wordt gekocht slechts half zo efficiënt als wat er algemeen beschikbaar is en slechts een derde zo efficiënt als de beste modellen.

Meestal is dat zo omdat consumenten niet aan alle informatie kunnen komen die ze nodig hebben als ze een airconditioner uitkiezen. Zo kan een minder efficiënte unit goedkoper in aanschaf zijn, maar op de lange termijn duurder in het gebruik, omdat hij meer elektriciteit verbruikt. Maar als de units niet van een duidelijk label zijn voorzien, heb je daar als koper vaak geen idee van. (In de Verenigde Staten zijn dergelijke labels verplicht, maar dat is niet overal in de wereld zo.)[87] Daar komt bij dat er veel landen zijn die geen minimumeisen stellen aan de efficiëntie van airconditioners. Volgens het IEA kan door eenvoudigweg een beleid te voeren dat dit soort problemen oplost de gemiddelde efficiëntie van de airconditioningunits in de wereld verdubbelen en de groei van de energievraag voor verkoeling halverwege de eeuw met 45 procent verminderen.

Helaas is het elektriciteitsverbruik van airconditioners niet het enige waardoor ze een probleem vormen. Ze bevatten ook koelmiddelen (die bekendstaan als F-gassen, omdat ze fluor bevatten) die in de loop van de tijd met het verouderen en verslijten van de unit heel langzaam weglekken, zoals je ongetwijfeld is opgevallen als je ooit de koelvloeistof van de airco in je auto hebt moeten vervangen. F-gassen dragen extreem veel bij aan klimaatverandering: in een eeuw tijd kunnen ze duizendmaal zoveel opwarming veroorzaken als een vergelijkbare hoeveelheid kooldioxide. Dat je er niet veel over hoort, is omdat ze niet zo'n groot percentage van de broeikasgassen uitmaken. In de Verenigde Staten vertegenwoordigen ze 3 procent van de emissies.

Toch zijn F-gassen niet onopgemerkt gebleven. In 2016 hebben afgevaardigden van 197 landen beloofd de productie en het gebruik van bepaalde F-gassen in 2045 met meer dan 80 procent terug te brengen. Dat konden ze beloven omdat verschillende bedrijven nieuwe benaderingen voor de airconditioning ontwikkelen. Daarbij worden de F-gassen vervangen door minder schadelijke koelmiddelen. Deze ideeën bevinden zich in een vroeg stadium van ontwikkeling, veel te vroeg om er een prijskaartje aan te hangen, maar het zijn goede voorbeelden van het soort innovatie dat we nodig hebben om koel te blijven zonder de wereld warmer te maken.

In een boek over de opwarming van de aarde lijkt het misschien vreemd om te bespreken hoe we warm kunnen blijven. Waarom zouden we de thermostaat hoger zetten als het buiten al warm is? Als we het over warmte hebben, hebben we het echter niet alleen over het verwarmen van lucht, maar ook over het verwarmen van water voor het douchen, afwasmachines, industriële processen en dergelijke. Waar het evenwel vooral om gaat, is dat de winter niet zal verdwijnen. Zelfs als de mondiale temperaturen gemiddeld stijgen, zal het op veel plekken op aarde nog altijd vriezen en sneeuwen. En voor wie op duurzame energie vertrouwt, zijn de winters extra zwaar. Zo kan in Duitsland de hoeveelheid zonne-energie in de winter met een factor negen dalen, en er zijn ook periodes zonder wind. Terwijl je nog steeds elektriciteit nodig hebt. Als die er niet zou zijn, vroren er mensen dood in hun eigen huis.

Samen nemen verwarmingsketels en boilers een derde deel voor hun rekening van alle aan de gebouwen op aarde verbonden uitstoot. En anders dan bij verlichting en airconditioningunits lopen de meeste daarvan op fossiele brandstoffen, niet op elektriciteit. (Of je aardgas, lichte stookolie of propaan gebruikt, hangt grotendeels af van waar je woont.) Dat betekent dat we heet water en verwarming niet eenvoudig uitstootvrij kunnen maken door onze elektriciteitsvoorziening duurzaam te maken. We moeten de warmte uit iets anders dan olie en gas zien te halen.

De weg naar nul uitstoot voor de verwarming lijkt eigenlijk veel op die voor personenauto's: (1) elektrificeer waar mogelijk, stop met op aardgas lopende boilers en verwarmingsketels, en (2) ontwikkel schone brandstoffen die de rest doen.

Het goede nieuws is dat stap 1 zowaar een negatieve groene meerprijs kan hebben. Anders dan bij elektrische auto's, die duurder zijn om te bezitten dan hun door benzine en diesel aangedreven tegenhangers, bespaar je geld als de verwarming en koeling volledig elektrisch is. En dat is zowel het geval als je een volledig nieuwe woning bouwt, als wanneer je een oudere woning aanpast. Op de meeste locaties zullen de totale kosten dalen als je een elektrische airconditioner en een op aardgas (of olie) lopende verwarmingsketel wegdoet en ze allebei door een elektrische warmtepomp vervangt.

Als je voor het eerst over een warmtepomp hoort, kan het idee merkwaardig aandoen. Je kunt je best voorstellen dat water of lucht wordt gepompt, maar hoe kun je in vredesnaam warmte pompen?

Warmtepompen maken gebruik van het feit dat gassen en vloeistoffen van temperatuur veranderen als ze uitzetten en krimpen. De pompen werken door een koelvloeistof door een gesloten circuit van buizen te sturen, waarbij een compressor en speciale ventielen worden ingezet om de druk onderweg zo te veranderen dat de koelvloeistof op de ene plek warmte opneemt en deze op een andere weer afgeeft. In de winter verplaats je warmte van buiten naar binnen (dat is mogelijk in alle klimaten, op de allerkoudste na). In de zomer doe je het omgekeerde en pomp je de warmte vanuit je huis naar buiten.

Dat is niet zo geheimzinnig als het klinkt. Je hebt al een warmtepomp in huis, en die is waarschijnlijk op dit moment in gebruik. Hij wordt koelkast genoemd. Met de warme lucht die je achter de koelkast vandaan voelt komen, wordt de warmte bij je eten weggevoerd, zodat het koel blijft.

Hoeveel geld kun je uitsparen met een warmtepomp? Dat hangt af van waar je woont, hoe streng de winter is, wat de prijs van elektriciteit en aardgas is, en andere factoren. Hier staan enkele voorbeelden van de besparing bij nieuwbouw in steden in de Verenigde Staten, inclusief de kosten van het installeren van een warmtepomp en uitgaande van vijftien jaar functioneren:[88]

Groene meerprijs voor het installeren van een luchtwarmtepomp in enkele Amerikaanse steden

Stad	**Kosten van aardgasketel en elektrische airco**	**Kosten van een luchtwarmtepomp**	**Groene meerprijs**
Providence (Rhode Island)	$ 12.667	$ 9912	**-22%**
Chicago (Illinois)	$ 12.583	$ 10.527	**-16%**
Houston (Texas)	$ 11.075	$ 8074	**-27%**
Oakland (Californië)	$ 10.660	$ 8240	**-23%**

Als je een bestaand huis van een warmtepomp voorziet, zul je niet zoveel besparen als in de tabel, maar in de meeste steden is het overstappen op een warmtepomp nog altijd voordeliger. Zo bespaar je in Houston 17 procent. In Chicago zullen de kosten in feite met 6 procent stijgen, omdat het aardgas er ongewoon goedkoop is. En in sommige oudere woningen is er eenvoudigweg geen ruimte voor nieuwe apparaten, zodat je helemaal geen verbetering door kunt voeren.

Toch werpen deze negatieve groene meerprijzen een voor de hand liggende vraag op: als warmtepompen zo'n goede aanschaf zijn, waarom zijn ze dan in maar 11 procent van de Amerikaanse huizen terug te vinden?[89]

Voor een deel komt dat omdat we onze verwarmingsketel maar eenmaal in de ongeveer tien jaar vervangen en de meeste mensen te weinig geld hebben om een volledig goede ketel zomaar in te ruilen voor een warmtepomp.

Maar er is ook nog een andere verklaring: achterhaald overheidsbeleid. Sinds de energiecrisis van de jaren zeventig van de vorige eeuw hebben we geprobeerd het energieverbruik terug te dringen, en dus hebben staatsoverheden verschillende initiatieven genomen om het gebruik van verwarmingsketels en boilers op aardgas te bevorderen in plaats van de minder efficiënte op elektriciteit. Sommige overheden hebben de bouwvoorschriften aangepast om het voor huizenbezitters moeilijker te maken hun aardgasapparatuur in te ruilen voor elektrische alternatieven. Veel van dit beleid waarin efficiëntie boven uitstoot gaat, is nog in werking, wat de mogelijkheden beperkt om de uitstoot te verlagen door een aardgasketel te vervangen door een elektrische warmtepomp, zelfs al zou het geld schelen als je dat zou doen.

Dat is frustrerend; regels kunnen echt dom zijn. Maar als je er anders naar kijkt, is het goed nieuws. Het betekent dat er geen extra technologische doorbraak nodig is om op dit gebied de uitstoot te verminderen, los van het uitstootvrij maken van ons elektriciteitsnet. De elektrische optie bestaat al, is heel algemeen beschikbaar en niet slechts concurrerend geprijsd, maar zelfs goedkoper. We moeten er alleen voor zorgen dat ons overheidsbeleid bij de tijd blijft.

Hoewel het technisch mógelijk is om van de uitstoot voor verwarming af te komen, zal het helaas niet snel gebeuren. Zelfs als we iets zouden doen aan de genoemde regelingen die hun doel voorbijschieten, dan nog is het niet realistisch om te denken dat we eenvoudigweg van de ene op de andere dag al onze op aardgas lopende verwarmingsketels en boilers kunnen verwijderen en door elektrische vervangen, net zomin als we ineens alle personenwagens op aarde door elektrische kunnen vervangen. Gezien de lange levensduur van de huidige ketels zullen we, als we halverwege de eeuw van alle aardgasketels af willen zijn, in 2035 met de verkoop moeten stoppen. Tegenwoordig werkt ongeveer de helft van alle in de Verenigde Staten verkochte verwarmingsketels op gas. Wereldwijd leveren fossiele brandstoffen zesmaal zoveel energie voor verwarming als elektriciteit.

Dat vind ik nog een argument dat pleit voor de geavanceerde biobrandstoffen en elektrobrandstoffen die ik in hoofdstuk 7 noemde, brandstoffen die kunnen worden gebruikt in de huidige verwarmingsketels en boilers en die geen extra kooldioxide aan de atmosfeer toevoegen. Maar momenteel gaan beide opties gepaard met een forse groene meerprijs:

Groene meerprijs voor het vervangen van de huidige verwarmingsbrandstoffen door uitstootvrije alternatieven[90]

Brandstoftype	Huidige verkoopprijs (in de VS)	Uitstootvrije optie	Groene meerprijs
Lichte stookolie (per liter)	$ 0,72	$ 1,45 (geavanceerde biobrandstoffen)	**103%**
Lichte stookolie (per liter)	$ 0,72	$ 2,39 (elektrobrandstoffen)	**234%**
Aardgas (per m^3)	$ 0,36	$ 0,87 (geavanceerde biobrandstoffen)	**142%**
Aardgas (per m^3)	$ 0,36	$ 1,87 (elektrobrandstoffen)	**425%**

NB: de verkoopprijs is het gemiddelde in de Verenigde Staten van 2015 tot 2018. De uitstootvrije optie is de geschatte prijs van dit moment.

Laten we eens kijken wat deze meerprijzen zouden betekenen voor een gemiddeld Amerikaans gezin met een huis dat wordt verwarmd met lichte stookolie. De meerprijs voor geavanceerde biobrandstoffen is 1300 dollar, en die voor elektrobrandstoffen ruim 3200 dollar.[91] Als het huis van dit gezin met aardgas wordt verwarmd, zou een overstap naar geavanceerde biobrandstoffen elke winter 840 dollar extra kosten. Een overstap naar elektrobrandstoffen zou de kosten elke winter met bijna 2600 dollar doen stijgen.

We zullen de prijs van deze alternatieve brandstoffen duidelijk omlaag moeten zien te brengen, zoals ik in hoofdstuk 7 heb betoogd. En er zijn nog andere stappen die we kunnen zetten om onze verwarmingssystemen uitstootvrij te maken:

Elektrificeren zoveel we kunnen, stoppen met verwarmingsketels en boilers op aardgas en deze door elektrische warmtepompen vervangen. In sommige regio's zal de overheid haar beleid moeten herzien om deze verbeteringen toe te staan en te stimuleren.

Uitstootvrij maken van het elektriciteitsnetwerk door waar dat zinvol is de huidige schone bronnen in te zetten en te investeren in doorbraken voor het opwekken, opslaan en transporteren van elektriciteit.

Energie efficiënter gebruiken. Dat klinkt misschien tegenstrijdig, omdat ik een paar paragrafen eerder heb geklaagd over een beleid waarin hogere efficiëntie boven lagere uitstoot ging. In feite hebben we beide nodig.

De wereld ondergaat een enorme en plotselinge verbouwing. Om een groeiende stedelijke bevolking het hoofd te bieden, zal er tegen 2060 230 miljoen vierkante meter aan gebouwen bij zijn gekomen. Zoals ik al in hoofdstuk 2 heb gezegd, komt dat overeen met veertig jaar lang elke maand een stad als New York bouwen. Reken er maar op dat niet al deze gebouwen ontworpen zullen zijn om energie te besparen en dat ze tientallen jaren blijven staan, terwijl ze inefficiënt met energie omgaan.

Het goede nieuws is dat we weten hoe we groene gebouwen moeten maken – zolang we bereid zijn de groene meerprijs te betalen. Een extreem voorbeeld is het Bullitt Center in Seattle, dat naar verluidt een van de groenste commerciële gebouwen ter wereld is. Het Bullitt Center is zo ontworpen dat het in de winter op natuurlijke wijze warm blijft en in de zomer koel, waardoor de behoefte aan verwarming en airconditioning afneemt, terwijl er nog andere energiebesparende technologieën worden toegepast, zoals een superefficiënte lift. Soms genereert het gebouw 60 procent meer energie dan het verbruikt, dankzij de zonnepanelen op het dak, hoewel het nog wel is verbonden met het elektriciteitsnet van de stad en 's nachts nog stroom nodig heeft – en ook als het zwaarbewolkt is, wat hier in Seattle nogal eens voorkomt.

Hoewel veel van de technologieën in het Bullitt Center momenteel te duur zijn voor algemeen gebruik (de reden waarom het zeven jaar na de opening nog steeds een van de groenste gebouwen ter wereld is), kunnen we nog altijd voor weinig geld woningen en kantoren efficiënter maken. Ze kunnen ontworpen worden met wat ontwerpers een luchtdichte buitenschil (waaruit dus niet veel lucht naar buiten lekt) noemen, goede isolatie, driedubbel glas en efficiënte deuren. Heel interessant vind ik ook de zogenoemde slimme ramen, die automatisch donkerder worden als het vertrek koeler moet zijn en lichter als het warmer moet zijn. Nieuwe bouwvoorschriften kunnen bijdragen aan het bevorderen van deze energiebesparende ideeën, waardoor de markt ervan in omvang toeneemt en de kosten afnemen. We kunnen veel gebouwen energie-efficiënter maken, zelfs als ze niet allemaal zo efficiënt kunnen worden als het Bullitt Center.

Het Bullitt Center in Seattle is een van de groenste commerciële gebouwen ter wereld.[92]

Ondertussen zijn alle vijf grote bronnen van broeikasgas besproken: hoe we stroom opwekken, spullen maken, ons verplaatsen en het koel en warm houden. Ik hoop dat er ondertussen drie dingen duidelijk zijn:

1. Het probleem is uiterst ingewikkeld en raakt vrijwel alle menselijke activiteiten.

2. We beschikken over een paar instrumenten die we zouden moeten gebruiken om de uitstoot te reduceren.
3. Maar we beschikken niet over alle instrumenten die we nodig hebben. We moeten in elke sector de groene meerprijs zien te verkleinen, wat betekent dat er nog veel uitvindingen gedaan moeten worden.

In de hoofdstukken 10 tot en met 12 zal ik de specifieke stappen voorstellen waarmee we volgens mij de grootste kans hebben om de instrumenten te ontwikkelen die we nodig hebben en waar we gebruik van moeten maken. Maar eerst wil ik een vraag stellen waar ik 's nachts van wakker lig. Tot dusver is dit boek alleen gegaan over hoe de uitstoot omlaag te brengen is, en hoe kan worden voorkomen dat de temperatuur ondraaglijk wordt. Wat kunnen we doen aan klimaatveranderingen die al aan de gang zijn? En vooral: hoe kunnen we de armste mensen op aarde helpen, die het meest te verliezen hebben, maar het minst hebben bijgedragen aan het probleem?

HOOFDSTUK 9

AANPASSEN AAN EEN WARMERE WERELD

Ik heb betoogd dat we naar nul uitstoot moeten streven en dat er om dat doel te bereiken veel geïnnoveerd zal moeten worden. Maar innovatie komt niet van het ene op het andere moment tot stand, en het zal tientallen jaren duren voordat de groene producten waarover ik het heb gehad op een voldoende grote schaal beschikbaar zijn om een wezenlijk verschil te maken.

Ondertussen worden mensen op de hele wereld, van alle inkomensniveaus, al op een of andere manier door de klimaatverandering geraakt. Zo ongeveer iedereen die nu leeft, zal zich aan een warmere wereld moeten aanpassen. Omdat het zeeniveau en de uiterwaarden veranderen, zullen we moeten heroverwegen waar we huizen en bedrijven neerzetten. We zullen elektriciteitsnetten, zeehavens en bruggen moeten versterken. We zullen meer mangrovebossen moeten planten (lees verder als je niet weet wat een mangrove is) en onze waarschuwingssystemen voor stormen moeten verbeteren.

Later in dit hoofdstuk zal ik op deze projecten terugkomen. Maar nu wil ik je wat vertellen over de mensen die volgens mij het meest te lijden zullen hebben van een klimaatramp en die recht hebben op de meeste hulp bij het zich daaraan aanpassen. Ze hebben nauwelijks elektriciteitsnetten, zeehavens of bruggen om zich zorgen over te maken. Het zijn de mensen met de lage inkomens die ik ontmoet door mijn werk aan de mondiale gezondheid en ontwikkeling, en van alle mensen zou de klimaatverandering voor hen de ergste gevolgen kunnen hebben. En het zijn hun verhalen die illustreren hoe ingewikkeld het is om tegelijkertijd zowel armoede als klimaatverandering te bestrijden.

In 2009, toen ik in Kenia was om meer te weten te komen over het leven van boeren met minder dan 1,6 hectare grond (of, zoals ze in de taal van de ontwikkelingshulp worden genoemd, kleinschalige boeren), heb ik bijvoorbeeld kennisgemaakt met de familie Talam – Laban, Miriam en hun drie kinderen. Ik bracht een bezoek aan hun aan een onverharde weg gelegen boerderij, op enkele kilometers van Eldoret, een van de snelst groeiende steden van Kenia. De bezittingen van de Talams stelden niet veel voor, slechts een paar ronde lemen hutten met een rieten dak en een dierenverblijf, en hun boerenbedrijf was ongeveer 8000 vierkante meter groot, kleiner dan een honkbalveld. Maar wat er op dit lapje grond gebeurde, trok de belangstelling van honderden boeren uit de verre omtrek, die te weten wilden komen wat de eigenaars deden en hoe ze het zelf konden doen.

In 2009 bracht ik een bezoek aan Miriam en Laban Talam in Kabiyet, Kenia.[93] Ze hebben verbazingwekkend veel succes, maar door de klimaatverandering kan al hun vooruitgang teniet worden gedaan.

Laban en Miriam begroetten me in hun voortuin en vertelden me hun verhaal. Twee jaar eerder waren ze kleinschalige boeren geweest die landbouw bedreven voor eigen gebruik. Net als de meeste van hun buren waren ze straatarm geweest. Ze verbouwden mais en andere groenten, voor een deel om zelf te eten en voor de rest om op de markt te verkopen. Om de eindjes aan elkaar te kunnen knopen, werkte Laban ook als manusje-van-alles. Hij wilde meer verdienen en had een koe gekocht, die tweemaal per dag door het stel werd gemolken. Voor een klein bedrag verkochten ze de ochtendmelk aan een plaatselijke handelaar, terwijl ze de avondmelk voor zichzelf en hun kinderen bewaarden. Alles bij elkaar gaf de koe drie liter melk per dag, waarvan dus een deel werd verkocht en de rest over de vijf gezinsleden werd verdeeld.

Tegen de tijd dat ik hen ontmoette, was het leven voor de Talams sterk verbeterd. Ze hadden nu vier koeien, die dagelijks 26 liter melk produceerden. Ze verkochten 20 liter per dag en hielden 6 liter voor zichzelf. Met hun koeien verdienden ze bijna 4 dollar per dag, wat in dat deel van Kenia genoeg was om hun huis op te knappen, ananas voor de export te verbouwen en hun kinderen naar school te sturen.

Het keerpunt voor hen, zeiden ze, was de opening van een melkkoelbedrijf in de buurt. De Talams en andere boeren in de omgeving brachten hun rauwe melk naar het bedrijf, waar deze werd gekoeld en uiteindelijk door het hele land vervoerd, wat meer opleverde dan ze er lokaal voor konden krijgen. Het bedrijf functioneerde ook als een soort opleidingscentrum. De lokale veeboeren konden ernaartoe gaan om te leren hoe ze hun vee gezonder konden maken en meer konden laten produceren, om hun koeien te laten vaccineren, en zelfs om hun melk te laten testen op verontreinigingen, zodat ze er een goede prijs voor konden krijgen. Als de melk niet goed was, kregen ze tips om de kwaliteit te verbeteren.

In Kenia, waar de Talams wonen, werkt ongeveer een derde deel van de bevolking in de landbouw. Wereldwijd zijn er 500 miljoen kleinschalige boeren, en ongeveer twee derde van de arme bevolking werkt in de landbouw.[94] Maar ondanks deze grote aantallen zijn kleinschalige boeren slechts verantwoordelijk voor opmerkelijk weinig uitstoot van broeikasgassen, omdat ze het zich niet kunnen veroorloven veel producten en diensten te gebruiken waar fossiele brandstoffen voor nodig zijn. De gemiddelde Keniaan produceert 55 keer zo weinig kooldioxide als een Amerikaan, en boeren als de Talams produceren zelfs nog minder.[95]

Maar als je terugdenkt aan de problemen met runderen waar ik het in hoofdstuk 6 over had, dan herken je meteen het dilemma: de Talams kochten meer runderen, en meer dan welk ander vee ook dragen runderen bij aan de klimaatverandering.

Wat dat betreft stonden de Talams niet alleen. Voor veel arme boeren is het verdienen van meer geld een kans om te investeren in activa met hoge waarde, zoals kippen, geiten en koeien, dieren die een bron van eiwitten zijn en voor extra inkomsten zorgen door de verkoop van melk en eieren. Het is een verstandige beslissing, en iedereen die armoede wil bestrijden zou hun die liever niet willen ontraden. Dat is het dilemma: omdat mensen stijgen op de inkomensladder, doen ze meer dingen die uitstoot veroorzaken. Vandaar dat we behoefte aan innovaties hebben: zodat de armen hun leven kunnen verbeteren zonder de klimaatverandering te verergeren.

Het wrede en onrechtvaardige is dat het arme deel van de wereldbevolking weinig tot niets bijdraagt aan de klimaatverandering, maar er het meest van te lijden zal hebben. Het klimaat verandert op manieren die voor de relatief welvarende boeren in Amerika en Europa problematisch zullen zijn, maar voor de boeren met een laag inkomen in Afrika en Azië mogelijk dodelijk.

Naarmate het klimaat warmer wordt, zullen er vaker droogten en overstromingen voorkomen, waardoor de oogst vaker dan ooit verloren gaat. Het vee zal minder te eten krijgen en minder vlees en melk produceren. De lucht en bodem verliezen vocht, waardoor er voor de planten minder water beschikbaar is. In Zuid-Azië en

Sub-Saharaans Afrika zullen tientallen miljoenen hectaren landbouwgrond wezenlijk droger worden. Er komen al meer oogstverslindende plagen voor omdat ze een gastvrijere omgeving aantreffen om in te verblijven. Het groeiseizoen zal korter worden; bij 4 graden Celsius opwarming zal het in het grootste deel van Sub-Saharaans Afrika met 20 procent of meer kunnen krimpen.

Als je al op het randje leeft, kan elk van deze veranderingen desastreus zijn. Als je geen geld hebt gespaard en je oogst verloren gaat, kun je geen zaden meer kopen; dan is het gewoon afgelopen. Bovendien zal door al deze problemen het voedsel veel duurder worden voor degenen die dat het minst kunnen betalen. Door klimaatverandering zullen de prijzen sterk stijgen voor honderden miljoenen mensen die nu al meer dan de helft van hun inkomen aan eten kwijt zijn.

Omdat er minder voedsel beschikbaar komt, zal de toch al enorme ongelijkheid tussen rijk en arm nog verder toenemen. Tegenwoordig heeft een kind dat in Tsjaad wordt geboren een vijftigmaal zo grote kans om voor zijn vijfde verjaardag te overlijden als een kind dat in Finland wordt geboren. Als het eten schaarser wordt, zullen meer kinderen onvoldoende voedingsstoffen binnenkrijgen, waardoor de natuurlijke afweer van hun lichaam verzwakt en ze veel meer kans lopen om aan diarree, malaria of longontsteking te overlijden. In een onderzoek werd geconcludeerd dat er tegen het eind van de eeuw elk jaar 10 miljoen mensen aan de warmte zouden kunnen sterven (dat is evenveel mensen als er tegenwoordig sterven aan alle infectieziekten bij elkaar), waarbij een grote meerderheid van de slachtoffers uit arme landen zal komen. En de kinderen die niet sterven zullen veel meer kans hebben om in hun groei te worden belemmerd, en zich dus lichamelijk of geestelijk niet volledig te ontwikkelen.

Uiteindelijk zal de ergste invloed van klimaatverandering in arme landen zijn dat de gezondheid achteruitgaat, er meer ondervoeding voorkomt en er meer mensen zullen overlijden. Dus moeten we de armste mensen helpen met het verbeteren van hun gezondheid. Ik zie twee manieren om dat te doen.

Ten eerste moeten we de kans vergroten dat ondervoede kinderen zullen overleven. Dat betekent het verbeteren van het basisgezondheidszorgstelsel, extra inzetten op malariapreventie en doorgaan met het verschaffen van vaccins tegen ziekten als diarree en longontsteking. Hoewel al deze dingen door COVID-19 ongetwijfeld lastiger worden, is er heel veel bekend over hoe ze gerealiseerd kunnen worden; het vaccinatieprogramma GAVI, dat sinds 2000 13 miljoen doden heeft voorkomen, geldt als een van de grootste verdiensten van de mensheid.[96] (De bijdrage van de Gates Foundation aan deze wereldwijde onderneming is een van de prestaties waar we het meest trots op zijn.) We kunnen dit proces niet door de klimaatverandering teniet laten doen. We zullen het zelfs moeten versnellen en vaccins moeten ontwikkelen tegen andere ziekten, waaronder hiv, malaria en tuberculose, en ervoor moeten zorgen dat iedereen die ze nodig heeft ze krijgt.

Naast het redden van het leven van ondervoede kinderen moeten we er allereerst voor zorgen dat er minder kinderen ondervoed raken. Met de groei van de bevolking zal de vraag naar voedsel in gebieden op aarde waar de meeste armen wonen waarschijnlijk verdubbelen of verdrievoudigen. Dus moeten we arme boeren steunen bij het verbouwen van meer voedsel, zelfs als er droogte heerst of er overstromingen zijn. In de volgende sectie zal ik hier meer over zeggen.

Ik breng veel tijd door met mensen die toezien op de budgetten van rijke landen voor buitenlandse hulp. Zelfs sommige heel goedbedoelende hebben me het volgende verteld: 'In het verleden betaalden we voor vaccins. Nu moeten we ons hulpbudget klimaatgevoelig maken.' Daarmee bedoelen ze dat ze Afrika helpen met het verminderen van de uitstoot van de broeikasgassen.

Dan reageer ik daar als volgt op: 'Verminder de uitgaven voor vaccinaties alsjeblieft niet om elektrische auto's te kopen. Afrika is slechts voor 2 procent van de wereldwijde uitstoot verantwoordelijk. Eigenlijk zou u daar de *aanpassing* moeten financieren. We kunnen de armen het beste helpen zich aan de klimaatverandering aan te passen door ervoor te zorgen dat ze gezond genoeg zijn om die te kunnen overleven. En het ondanks de klimaatverandering goed te doen.'

Je hebt waarschijnlijk nooit van de CGIAR gehoord.* Dat had ik ook niet, tot een jaar of tien geleden, toen ik me ging verdiepen in de problemen waar boeren in arme landen mee werden geconfronteerd. Uit wat ik heb gezien, is er geen enkele organisatie die meer heeft gedaan dan de CGIAR om ervoor te zorgen dat gezinnen, vooral de armste, over voedzaam eten beschikken. En geen enkele andere organisatie bevindt zich in een betere positie om voor vernieuwingen te zorgen waarmee arme boeren worden geholpen om zich in de komende jaren aan de klimaatverandering aan te passen.

De CGIAR is de grootste landbouwkundige onderzoeksgroep van de wereld: het komt erop neer dat deze organisatie bijdraagt aan het verbeteren van planten en het genetisch verbeteren van dieren. Norman Borlaug (uit hoofdstuk 6) heeft zijn grensverleggende werk aan tarwe, dat de groene revolutie ontketende, in een CGIAR-laboratorium in Mexico verricht. Geïnspireerd door het voorbeeld van Borlaug ontwikkelden andere onderzoekers van de CGIAR een vergelijkbare rijst met een hoge opbrengst, bestand tegen ziekten, en in de daaropvolgende jaren droeg het werk van de groep aan vee, aardappelen en mais bij aan het terugbrengen van armoede en het verbeteren van voeding.

Het is bijzonder jammer dat de CGIAR niet bij meer mensen bekend is, al hoeft dat nauwelijks te verbazen. Zo wordt de naam vaak per ongeluk aangezien voor het Engelse woord voor 'sigaar', wat een

* De CGIAR begon als de Consultancy Group for International Agricultural Research. Je zult begrijpen waarom de organisatie uiteindelijk de afkorting is gaan gebruiken.

link met de tabaksindustrie suggereert. (Een link die er niet is.) En wat ook niet helpt, is dat de CGIAR niet één enkele organisatie is, maar een netwerk van vijftien onafhankelijke onderzoekscentra, waarvan de meeste zelf weer een acroniem als naam hebben. Tot de lijst behoren CIFOR, ICARDA, CIAT, ICRISAT, IFPRI, IITA, ILRI, CIMMYT, CIP, IRRI, IWMI en ICRAF.

Ondanks de neiging tot het scheppen van een letterbrij, zal de CGIAR onmisbaar zijn voor het creëren van nieuwe klimaatbestendige gewassen en vee voor de arme boeren op aarde. Een van mijn favoriete voorbeelden is het werk aan droogtebestendige mais.

Hoewel de maisoogsten in Sub-Saharaans Afrika kleiner zijn dan waar ook ter wereld, zijn meer dan 200 miljoen huishoudens er voor hun levensonderhoud nog altijd van afhankelijk. En omdat de weerpatronen grilliger zijn geworden, is de kans toegenomen dat de boeren een kleinere oogst hebben, en soms helemaal geen oogst.

Dus hebben de specialisten van de CGIAR tientallen nieuwe maisvarianten ontwikkeld die de droge omstandigheden aankunnen, allemaal aangepast aan de teelt in specifieke gebieden in Afrika. Aanvankelijk durfden veel kleinschalige boeren de nieuwe gewasvarianten niet uit te proberen. Dat was begrijpelijk: als je je kost bijeen moet scharrelen, sta je niet te springen om een risico te nemen met maiskorrels die je nog niet eerder hebt gezaaid, want als ze afsterven, heb je niets om op terug te vallen. Maar toen de experts met de plaatselijke boeren en zaaddistributeurs samenwerkten om de voordelen van deze nieuwe varianten uit te leggen, gingen steeds meer mensen ze gebruiken.

Door de resultaten is het leven voor veel gezinnen volledig veranderd. Zo waren de boeren in door de droogte getroffen gebieden in Zimbabwe in staat om per hectare 600 kilo mais meer te oogsten dan de boeren die conventionele varianten gebruikten. Van de toename alleen al kan een flink gezin vele maanden eten. Boerengezinnen die besloten hun oogst te verkopen, verdienden voldoende extra geld om hun kinderen naar school te sturen en in andere huishoudelijke behoeften te voorzien. De aan de CGIAR verbonden experts zijn ook andere maisvarianten gaan ontwikkelen die goed op slechte bodems groeien, bestand zijn tegen ziekten, plagen of onkruid, de oogst tot 30 procent vergroten en bijdragen aan de bestrijding van ondervoeding.

En we hebben het niet alleen over mais. Dankzij de inspanningen van de CGIAR verspreiden zich in India, waar door de klimaatverandering tijdens het regenseizoen vaker droogten ontstaan, in hoog tempo nieuwe soorten rijst die beter tegen droogte bestand zijn. Ook heeft de CGIAR een rijstsoort ontwikkeld – met de slimme bijnaam '*scuba*'-rijst – die twee weken onder water kan overleven. Over het algemeen reageren rijstplanten op overstromingen door hun bladeren uit te strekken om boven het water uit te komen; staan ze lang genoeg onder water, dan besteden ze daar al hun energie aan, om vervolgens aan uitputting dood te gaan. Scuba-rijst heeft dat probleem niet: die bevat een gen dat SUBI wordt genoemd, dat bij een overstroming in werking treedt en de plant in een slaaptoestand brengt, zodat hij zich niet uitstrekt, tot het water zakt.

De CGIAR is niet alleen op nieuw zaad gericht. De wetenschappers hebben ook een smartphone-app gemaakt waarmee boeren de camera op hun telefoon kunnen gebruiken om specifieke plagen en ziekten te identificeren die de cassave aantast. In Afrika is de cassave een belangrijk commercieel gewas. De CGIAR heeft ook programma's gemaakt voor drones en bodemsensoren waarmee boeren kunnen nagaan hoeveel water en kunstmest hun gewassen nodig hebben.

Arme boeren hebben behoefte aan meer van dit soort ontwikkelingen, maar om erin te voorzien, hebben de CGIAR en andere landbouwonderzoekers meer geld nodig. Het landbouwonderzoek heeft een chronisch tekort aan geld. In feite is het verdubbelen van de financiering van de CGIAR, zodat die meer landbouwers kan bereiken, een van de belangrijkste aanbevelingen van de Global Commission on Adaptation (Wereldcommissie voor de Aanpassing),[97] waaraan ik samen met de voormalige secretaris-generaal van de VN Ban

Dit is een rijstveld met scuba-rijst, die een twee weken durende overstroming kan overleven, een voordeel dat nog belangrijker zal zijn nu er vaker overstromingen zullen plaatsvinden.[98]

Ki-moon en de voormalige CEO van de Wereldbank Kristalina Georgieva leidinggeef.* Geen haar op mijn hoofd twijfelt eraan dat het geld welbesteed is: elke aan CGIAR-onderzoek bestede dollar genereert ongeveer 6 dollar winst. Warren Buffett zou zijn rechterarm ervoor overhebben als hij een investering kon doen die zes tegen één opleverde, en daarbij ook nog eens levens redde.

Los van het helpen van kleinschalige boeren bij het vergroten van de opbrengst van hun oogst, komt onze commissie met drie andere aanbevelingen op het gebied van de landbouw:

Help boeren met het beheersen van de risico's van chaotischer weer. Overheden kunnen boeren bijvoorbeeld helpen met het verbouwen van een grotere variëteit aan gewassen en het houden van meer soorten vee, zodat ze niet door een enkele terugslag worden uitgeschakeld. Ook zouden overheden onderzoek moeten doen naar het verbeteren van sociale voorzieningen en moeten zorgen voor een op het weer gebaseerde landbouwverzekering die kan bijdragen aan het herstel van verliezen.

Concentreer je op de kwetsbaarste mensen. Vrouwen vormen niet de enige groep kwetsbare mensen, maar wel de grootste. Om allerlei redenen – culturele, politieke en economische – hebben vrouwelijke boeren het nog zwaarder dan mannelijke. Zo kunnen ze soms geen rechten op grond doen gelden, niet evenveel toegang tot water krijgen, niet aan geld komen om kunstmest te kopen, of hebben ze zelfs geen toegang tot een weersverwachting. Dus moeten

* De commissie wordt begeleid door 34 commissarissen, onder wie leidinggevenden uit overheden, het bedrijfsleven, non-profitorganisaties en de wetenschappelijke gemeenschap; en 19 samenkomende landen die alle regio's van de wereld vertegenwoordigen. Een wereldwijd netwerk van onderzoekspartners en adviseurs steunt de commissie. Zij wordt mede bestuurd door het Global Center of Adaptation en het World Resources Institute.

we dingen doen zoals het bevorderen van de eigendomsrechten van vrouwen, en technische adviezen speciaal op hen afstemmen. Dat kan enorm veel opleveren: uit een onderzoek van een VN-instantie bleek dat als vrouwen over evenveel geld konden beschikken als mannen, ze 20 tot 30 procent meer voedsel op hun boerderijen zouden verbouwen en het aantal hongerende mensen op de wereld met 12 tot 17 procent zou afnemen.[99]

Zorg dat de klimaatverandering meeweegt bij beleidsbeslissingen. Er is heel weinig geld beschikbaar voor steun aan boeren bij het aanpassen; slechts een heel klein deel van de 500 miljard dollar die overheden tussen 2014 en 2016 uitgaven aan landbouw was gericht op activiteiten die de klap van de klimaatverandering voor de armen zal verzachten. Overheden zouden met beleid en initiatieven moeten komen om boeren bij te staan bij het terugbrengen van hun uitstoot terwijl ze tegelijkertijd meer voedsel verbouwen.

Kortom: de rijke mensen en mensen met een middeninkomen veroorzaken het grootste deel van de klimaatverandering. De armste mensen doen minder dan ieder ander om het probleem te veroorzaken, maar zullen er het meest onder te lijden hebben. Ze hebben recht op hulp van de wereld, en daar hebben ze meer van nodig dan ze krijgen.

Door mijn werk aan de bestrijding van wereldwijde armoede heb ik de afgelopen twintig jaar veel geleerd over het lot van arme boeren en de impact die klimaatverandering op hen zal hebben. Hieruit is ook een passie van mij voortgekomen, omdat ik meer te weten wil komen over de fascinerende wetenschap achter plantenveredeling.

Maar tot voor kort had ik nog weinig stilgestaan bij de andere stukjes van de aanpassingspuzzel, zoals wat steden zouden moeten doen of wat de gevolgen voor ecosystemen zullen zijn. De laatste tijd ben ik echter door mijn werk met de eerdergenoemde commissie voor de aanpassing in de gelegenheid geweest hier nader op in te gaan. Hieronder vertel ik over enkele van de inzichten die ik via de commissie heb gekregen – geïnformeerd door tientallen specialisten uit de wetenschap, overheidsbeleid, het bedrijfsleven en andere sectoren – om je een idee te geven van wat er nog meer nodig is voor de aanpassing aan een warmer klimaat.

In het algemeen kun je denken aan het aanpassen in drie fasen. De eerste betreft het verminderen van de risico's die door klimaatverandering ontstaan, onder andere door het klimaatbestendig maken van gebouwen en andere infrastructuur, het beschermen van waterrijke natuurgebieden als bolwerk tegen overstromingen, en – zo nodig – het stimuleren van mensen om permanent te vertrekken uit gebieden die niet langer leefbaar zijn.

De tweede fase betreft het voorbereiden en reageren op noodsituaties. We moeten de weersverwachtingen blijven verbeteren, evenals de waarschuwingssystemen voor het verschaffen van informatie over stormen. En als er een ramp plaatsvindt, hebben we goed uitgeruste en getrainde teams van eerstehulpverleners nodig en een systeem voor de omgang met tijdelijke evacués.

De derde fase betreft de herstelperiode na een ramp. We zullen plannen moeten maken voor voorzieningen voor mensen die ontheemd zijn – denk aan de gezondheidszorg en het onderwijs – en met een verzekering moeten komen die mensen van alle inkomensniveaus helpt bij de wederopbouw, en met normen die ervoor zorgen dat alles wat er weer wordt opgebouwd beter tegen het klimaat bestand zal zijn dan wat er eerst was.

Hier volgen vier hoofdpunten voor de aanpassing:

Steden moeten de manier waarop ze groeien veranderen. Meer dan de helft van de wereldbevolking woont in stedelijke gebieden – dat aandeel zal in de komende jaren toenemen – en die zijn verantwoordelijk voor meer dan driekwart van de wereldeconomie. Als ze zich uitbreiden, gaan veel van de snelst groeiende steden ertoe over om te bouwen in uiterwaarden, bossen en waterrijke natuurgebieden die het stijgende water tijdens een storm kunnen opnemen of tijdens een droogte voorraden water kunnen vasthouden.

Alle steden zullen door de klimaatverandering worden geraakt, maar de kuststeden zullen de grootste problemen ondervinden. Honderden miljoenen mensen kunnen worden gedwongen hun woning te verlaten als de zeespiegel stijgt en stormvloeden erger worden. Halverwege deze eeuw zullen de kosten van klimaatverandering voor alle kuststeden meer dan 1 miljard dollar bedragen... per jaar. Het zou een understatement zijn als je zegt dat dit de problemen zal verergeren waarmee de meeste steden al worstelen – armoede, dakloosheid, gezondheidszorg en onderwijs.

Wat kun je doen om een stad klimaatbestendig te maken? Om te beginnen hebben stadsplanners behoefte aan de laatste gegevens over de klimaatrisico's en ramingen van computermodellen die de impact van de klimaatverandering voorspellen. (Op dit moment beschikken veel stadsbestuurders in ontwikkelingslanden nog niet eens over eenvoudige kaarten om aan te wijzen welke gebieden van de stad het meeste risico op overstroming lopen.) Gewapend met de laatste informatie kunnen ze betere beslissingen nemen over hoe ze hun wijken en bedrijfsterreinen plannen, dijken bouwen of versterken, zich tegen de zwaarder wordende stormen beschermen, waterafvoersystemen verbeteren en kades verhogen zodat ze boven het stijgende water uit blijven steken.

Heel specifiek: als je een brug bouwt over de plaatselijke rivier, moet die dan vier of zes meter hoog worden? De hogere zal op de korte termijn duurder zijn, maar als je weet dat de kans groot is dat er de komende tien jaar een enorme overstroming zal plaatsvinden, dan zou de hogere optie weleens de slimmere keuze kunnen zijn. Je kunt beter eenmaal een duurdere brug bouwen dan tweemaal een goedkopere.

En het gaat niet alleen over het renoveren van de infrastructuur die de steden al hebben; klimaatverandering zal ons ook dwingen om over volledig nieuwe behoeften na te denken. Zo zullen steden met extreem hete dagen en veel inwoners die zich geen airconditioning kunnen veroorloven verkoelingscentra moeten bouwen – voorzieningen waar mensen naartoe kunnen gaan om aan de warmte ontsnappen. Helaas zal het gebruik van meer airconditioners ook betekenen dat we meer broeikasgassen zullen uitstoten, nog een reden waarom de vooruitgang in de verkoeling die ik in hoofdstuk 8 heb besproken zo belangrijk is.

We zullen onze natuurlijke verdediging moeten steunen. Bossen slaan water op en reguleren het. Waterrijke natuurgebieden voorkomen overstromingen en verschaffen water aan boeren en steden. Koraalriffen vormen een leefomgeving voor de vissen waar kustgemeenschappen voor hun voedsel van afhankelijk zijn. Maar deze en andere natuurlijke verdedigingswerken tegen klimaatverandering verdwijnen in hoog tempo. Alleen al in 2018 is ongeveer 36.000 vierkante kilometer oerbos vernietigd, en als – zoals waarschijnlijk is – de temperatuur twee graden stijgt, zullen de meeste koraalriffen in de wereld sterven.

Aan de andere kant levert het herstel van ecosystemen enorm veel op. De watervoorzieningen in de grootste steden van de wereld zouden 890 miljoen dollar per jaar kunnen besparen door bossen en waterscheidingen te herstellen. Veel landen lopen hier al mee voorop: in Niger heeft een lokaal herbebossingsinitiatief onder leiding van boeren geleid tot een grotere opbrengst van de oogst, meer bomen en een afname van de hoeveelheid tijd die vrouwen besteden aan het verzamelen van brandhout, van drie uur per dag tot dertig minuten. China heeft ongeveer een kwart van zijn grondgebied bestempeld als belangrijk natuurbezit, waar de bescherming en het behoud van het ecosysteem prioriteit zullen krijgen. Mexico beschermt een derde deel van zijn stroomgebieden van rivieren om de watervoorziening voor 45 miljoen mensen te behouden.

Als we op deze voorbeelden kunnen voortbouwen, zal het bewustzijn over hoeveel ecosystemen ertoe doen toenemen, zullen er meer landen volgen en zullen we profiteren van een natuurlijke verdediging tegen de klimaatverandering.

Het planten van mangrovebomen is een heel goede investering. Ze dragen bij aan het voorkomen van verliezen van 80 miljard dollar per jaar door overstromingen.

Er is, bij wijze van spreken, meer laaghangend fruit: mangrovebossen. Mangrovebomen zijn lage bomen die langs de kusten groeien en aangepast zijn aan het leven in zout water. Ze verminderen stormvloeden, voorkomen het overstromen van de kust en beschermen de leefgebieden van vissen. In totaal dragen mangroves wereldwijd bij aan het vermijden van 80 miljard dollar aan verliezen door overstromingen, en in andere opzichten besparen ze voor vele miljarden dollars meer. De aanplant van mangroves is veel goedkoper dan de aanleg van golfbrekers, en de bomen verbeteren ook nog eens de waterkwaliteit. Ze zijn een zeer goede investering.

We zullen meer drinkwater nodig hebben dan we kunnen leveren. Omdat meren en grondwaterlagen krimpen of vervuild raken, wordt het lastiger om iedereen van drinkwater te voorzien. De meeste megasteden op aarde hebben al ernstige tekorten, en als er niets verandert, zal het aantal mensen dat minstens eenmaal per maand niet genoeg fatsoenlijk drinkwater kan krijgen met meer dan een derde toenemen, tot boven de vijf miljard mensen.

Hier kunnen we iets van de technologie verwachten. We weten al hoe we zout uit zeewater kunnen halen en het drinkbaar kunnen maken, maar dat proces kost veel energie, net als het transporteren van het water vanuit de oceaan naar de ontziltingsinstallatie en van daaruit naar iedereen die het nodig heeft. (Dat betekent dat, zoals zo vaak, het waterprobleem uiteindelijk een energieprobleem is: met voldoende goedkope, schone energie zullen we net zoveel drinkwater kunnen maken als we nodig hebben.)

Een slim idee dat ik nadrukkelijk in de gaten houd, is het onttrekken van water aan de lucht. In wezen komt dat neer op een door zon aangedreven luchtontvochtiger met een geavanceerd filtersysteem, zodat je geen luchtvervuiling hoeft te drinken. Het systeem bestaat al, maar kost duizenden dollars, veel te veel voor de armen van de wereld, die het meest van de watertekorten te lijden zullen hebben.

Totdat een dergelijk idee betaalbaar wordt, moeten we praktische stappen zetten, prikkels geven die de vraag naar water doen afnemen en ons inspannen om de watervoorraad te vergroten. Daartoe behoort alles van het terugwinnen van afvalwater tot *just-in-time*-irrigatie, een systeem dat het watergebruik enorm vermindert, terwijl de opbrengsten van de boer toenemen.

Tot slot moeten we, om aanpassingsprojecten te betalen, nieuwe geldbronnen aanboren. Ik heb het niet over buitenlandse hulp voor ontwikkelingslanden – al zullen we ook die nodig hebben – maar over hoe overheidsgeld particuliere investeerders kan aantrekken en ervoor kan zorgen dat die achter aanpassingsprojecten gaan staan.

Het probleem dat we moeten oplossen, is het volgende: de kosten van de aanpassing worden vooraf betaald, maar het kan jaren duren voordat de economische voordelen zichtbaar worden. Je zou je bedrijf bijvoorbeeld nu bestand kunnen maken tegen een overstroming, terwijl het wel tien of twintig jaar kan duren voordat het door een zondvloed wordt getroffen. En als je bedrijf bestand is gemaakt tegen een overstroming, dan zal dat geen contant geld opleveren; de klanten zullen niet meer voor je producten betalen als je ervoor hebt gezorgd dat de riolering tijdens een overstroming niet je kelder in stroomt. Vandaar dat banken zullen aarzelen om je geld voor je project te lenen of dat ze meer rente zullen berekenen. In beide gevallen zul je een deel van de kosten zelf moeten opbrengen, en dan zou je eenvoudigweg kunnen besluiten om ervan af te zien.

Neem dit enkele voorbeeld en vertaal het naar de hele stad, de hele provincie of het hele land, en dan zul je begrijpen dat de overheid een rol moet spelen bij zowel het financieren van aanpassingsprojecten als het daarbij betrekken van de particuliere sector. We moeten ervoor zorgen dat aanpassing een aantrekkelijke investering wordt.

Dat begint met het vinden van manieren voor publieke en particuliere financiële markten om rekening te houden met de risico's van klimaatverandering en de kosten die daarmee gepaard gaan. Sommige overheden en bedrijven gaan al na welke klimaatrisico's er aan hun projecten kleven; dat zouden ze allemaal moeten doen. De overheden kunnen ook meer geld in de aanpassing steken, doelen stellen over hoeveel ze in de loop van de tijd zullen investeren, en een beleid voeren waarbij een deel van de risico's bij particuliere investeerders wordt weggehaald. Als duidelijker wordt dat aanpassingsprojecten lonend zijn, zouden de particuliere investeringen moeten toenemen.

Je vraagt je misschien af wat dit allemaal gaat kosten. Het is onmogelijk om een prijskaartje te verbinden aan alles wat er op de wereld moet gebeuren voor de aanpassing aan de klimaatverandering. Maar de commissie waar ik bij betrokken ben, heeft de kosten berekend voor vijf essentiële gebieden (realiseren van waarschuwingssystemen, bouwen van klimaatbestendige infrastructuur, vergroten van de oogstopbrengst, beheren van water en beschermen van mangroves) en geconcludeerd dat investeringen van 1,8 biljoen dollar tussen 2020 en 2030 meer dan 7 biljoen dollar zouden opbrengen. Om dat in perspectief te plaatsen: verspreid over een periode van tien jaar is dat ongeveer 0,2 procent van het mondiale bbp, met een bijna viervoudig rendement.

Je kunt de voordelen afmeten aan de nare dingen die niet gebeuren: er breken geen burgeroorlogen uit over waterrechten, er verdwijnen geen boeren door een droogte of overstroming, er worden geen steden vernietigd door orkanen en talloze mensen worden geen klimaatvluchteling. Of je kunt ze afmeten aan de goede dingen die wél gebeuren: kinderen die opgroeien met de voedingsstoffen die ze nodig hebben, gezinnen die ontsnappen aan de armoede en zich aansluiten bij de mondiale middenklasse, bedrijven, steden en landen die gedijen – ook al wordt het klimaat warmer.

Hoe je er ook over denkt, de economische grondslag is duidelijk, net als de morele grondslag. De afgelopen kwarteeuw is de extreme armoede sterk afgenomen, van 36 procent van de wereldbevolking in 1990 tot 10 procent in 2015, hoewel COVID-19 een grote tegenslag was, waardoor veel vooruitgang teniet werd gedaan.[100] Door klimaatverandering zou een nog groter deel van de vooruitgang teniet kunnen worden gedaan en het aantal mensen dat in extreme armoede leeft met 13 procent kunnen toenemen.

Degenen onder ons die het meest hebben gedaan om het probleem te veroorzaken, zouden de rest van de wereld moeten helpen om het te overleven. Dat zijn we hun verschuldigd.

Er zit nog een kant aan de aanpassing die veel meer aandacht verdient dan hij krijgt: we moeten ons voorbereiden op het slechtst denkbare scenario.

Klimaatwetenschappers hebben op veel omslagpunten gewezen die de snelheid waarmee het klimaat verandert enorm kunnen veranderen; bijvoorbeeld als de ijsachtige kristalstructuren op de bodem van de oceaan, die grote hoeveelheden methaan bevatten, onstabiel worden en het methaan plotseling vrijkomt. Dan zouden zich in relatief korte tijd overal op aarde rampen kunnen voordoen, waardoor onze pogingen om ons voor te bereiden op klimaatverandering en erop te reageren, kunnen worden overweldigd. En hoe meer de temperatuur stijgt, hoe waarschijnlijker het is dat we een omslagpunt bereiken.

Als het ernaar uitziet dat we zo'n omslagpunt naderen, dan zul je meer te horen krijgen over een reeks ingrijpende – sommigen zullen zeggen gestoorde – ideeën die onder de overkoepelende term *geo-engineering* vallen. Deze benaderingen zijn niet bewezen en gaan gepaard met lastige ethische vragen. Maar nu we ons nog de luxe van het bestuderen en bespreken kunnen veroorloven, zijn ze de moeite van het bestuderen en bespreken waard.

Geo-engineering is een geavanceerd gereedschap van het type: 'breek glas in noodsituatie'. Het komt erop neer dat je om de temperatuur van de planeet te verlagen tijdelijk veranderingen aanbrengt in de oceanen of in de atmosfeer. Deze veranderingen zouden niet zijn bedoeld om ons te ontslaan van de verantwoordelijkheid om de uitstoot te verminderen; ze zouden ons slechts tijd opleveren om daar gezamenlijk aan te werken.

Ik heb een aantal jaren enkele onderzoeken naar geo-engineering gefinancierd (vergeleken met het werk aan matiging en aanpassing dat ik steun, gaat het om beperkte bedragen). De meeste benaderingen van geo-engineering zijn gebaseerd op het idee dat we, om alle opwarming te compenseren die we hebben veroorzaakt door broeikasgassen aan de atmosfeer toe te voegen, de hoeveelheid zonlicht die de aarde bereikt met 1 procent moeten verminderen.*

* Dat wordt als volgt berekend: per vierkante meter neemt de aarde ongeveer 240 watt aan zonlicht op. Op dit moment bevat de atmosfeer genoeg kooldioxide om gemiddeld ongeveer 2 watt per vierkante meter meer op te nemen dan zou moeten. Dus zou het nodig zijn om de zon met 2 gedeeld door 240, of 0,83 procent, af te zwakken. Omdat de bewolking zich echter aan de geo-engineering zal aanpassen, zouden we de zon eigenlijk iets meer moeten afzwakken, tot ongeveer 1 procent van het invallende zonlicht. Als de hoeveelheid kooldioxide in de atmosfeer verdubbelt, zou die 4 watt per vierkante meter meer warmte opnemen dan zou moeten, en zouden we het dimmen tot ongeveer 2 procent moeten verdubbelen.

Dat kunnen we op verschillende manieren doen. Bij een daarvan worden uiterst kleine deeltjes, elk van slechts ongeveer een miljoenste deel van een centimeter in doorsnee, in de bovenste lagen van de atmosfeer verspreid. Wetenschappers weten dat deze deeltjes het zonlicht zullen verstrooien en voor verkoeling zullen zorgen, omdat ze dat al eens hebben zien gebeuren: als er een zeer krachtige vulkaanuitbarsting is, spuwt de vulkaan een vergelijkbaar type deeltjes uit en daalt de temperatuur op aarde.

Bij een andere benadering van geo-engineering worden wolken witter gemaakt. Omdat zonlicht door de bovenkant van wolken wordt verstrooid, zouden we meer zonlicht kunnen verstrooien en de aarde kunnen afkoelen door de wolken witter te maken met een zoute spray die ervoor zorgt dat ze meer licht verstrooien. En daar zou niet eens enorm veel bewolking voor nodig zijn; om een afname van 1 procent te krijgen, zouden we slechts een hoeveelheid wolken witter hoeven te maken die 10 procent van het aardoppervlak bedekt.

Er zijn nog meer manieren van geo-engineering; ze hebben drie dingen gemeen. Ten eerste zijn ze goedkoop in verhouding tot de schaal van het probleem en is er minder dan 10 miljard dollar aan voorfinanciering voor nodig, terwijl de uitvoeringskosten minimaal zijn. Ten tweede houdt het effect van de wolken ongeveer een week aan, zodat we de methode kunnen inzetten zolang dat nodig is en er vervolgens zonder langetermijngevolgen mee kunnen stoppen. En ten derde stellen de technische problemen waarmee deze ideeën te kampen zullen hebben niets voor vergeleken met de politieke hordes waar ze beslist op zullen stuiten.

Sommige critici beschouwen geo-engineering als een massaal experiment met de planeet, al wijzen voorstanders van geo-engineering erop dat we op aarde al met een massaal experiment bezig zijn door reusachtige hoeveelheden broeikasgassen uit te stoten.

De eerlijkheid gebiedt te zeggen dat we de potentiële invloed van geo-engineering op lokaal niveau beter moeten zien te begrijpen. Dat is een terechte zorg waar veel meer onderzoek naar zou moeten worden verricht voordat we ook maar overwegen om geo-engineering op grote schaal in de werkelijke wereld te testen. Daar komt bij dat, omdat de atmosfeer letterlijk een zaak van de hele wereld is, geen enkel land in zijn eentje kan besluiten om geo--engineering uit te proberen. Er is enige consensus nodig.

Op dit moment is het moeilijk voor te stellen dat de landen op de wereld het erover eens worden de temperatuur van de aarde op kunstmatige wijze te bepalen. Maar geo-engineering is de enige bekende manier waarmee we, zonder de economie plat te leggen, zouden kunnen hopen de temperatuur van de aarde binnen een paar jaar of zelfs een decennium te verlagen. Er kan een dag komen waarop we geen keuze hebben. Op die dag kunnen we ons maar beter nu voorbereiden.

HOOFDSTUK 10

WAAROM OVERHEIDSBELEID ERTOE DOET

In 1943, op het dieptepunt van de Tweede Wereldoorlog, daalde er een dikke laag rook op Los Angeles neer. Die was zo giftig dat de ogen van de bewoners ervan prikten en ze ervan gingen snotteren. Chauffeurs konden nog maar drie straten vooruitkijken. Sommige plaatselijke bewoners vreesden dat het Japanse leger de stad met chemische wapens had aangevallen.

Maar LA was niet aangevallen, in elk geval niet door een buitenlands leger. De werkelijke schuldige was de smog, ontstaan door een onfortuinlijke combinatie van luchtvervuiling en weersomstandigheden.

Een kleine tien jaar later werd ook Londen door smog lamgelegd, gedurende vijf dagen in december 1952. De bussen en ambulances reden niet meer. Het zicht was zo slecht, zelfs in afgesloten gebouwen, dat de bioscopen werden gesloten. Er werd geplunderd, omdat de politie nauwelijks verder dan een meter kon zien. (Als je een fan van de Netflix-serie *The Crown* bent, zoals ik, dan zul je je de aangrijpende aflevering in seizoen 1 nog wel herinneren die tijdens dit vreselijke incident speelt.) Wat tegenwoordig bekendstaat als de Great Smog van Londen kostte minstens vierduizend mensen het leven.

Door dit soort incidenten, in de jaren vijftig en zestig van de vorige eeuw, ging men zich in de Verenigde Staten en Europa zorgen maken over luchtvervuiling, en de beleidsmakers reageerden snel. In 1955 stelde het Congres geld beschikbaar voor onderzoek naar het probleem en mogelijke oplossingen. Een jaar later vaardigde de Britse regering de Clean Air Act uit, waarmee in het hele land zones werden vastgesteld waarin alleen schonere brandstoffen konden worden gebruikt. Zeven jaar later kwam de Amerikaanse Clean Air Act met het moderne regelsysteem voor de beheersing van de luchtvervuiling in de Verenigde Staten; het blijft de meest omvattende wet – en een van de invloedrijkste – voor de regulering van luchtvervuiling die de openbare gezondheid in gevaar kan brengen. In 1970 richtte president Nixon de Environmental Protection Agency op om te helpen met de uitvoering ervan.

Deze agent moest tijdens de Great Smog een fakkel gebruiken om het verkeer te regelen.

De Amerikaanse Clean Air Act deed wat ze hoorde te doen – giftige gassen uit de lucht halen – en sinds 1990 is het niveau van stikstofdioxide in de Amerikaanse uitstoot met 56 procent gedaald, die van koolmonoxide met 77 procent en die van zwaveldioxide met 88 procent. De Amerikaanse uitstoot bevat vrijwel geen lood meer. En hoewel er nog steeds werk te doen is, is dat allemaal gelukt terwijl onze economie en bevolking zelfs bleven groeien.

Maar je hoeft niet zo ver in de tijd terug te gaan om voorbeelden te vinden van hoe met slim beleid een probleem als luchtvervuiling kan worden opgelost. Ook nu gebeurt het. Als reactie op de toenemende smog in stedelijke gebieden en torenhoge hoeveelheden gevaarlijke stoffen die daar de lucht vervuilden, kwam China met ingang van 2014 met verschillende programma's. De overheid stelde nieuwe doelen voor het verminderen van de luchtvervuiling, verbood de bouw van nieuwe kolencentrales in de buurt van de meest vervuilde steden en stelde in de grote steden grenzen aan het rijden in niet-elektrische auto's. Binnen een paar jaar maakte Beijing melding van een afname van 35 procent van bepaalde soorten vervuiling, en Baoding, een stad met 11 miljoen inwoners, meldde een afname van 38 procent.

Hoewel luchtvervuiling nog altijd een belangrijke oorzaak van ziekten en sterfgevallen is – waarschijnlijk sterven er jaarlijks 7 miljoen mensen aan – heeft het beleid dat we ervoor hebben ontwikkeld ongetwijfeld voorkomen dat deze aantallen nog hoger zijn.* (Het heeft ook enigszins bijgedragen aan de afname van de uitstoot van broeikasgassen, al was dat oorspronkelijk niet de bedoeling.) Vandaag de dag laat het vooral zien dat de overheid een leidende rol zal moeten spelen bij het voorkomen van een klimaatramp.

Ik geef toe dat het woord 'beleid' een vaag, saai klinkend woord is. Een grote doorbraak, bijvoorbeeld een nieuw type batterij, zou sexyer zijn dan het beleid dat ertoe leidde dat een chemicus hem uitvond. Maar zo'n doorbraak zou niet eens worden bereikt zonder een overheid die belastinggeld uitgaf aan onderzoek, zonder beleid gericht op het uit het lab halen en op de markt brengen van dat

* Bosbranden, zoals de branden die in 2020 huishielden in het westen van de Verenigde Staten, zijn een ander, maar hiermee verband houdend probleem. Door de rook van de branden van 2020 was het voor miljoenen mensen niet veilig om naar buiten te gaan.

onderzoek, en regelgeving die markten schiep en het gemakkelijk maakte om de batterij op grote schaal in gebruik te nemen.

In dit boek heb ik nadruk gelegd op de uitvindingen die we nodig hebben om nul te halen – nieuwe manieren om elektriciteit op te slaan, staal te maken, enzovoort – maar innovatie is niet alleen een kwestie van het ontwikkelen van nieuwe apparaten. Het is ook een kwestie van het ontwikkelen van nieuw beleid, zodat we de uitvindingen zo snel mogelijk kunnen demonstreren en in de markt zetten.

Gelukkig beginnen we bij het ontwikkelen van dit beleid niet bij nul. We hebben heel veel ervaring met het reguleren van energie. In feite is het energiewezen een van de meest gereguleerde sectoren van de economie, zowel in de Verenigde Staten als elders in de wereld. Behalve schonere lucht hebben we het volgende aan slim beleid te danken:

Elektrificatie. In 1910 had slechts 12 procent van de Amerikanen elektriciteit in zijn woning. In 1950 was dat meer dan 90 procent, dankzij inspanningen als de federale financiering van dammen, het instellen van federale instanties om de energie te reguleren en een heel groot overheidsproject om plattelandsgebieden van elektriciteit te voorzien.

Energiezekerheid. In reactie op de oliecrisissen van de jaren zeventig van de vorige eeuw hebben de Verenigde Staten de binnenlandse productie van verschillende energiebronnen opgevoerd. In 1974 begon de federale overheid haar eerste grote ondezoeks- en ontwikkelingsprojecten. Het daaropvolgende jaar kwam er uitgebreide wetgeving voor het besparen van energie, waaronder brandstofnormen voor auto's. Twee jaar later werd het ministerie van Energie in het leven geroepen. Vervolgens stortten in de jaren tachtig de olieprijzen in en hielden we op met veel van deze inspanningen, totdat de prijzen in het eerste decennium van de eenentwintigste eeuw weer stegen, wat leidde tot een nieuwe golf investeringen en reguleringen. Als gevolg van deze en andere inspanningen exporteerde Amerika in 2019 voor het eerst in zeventig jaar meer energie dan het importeerde.[101]

Economisch herstel. Na de Grote Recessie van 2008 schiepen overheden banen en stimuleerden ze de investeringen door geld te steken in duurzame energie, energie-efficiëntie, elektrische infrastructuur en spoorwegen. In 2008 kwam China met een economisch stimuleringspakket van 584 miljard dollar, waarvan een groot deel naar groene projecten ging. In 2009 maakte de American Recovery and Reinvestment Act gebruik van belastingvrijstellingen, federale subsidies, leengaranties en financiering van onderzoek en ontwikkeling om de economie te ondersteunen en de uitstoot te verminderen. Dat was de op een na grootste investering in schone energie en energie-efficiëntie in de Amerikaanse geschiedenis, maar het was een eenmalige inbreng, geen blijvende beleidsverandering.

Nu is het moment aangebroken om onze beleidservaringen in te zetten voor de huidige uitdaging: het tot nul terugbrengen van onze broeikasuitstoot.

Leiders van de landen in de hele wereld zullen een visie moeten formuleren over hoe de mondiale economie de overstap naar uitstootvrij zal maken. Op haar beurt kan die visie een leidraad vormen voor wat mensen en bedrijven in de hele wereld doen. Overheidsfunctionarissen kunnen regels schrijven over hoeveel CO_2 elektriciteitscentrales, auto's en fabrieken mogen uitstoten. Ze kunnen regelgeving aannemen die de financiële markten vormgeven en de risico's van de klimaatverandering aan de particuliere en publieke sectoren verduidelijken. Ze kunnen de belangrijkste investeerders in wetenschappelijk onderzoek zijn, zoals ze dat nu zijn, en de regels schrijven die bepalen hoe snel nieuwe producten op de markt kunnen komen. En ze kunnen helpen met het oplossen van enkele problemen die de markt niet zelf kan oplossen, inclusief dat van de verborgen kosten die CO_2-uitstotende producten aan het milieu en de mensen opleggen.

Veel van deze beslissingen worden op nationaal niveau genomen, maar ook overheden op staats- en lokaal niveau spelen een grote rol. In veel landen reguleren overheden op een lager dan nationaal niveau de elektriciteitsmarkt en bepalen ze de normen voor het energiegebruik in gebouwen. Ze plannen enorme bouwprojecten, zoals dammen, transportsystemen, bruggen en wegen, en bepalen waar deze projecten worden gebouwd en met welke materialen. Ze kopen politie- en brandweerwagens, schoolmaaltijden en lampen. Bij elke stap zal iemand moeten besluiten of er groene alternatieven worden gekozen.

Het lijkt misschien ironisch dat ik oproep tot meer overheidsinterventie. Toen ik Microsoft opbouwde, hield ik afstand van de beleidsmakers in Washington DC en andere plekken op de wereld, in de veronderstelling dat ze alleen maar zouden voorkomen dat we ons werk op de beste manier konden doen.

Voor een deel ben ik door het antitrust-proces tegen Microsoft aan het eind van de jaren negentig gaan beseffen dat we er altijd al beleidsmakers bij hadden moeten betrekken. Ik weet ook dat we bij enorme ondernemingen, of het nu het aanleggen van een nationaal snelwegsysteem is, het vaccineren van de kinderen op de hele wereld of het uitstootvrij maken van de mondiale economie, de overheid nodig hebben om een grote rol te spelen bij het geven van de juiste prikkels en om ervoor te zorgen dat het gehele systeem voor iedereen zal werken.

Natuurlijk zullen bedrijven en individuen ook hun bijdrage moeten leveren. In de hoofdstukken 11 en 12 stel ik een plan voor om bij nul uit te komen, met specifieke stappen die overheden, bedrijven en individuen kunnen zetten. Maar omdat overheden zo'n grote rol spelen, wil ik eerst zeven doelstellingen op een overkoepelend niveau voorstellen waar ze zich op zouden moeten richten.

1. Denk aan de investeringskloof

De eerste magnetron kwam in 1955 op de markt. Hij kostte, omgerekend naar de huidige koers, bijna 12.000 dollar. Tegenwoordig kunnen we voor 50 dollar een perfect exemplaar kopen.

Waarom zijn magnetrons zo goedkoop geworden? Omdat het voor consumenten meteen duidelijk was dat ze iets wilden hebben wat eten op kon warmen in een fractie van de tijd die een conventionele oven erover deed. De verkoop van magnetrons nam snel toe, waardoor de concurrentie op de markt werd gestimuleerd, wat leidde tot de productie van steeds goedkopere apparaten.

Werkte de energiemarkt maar op dezelfde manier. Elektriciteit is iets anders dan een magnetron, waarbij het product met de beste eigenschappen overwint. Een vervuilend elektron zal je verlichting echter even goed laten branden als een schoon. Als gevolg hiervan zal er zonder beleidsinterventie – zoals het koppelen van een prijs aan CO_2 of normen die voorschrijven dat er een bepaalde hoeveelheid uitstootvrije elektronen op de markt komt – geen garantie zijn dat een bedrijf dat investeert in schone elektronen ook werkelijk geld verdient. Terwijl er een behoorlijk risico aan is verbonden, omdat energie zo'n uiterst gereguleerde en kapitaalintensieve sector is.

Daarom zul je begrijpen dat de particuliere sector systematisch te weinig investeert in onderzoek en ontwikkeling van energie. Bedrijven in de energiesector besteden daar gemiddeld maar 0,3 procent van hun inkomsten aan. In de elektronica- en farmaceutische sector is dat heel anders: daar gaat het respectievelijk om 10 en 13 procent.

We zullen overheidsbeleid en -financiering nodig hebben om het gat te dichten, waarbij onderzoek en ontwikkeling zich vooral moeten richten op die gebieden waar we nieuwe uitstootvrije technologieën moeten uitvinden. Als een idee zich in een beginstadium bevindt – als we niet zeker weten of het zal werken en het succes langer op zich zal laten wachten dan banken en durfkapitaalverstrekkers willen – kan er met het juiste beleid en de juiste financiering voor worden gezorgd dat het volledig wordt onderzocht. Het zou een grote doorbraak kunnen zijn, maar het zou ook kunnen mislukken, dus moeten we wat regelrechte fiasco's toestaan.

Over het algemeen is het aan de overheid om in onderzoek en ontwikkeling te investeren als de particuliere sector dat niet doet omdat die niet ziet hoe het geld kan opleveren. Als eenmaal duidelijk wordt hoe een bedrijf geld kan verdienen, neemt de particuliere sector het over. In feite is dat precies de manier waarop we aan producten zijn gekomen die je waarschijnlijk dagelijks gebruikt, waaronder het internet, levensreddende medicijnen en het gps-systeem waar je smartphone gebruik van maakt bij het vinden van de weg in de stad. De hele wereld van de personal computer, waaronder Microsoft, zou nooit zo succesvol zijn geweest als de Amerikaanse overheid geen geld had gestoken in onderzoek naar kleinere, snellere microprocessors.

In sommige sectoren, zoals in de digitale technologie, gaat de doorstroming van overheid naar bedrijf relatief snel. Maar met duurzame energie duurt het veel langer en is er nog meer financiële betrokkenheid van de overheid nodig, omdat het wetenschappelijke en technische werk zo tijdrovend en duur is.

Investeren in onderzoek heeft nog een voordeel: er kunnen in een land bedrijven door ontstaan die hun producten naar andere landen exporteren. Zo zou land 1 een goedkope elektrobrandstof kunnen maken, die aan zijn eigen bevolking wordt verkocht maar ook naar land 2 geëxporteerd. Zelfs als land 2 anders geen ambitie heeft om zijn uitstoot te verminderen, zal het dat uiteindelijk doen, gewoon omdat iemand anders een betere, goedkopere brandstof heeft uitgevonden.

Hoewel onderzoek en ontwikkeling op zichzelf al nuttig zijn, is het ten slotte uiterst effectief wanneer je ze koppelt aan prikkels van de vraagkant. Geen enkel bedrijf zal het nieuwe idee waarover in een wetenschappelijk tijdschrift is gepubliceerd in een product vertalen als het er geen vertrouwen in heeft dat het er bereidwillige kopers voor zal vinden, vooral in de beginstadia, als het product duur zal zijn.

2. Gelijk speelveld

Zoals ik keer op keer heb benadrukt (wellicht tot vervelens toe), moeten we de groene meerprijs tot nul reduceren. Voor een deel kunnen we dat voor elkaar krijgen met de vernieuwingen die ik in hoofdstuk 4 tot en met 8 heb beschreven, bijvoorbeeld door het goedkoper te maken om uitstootvrij staal te produceren. Maar we kunnen de kosten van brandstoffen ook laten stijgen door de schade die ze aanrichten door te berekenen in de prijs die we ervoor betalen.

Als bedrijven tegenwoordig producten maken of als consumenten iets kopen, betalen ze niets extra voor het daarbij betrokken CO_2, ook al brengt dat CO_2 wel degelijk kosten voor de samenleving met zich mee. De niet in de prijs doorberekende kosten worden gedragen door de samenleving en niet door de personen of bedrijven die er verantwoordelijk voor zijn. Er zijn verschillende manieren, waaronder een CO_2-belasting of een systeem met verhandelbare emissierechten, om ervoor te zorgen dat ten minste een deel van deze externe, niet in de prijs doorberekende kosten worden betaald door wie er ook verantwoordelijk voor is.

Kortom, we kunnen de groene meerprijs verlagen door uitstootvrije dingen goedkoper te maken (waar technische vernieuwing voor nodig is), door CO_2 uitstotende dingen duurder te maken (waar beleidsvernieuwing voor nodig is) of door van beide wat te doen. Het idee is niet om mensen voor hun broeikasgassen te bestraffen; het gaat erom een prikkel te creëren voor uitvinders om concurrerende uitstootvrije alternatieven te maken. Door de prijs voor CO_2 steeds verder te verhogen teneinde de werkelijke kosten ervan uit te drukken, kunnen overheden producenten en consumenten een zetje geven in de richting van efficiëntere beslissingen en de innovatie stimuleren die de groene meerprijs doet dalen. De kans is veel groter dat je zult proberen om een nieuw soort elektrobrandstof uit te vinden als je weet dat die niet door kunstmatig goedkoop gehouden fossiele brandstoffen zal worden weggeconcurreerd.

3. Barrières overwinnen die niet met de markt te maken hebben

Waarom aarzelen huizenbezitters om hun met fossiele brandstof gestookte verwarmingsketels weg te doen, in ruil voor minder uitstotende elektrische exemplaren? Omdat ze de alternatieven niet kennen, er onvoldoende gekwalificeerde dealers en installateurs zijn om ze te leveren en het op sommige plekken zelfs illegaal is.

Waarom plaatsen verhuurders geen efficiëntere apparaten in hun gebouwen? Omdat ze de energierekeningen doorgeven aan hun huurders, die de vernieuwing vaak niet mogen doorvoeren en die er trouwens waarschijnlijk toch niet lang genoeg wonen om van de voordelen op de lange termijn te profiteren.

Je zult begrijpen dat geen van deze barrières veel met de kosten te maken heeft. Ze zijn voornamelijk het gevolg van een gebrek aan informatie, of aan voldoende opgeleid personeel, of aan prikkels – allemaal gebieden waar het juiste overheidsbeleid een groot verschil kan maken.

4. Blijf bij de tijd

Soms is de grote barrière niet het consumentenbewustzijn of de verstoorde markt. Soms komt het door overheidsbeleid zelf dat het lastig is om uitstootvrij te worden.

Als je bijvoorbeeld beton in een gebouw wilt gebruiken, schrijven de bouwvoorschriften tot in detail voor aan welke eisen dat beton moet voldoen, hoe sterk het moet zijn, hoeveel gewicht het moet kunnen dragen, enzovoort. Misschien schrijven ze zelfs precies voor wat de chemische samenstelling moet zijn van het te gebruiken beton. Vaak sluiten dit soort normen cement met een lage uitstoot uit, zelfs als het aan alle gebruikseisen voldoet.

Niemand wil dat gebouwen of bruggen instorten door slecht beton. Maar we kunnen ervoor zorgen dat de normen de laatste ontwikkelingen in de industrie weerspiegelen en rekening houden met de dringende noodzaak om de nul te halen.

5. Maak een planning voor een rechtvaardige transitie

Zo'n massale overgang naar een CO_2-neutrale economie gaat gepaard met winnaars en verliezers. In de Verenigde Staten zullen de staten met een economie die zwaar leunt op het boren naar fossiele brandstoffen – bijvoorbeeld Texas en North Dakota – behoefte hebben aan extra banen die even goed betalen als de banen die ze kwijtraken, en ze zullen een alternatief moeten hebben voor de belastinginkomsten waarmee ze momenteel de scholen, wegen en andere essentiële zaken betalen. Datzelfde geldt voor vleesproducerende staten als Nebraska, als kunstvlees de plek van conventioneel vlees inneemt. En mensen met een laag inkomen, die al een wezenlijk deel van hun inkomsten aan energie uitgaven, zullen de last van de groene meerprijs meer voelen dan anderen.

Ik zou willen dat er eenvoudige oplossingen voor deze problemen bestonden. Er zijn beslist gemeenschappen waar voor de goed betalende olie- en gasbanen als vanzelfsprekend banen in bijvoorbeeld de zonnesector in de plaats zullen komen. Maar voor veel andere zal het een lastige overgang zijn naar iets anders dan het winnen van fossiele brandstoffen voor hun levensonderhoud. Omdat de oplossingen van plek tot plek verschillen, zullen ze door plaatselijke bestuurders moeten worden vormgegeven. Maar de federale overheid kan helpen, als onderdeel van een algemeen plan om naar uitstootvrij toe te werken, door geld en technische adviezen te verschaffen, en door gemeenschappen in het hele land die vergelijkbare problemen hebben met elkaar in contact te brengen, zodat ze aan elkaar kunnen doorgeven wat werkt.

Uiteindelijk is het goed voor te stellen dat gemeenschappen waar de winning van kolen of aardgas een groot deel uitmaakt van de plaatselijke economie zich zorgen maken dat de transitie tot gevolg zal hebben dat ze de eindjes moeilijker aan elkaar kunnen knopen. Het feit dat ze die zorgen uitspreken, zegt nog niet dat ze klimaatverandering ontkennen. Je hoeft geen politieke wetenschapper te zijn om te bedenken dat de nationale leiders die voorstander zijn van het toewerken naar nul uitstoot meer steun voor hun ideeën zullen krijgen als ze de zorgen van gezinnen en gemeenschappen waarvan de bestaanszekerheid hard zal worden geraakt begrijpen, en als ze die zorgen serieus nemen.

6. Doe ook het moeilijke werk

Veel werk aan klimaatverandering richt zich op de verhoudingsgewijs eenvoudige manieren om de uitstoot te verminderen, zaken als rijden in elektrische auto's en meer elektriciteit uit zon en wind. Dat is logisch, want het tonen van vooruitgang en vroege successen dragen eraan bij dat meer mensen meedoen. En het is belangrijk: we doen de gemakkelijke zaken lang niet op de schaal die nodig is, dus zijn er momenteel enorme kansen om grote vooruitgang te boeken.

Maar we kunnen niet alleen maar achter het laaghangend fruit aan gaan. Nu de beweging om iets aan klimaatverandering te doen serieus wordt, zullen we ons ook op de lastige onderdelen moeten richten: opslag van elektriciteit, schone brandstoffen, cement, staal, kunstmest, enzovoort. En daar is een andere benadering van de beleidsvorming voor nodig. Naast de instrumenten die we al hebben, zullen we voor de lastiger zaken meer in onderzoek en ontwikkeling moeten investeren – omdat veel van die zaken deel uitmaken van onze fysieke infrastructuur, zoals wegen en gebouwen – en zullen we gebruik moeten maken van beleid dat er speciaal op is gericht om op deze gebieden doorbraken te creëren en die op de markt te brengen.

7. Werk tegelijkertijd aan de technologie, het beleid en de markten

Naast de technologie en het beleid is er een derde aspect dat we erbij zullen moeten betrekken: de bedrijven die de nieuwe uitvindingen zullen doorontwikkelen en ervoor zullen zorgen dat ze een wereldwijde schaal bereiken, evenals de investeerders en financiële markten die deze bedrijven zullen steunen. Bij gebrek aan een betere term, zal ik deze groep heel breed met 'markten' aanduiden.

Markten, technologie en beleid zijn als het ware de drie hefbomen die we moeten bedienen om van onze verslaving aan fossiele brandstoffen af te komen. We moeten aan alle drie tegelijkertijd trekken en ze moeten dezelfde kant op werken.

Het heeft weinig zin om eenvoudigweg een beleid te gaan voeren – bijvoorbeeld een norm van nul uitstoot voor auto's – als je niet de technologie hebt om de emissies te elimineren of als er geen bedrijven bereid zijn auto's te maken en te verkopen die aan de eisen voldoen. Aan de andere kant zal het hebben van een technologie die een lage uitstoot oplevert – denk aan een apparaat dat het CO_2 uit de schoorsteen van een kolengestookte centrale afvangt – weinig zin hebben als je elektriciteitsbedrijven niet de financiële prikkels geeft om die te installeren. En er zijn weinig bedrijven die zullen inzetten op het uitvinden van technologieën voor nul uitstoot als ze door hun concurrenten met goedkopere, met fossiele brandstoffen gemaakte producten kunnen worden afgetroefd.

Daarom zullen markten, beleid en technologie op complementaire wijze moeten werken. Beleid, zoals extra uitgaven aan onderzoek en ontwikkeling, kan bijdragen aan het ontstaan van nieuwe technologieën en aan het vormgeven van de marktsystemen die ervoor zorgen dat die bij miljoenen mensen belanden. Maar omgekeerd werkt het ook: het beleid zou ook gevormd moeten worden door de technologieën die we ontwikkelen. Als we bijvoorbeeld met een doorbraak met een vloeibare brandstof zouden komen, dan zou ons beleid zich moeten richten op het creëren van de investeringen en financiële strategieën om die op wereldwijde schaal in te voeren, en dan zouden we niet zozeer hoeven in te zitten over, zeg, het vinden van nieuwe manieren om energie op te slaan.

Ik zal een paar voorbeelden geven van wat er gebeurt als alle drie de zaken samenvallen, en als dat niet het geval is.

Om het effect te zien van beleid dat de technologie niet bijhoudt, kun je naar de nucleaire sector kijken. Kernenergie is de enige uitstootvrije energiebron die we bijna overal kunnen gebruiken, vierentwintig uur per dag, zeven dagen per week. Een handjevol bedrijven, waaronder TerraPower, werkt aan geavanceerde reactoren die de problemen oplossen van het vijftig jaar oude ontwerp van de meeste reactoren die je tegenwoordig ziet: hun ontwerpen zijn veiliger en goedkoper en produceren veel minder afval. Maar zonder het juiste beleid en de juiste benadering van de markten zal het wetenschappelijke en technologische werk aan deze geavanceerde reactoren tot niets leiden.

Er zal alleen een geavanceerde kerncentrale worden gebouwd als het ontwerp kan worden gevalideerd, er een toeleveringsketen tot stand kan komen en er een proefproject kan worden gebouwd om de nieuwe benadering te demonstreren. Op een paar uitzonderingen na, zoals China en Rusland, die rechtstreeks investeren in door de staat ondersteunde geavanceerde nucleaire bedrijven, hebben de meeste landen helaas geen werkbare manieren om dit soort dingen te doen. Het zou helpen als sommige overheden bereid waren samen met andere overheden te investeren om demonstratieprojecten op te zetten en in werking te laten treden, zoals de Amerikaanse overheid recentelijk heeft gedaan. Ik besef dat dit eigenbelang kan lijken, aangezien ik een geavanceerd nucleair bedrijf bezit, maar het is de enige manier waarop kernenergie kan helpen bij het tegengaan van de klimaatverandering.

Het voorbeeld van biobrandstoffen toont een andere uitdaging: ervoor zorgen dat we weten welk probleem we proberen op te lossen en daar ons beleid op afstemmen.

Met een blik op de stijgende olieprijzen en een toenemend verlangen om minder olie te importeren, nam het Congres in 2005 de Renewable Fuel Standard aan, een wet waarin doelstellingen stonden over hoeveel biobrandstoffen het land de komende jaren zou gebruiken. Alleen al het aannemen van de wet zond een krachtig signaal uit naar de transportindustrie, die veel investeerde in de technologie voor biobrandstof die indertijd bestond: op mais gebaseerde ethanol. Maisethanol was al behoorlijk concurrerend met benzine, omdat de benzineprijzen stegen en de producenten van ethanol van een tientallen jaar oud belastingkrediet profiteerden.

Het beleid werkte. Al snel haalde de ethanolproductie de doelstellingen die het Congres had geformuleerd; tegenwoordig kan een liter in de Verenigde Staten verkochte benzine tot 10 procent ethanol bevatten.

In 2007 nam het Congres zich vervolgens voor om biobrandstoffen te gebruiken om een ander probleem op te lossen. Nu was men niet alleen bezorgd over de stijgende olieprijzen, maar ook over de klimaatverandering. De overheid verhoogde de doelstelling van biobrandstoffen en schreef voor dat ongeveer 60 procent van alle biobrandstoffen die in de Verenigde Staten werden verkocht niet van mais zouden worden gemaakt, maar van andere zetmelen. (Biobrandstoffen die aldus worden gemaakt, verminderen de uitstoot driemaal zoveel als conventionele biobrandstoffen.) Al snel behaalden de raffinaderijen de doelstelling voor op mais gebaseerde biobrandstoffen, maar de geavanceerde alternatieven bleven ver achter bij hun doelstelling.

Hoe kon dat? Voor een deel omdat de wetenschap voor geavanceerde biobrandstoffen simpelweg ingewikkeld is, en dat terwijl de olieprijzen verhoudingsgewijs laag zijn gebleven, waardoor het lastig te verdedigen is om grote investeringen te doen in een alternatief dat duurder zal zijn. Maar een belangrijke reden is dat de bedrijven die deze biobrandstoffen zouden kunnen produceren, en de investeerders die ze zouden kunnen steunen, in geen enkel opzicht zeker waren van de markt.

De uitvoerende macht van de overheid is tot nu toe steeds uitgegaan van tekorten in het aanbod van geavanceerde biobrandstoffen, dus blijft die de doelstellingen verlagen. In 2017 werd het doel met 20,8 miljard verlaagd naar 1,2 miljard liter. En soms worden de nieuwe doelstellingen zo laat in het jaar aangekondigd dat de producenten niet weten op hoeveel verkoop ze kunnen rekenen. Het is een vicieuze cirkel: de overheid verlaagt de quota omdat ze verwacht dat er tekorten zullen zijn, en de tekorten blijven bestaan omdat de overheid de quota blijft verlagen.

De les is hier dat beleidsmakers duidelijk zullen moeten zijn over het doel dat ze proberen te bereiken en zich bewust van de technologieën die ze proberen te bevorderen. Het stellen van doelen voor biobrandstoffen was een mooie manier om de hoeveelheid olie die de Verenigde Staten moesten importeren te verminderen, omdat er al een technologie bestond, ethanol van mais, waarmee de doelstelling gehaald kon worden. Door het beleid werd de vernieuwing gestimuleerd, ontwikkelde de markt zich en werd die opgeschaald. Maar voor het verminderen van de uitstoot was het stellen van doelen voor biobrandstoffen niet zo effectief, omdat de beleidsmakers geen rekening hebben gehouden met het feit dat de geschikte technologie – geavanceerde biobrandstoffen – nog in het beginstadium verkeert en ze niet voor de zekerheid hebben gezorgd die de markt nodig heeft om dat beginstadium te ontgroeien.

Laten we nu naar een succesverhaal kijken waar beleid, technologie en markt veel beter hebben samengewerkt. Al in de jaren zeventig van de vorige eeuw begonnen Japan, de Verenigde Staten en de Europese Unie met het financieren van vroeg onderzoek naar uiteenlopende manieren om elektriciteit uit zonlicht te genereren. Aan het begin van de jaren negentig was zonne-energie zodanig verbeterd dat meer bedrijven panelen gingen maken, al werd zonne-energie nog niet algemeen gebruikt.

Duitsland stimuleerde de markt door leningen tegen lage rente aan te bieden voor het installeren van panelen en door een terugleveringstarief (een vaste betaling van de overheid per eenheid duurzame elektriciteit) te betalen aan iedereen die een overschot aan zonne-energie produceerde.[102] Vervolgens, in 2011, maakten de Verenigde Staten gebruik van leengaranties om de vijf grootste zonnepanelenparken van het land te financieren.[103] China is een grote speler geweest door ingenieuze manieren te vinden om zonnepanelen goedkoper te maken. Dankzij al deze innovatie is de prijs van door de zon opgewekte elektriciteit sinds 2009 met 90 procent gedaald.

Een ander goed voorbeeld is windenergie. De afgelopen tien jaar is de geïnstalleerde windcapaciteit met gemiddeld 20 procent per jaar toegenomen, en ondertussen leveren windturbines ongeveer 5 procent van de elektriciteit op de wereld. Windenergie neemt toe om een eenvoudige reden: ze wordt goedkoper. China, dat tekent voor een groot en groeiend aandeel van de mondiaal gegenereerde windenergie, heeft gezegd dat het binnenkort zal stoppen met het subsidiëren van windprojecten op het vasteland, omdat de elektriciteit die ermee wordt geproduceerd even goedkoop is als die uit conventionele bronnen.

Om te begrijpen hoe het zover heeft kunnen komen, kun je naar Denemarken kijken. Te midden van de onrust over olie in de jaren zeventig van de vorige eeuw kwam de Deense overheid met verschillende beleidsmaatregelen voor het bevorderen van windenergie en het verminderen van de import van olie. De overheid stak onder meer veel geld in onderzoek naar duurzame energie en het ontwikkelen ervan. Denemarken was hierin niet de enige (rond die tijd gingen de Verenigde Staten in Ohio aan de slag met windturbines op de schaal van nutsvoorzieningen), maar de Denen deden iets ongebruikelijks. Ze koppelden hun steun aan onderzoek en ontwikkeling aan een terugleveringstarief en – later – een CO_2-belasting.

Omdat landen als Spanje al snel volgden, begon de windsector aan een leercurve. Bedrijven werden nu gestimuleerd om grotere rotoren te ontwikkelen, en molens met meer capaciteit, zodat elk exemplaar meer stroom kon produceren en ze er meer verkochten. In de loop van de tijd zijn de kosten van windturbines enorm gedaald. Datzelfde geldt voor de kosten voor door de wind gegenereerde elektriciteit: in Denemarken zijn die tussen 1987 en 2001 gehalveerd. Momenteel krijgt het land ongeveer de helft van zijn energie van windturbines op land en in zee, en is het de grootste exporteur van windmolens ter wereld.

Voor de duidelijkheid: met deze verhalen wil ik niet beweren dat stroom uit zon en wind het antwoord is op al onze elektriciteitsbehoeften. (Het zijn twee antwoorden op een deel van onze behoefte aan elektriciteit. Zie hoofdstuk 4.) Waar het om gaat, is dat als we ons op alle drie de dingen tegelijk richten – technologie, beleid en markten – we innovatie kunnen stimuleren, nieuwe bedrijven kunnen laten ontstaan en snel nieuwe producten op de markt kunnen laten komen.

Denemarken heeft een voortrekkersrol gehad bij het betaalbaarder maken van windenergie. Deze windturbines staan op het eiland Samsø.

Bij elk plan voor het tegengaan van klimaatverandering moeten we begrijpen hoe ze alle drie samenwerken. In het volgende hoofdstuk kom ik met een voorstel waarin dat gebeurt.

HOOFDSTUK 11

EEN PLAN OM DE NUL TE HALEN

Toen ik in 2015 voor de klimaatconferentie in Parijs was, vroeg ik me onwillekeurig af of we het werkelijk voor elkaar konden krijgen.

Het was inspirerend om leiders van over de hele wereld bijeen te zien komen om de klimaatdoelen te omarmen, terwijl vrijwel elk land beloofde zijn uitstoot te verminderen. Maar omdat de ene na de andere peiling liet zien dat klimaatverandering nog altijd een marginale politieke kwestie was (op zijn best), vreesde ik dat we nooit de wil zouden hebben om deze zware taak uit te voeren.

Gelukkig kan ik zeggen dat de publieke belangstelling voor klimaatverandering veel meer is toegenomen dan ik had gedacht. De afgelopen paar jaar zijn in de hele wereld de gesprekken over de klimaatverandering opvallend de goede kant op gegaan. Op elk niveau neemt de politieke wil toe, omdat kiezers overal op aarde willen dat er iets gebeurt en steden en staten beloven de uitstoot drastisch te verminderen om zo aan hun nationale doelstellingen bij te dragen (of, zoals in de Verenigde Staten, een bijdrage te leveren die in de plaats komt van de nationale doelstellingen).

Nu moeten we deze doelstellingen koppelen aan specifieke plannen om ze te halen, net zoals Paul Allen en ik in de begintijd van Microsoft een doel hadden ('een computer op elk bureau in elk huis', zeiden we) en we de daaropvolgende tien jaar bezig waren met het ontwikkelen en uitvoeren van een plan om het te bereiken. Men dacht dat we niet goed bij ons hoofd waren om zulke grote dromen te hebben, maar die uitdaging was niets vergeleken met wat er nodig is om klimaatverandering het hoofd te bieden, een massale onderneming waar mensen en instellingen vanuit de hele wereld bij betrokken zullen zijn.

Hoofdstuk 10 ging volledig over de rol die de overheden moeten spelen om die doelstelling te bereiken. In dit hoofdstuk zal ik een plan voorstellen voor hoe we een klimaatramp kunnen voorkomen, gericht op de specifieke stappen die regeringsleiders en beleidsmakers kunnen zetten. (Meer details over elk onderdeel hieronder kun je vinden op breakthroughenergy.org.) In het hoofdstuk hierna zal ik uitleggen wat ieder van ons als individu kan doen om dit plan te steunen.

Hoe snel moeten we bij nul zien uit te komen? Volgens de wetenschap moeten de rijke landen om een klimaatramp te voorkomen in 2050 netto uitstootvrij zijn. Waarschijnlijk heb je weleens horen beweren dat we al eerder, in 2030, zeer veel CO_2-uitstoot kunnen verminderen.

Om de vele redenen die ik in dit boek uit de doeken heb gedaan, is 2030 helaas niet realistisch. Gezien het essentiële belang van fossiele energie in ons leven is het eenvoudigweg onmogelijk om binnen tien jaar grotendeels met het gebruik ervan te stoppen.

Wel kunnen we – en móéten we – de komende tien jaar beleidsmaatregelen nemen waarmee we het pad zullen inslaan naar een verregaand uitstootvrij 2050.

Dat is een cruciaal onderscheid, al is dat niet meteen duidelijk. Eigenlijk lijkt het alsof 'verminder in 2030' en 'kom uit op nul in 2050' elkaar aanvullen. Is 2030 geen tussenstop op weg naar 2050?

Niet per se. Als we in 2030 op de verkeerde manier beperken, kan dat zelfs tot gevolg hebben dat dit voorkómt dat we de nul ooit halen.

Hoe zit dat? Omdat de dingen die we zouden doen om in 2030 een beperkte reductie te krijgen wezenlijk anders zijn dan de dingen die we zouden doen om in 2050 de nul te bereiken. Het zijn echt twee verschillende benaderingen, met andere maatstaven voor succes, en we zullen een keuze moeten maken. Het is prima om doelstellingen voor 2030 te hebben, zolang het maar mijlpalen zijn op weg naar de nul in 2050.

Dat zit zo. Als we ons richten op het enigszins reduceren van de uitstoot in 2030, dan zullen we ons best doen om dat doel te bereiken, zelfs als het daarmee lastiger wordt, of onmogelijk, om bij het uiteindelijke doel van nul uitstoot uit te komen.

Zo zou, als het succes alleen wordt afgemeten aan 'verminder in 2030', het verleidelijk kunnen zijn om kolengestookte centrales te vervangen door gasgestookte; daarmee zou onze uitstoot van kooldioxide immers verminderen. Maar gascentrales die tussen nu en 2030 worden gebouwd, zullen in 2050 nog in werking zijn – ze moeten tientallen jaren blijven draaien om de kosten van de bouw terug te verdienen – en met aardgas gestookte centrales produceren nog steeds broeikasgassen. We zouden onze doelstelling 'verminder in 2030' halen, maar nauwelijks kunnen hopen ooit bij nul uit te komen.

Als daarentegen onze doelstelling 'verminder in 2030' een mijlpaal is op weg naar 'nul in 2050', dan heeft het weinig zin om veel tijd of geld uit te geven aan het overstappen van kolen op gas. In plaats daarvan zouden we er beter aan doen om twee strategieën tegelijk te volgen: ten eerste alles inzetten op het goedkoop en betrouwbaar produceren van uitstootvrije elektriciteit; en ten tweede zo breed mogelijk elektrificeren – alles, van voertuigen tot industriële processen en warmtepompen, zelfs op plekken die momenteel voor hun elektriciteit op fossiele brandstoffen vertrouwen.

Als we denken dat het enige wat ertoe doet het verminderen van onze uitstoot in 2030 is, dan zou deze benadering een mislukking zijn, omdat hij over tien jaar slechts een marginale reductie kan opleveren. Maar we zouden ons richten op succes op de lange termijn. En met elke doorbraak bij het opwekken, opslaan en leveren van schone elektriciteit zouden we dichter in de buurt van nul komen.

Dus als je wilt weten welke landen vooruitgang boeken in klimaatverandering en welke niet, dan moet je niet simpelweg kijken naar de landen die hun uitstoot verminderen. Kijk naar de landen die zichzelf voorbereiden op het behalen van de nul. Op dit moment zou hun emissie misschien niet zoveel veranderen, maar ze verdienen lof omdat ze zich op het juiste pad begeven.

Op één punt ben ik het eens met de voorstanders van 2030: het is dringend werk. We bevinden ons met klimaatverandering op hetzelfde punt als waar we ons enkele jaren geleden op het gebied van pandemieën bevonden. Gezondheidsexperts vertelden ons dat een massale uitbraak eigenlijk onvermijdelijk was. Ondanks hun waarschuwingen heeft de wereld onvoldoende gedaan om zich erop voor te bereiden – en vervolgens moesten we ineens halsoverkop de verloren tijd zien in te halen. Bij klimaatverandering zouden we niet dezelfde fout moeten maken. Omdat we deze doorbraken voor 2050 nodig zullen hebben en omdat we weten hoelang het duurt om nieuwe energiebronnen te ontwikkelen en uit te rollen, moeten we nu beginnen. Als we nu beginnen en gebruikmaken van de kracht van de wetenschap en innovatie, en ervoor zorgen dat de oplossingen voor de armsten werken, kunnen we voorkomen dat we bij klimaatverandering in dezelfde fouten vervallen als bij onze voorbereiding op een pandemie. Op dat pad is dit plan gericht.

Vernieuwing en de wet van vraag en aanbod

Zoals ik aan het begin zei – en zoals naar ik hoop in de tussenliggende hoofdstukken duidelijk is geworden – zal elk alomvattend klimaatplan bij veel verschillende disciplines moeten aansluiten. Klimaatwetenschappers vertellen ons waaróm we dit probleem moeten aanpakken, maar niet hóé. Daarvoor hebben we de biologie, scheikunde, natuurkunde, politieke wetenschappen, economie, werktuigbouwkunde en andere wetenschappen nodig. Niet dat iedereen elk onderwerp moet begrijpen; Paul en ik waren toen we begonnen ook geen specialist in marketing of in de samenwerking met bedrijven of overheden. Wat Microsoft nodig had – en wat we nu bij klimaatverandering ook nodig hebben – is een benadering die het mogelijk maakt om ons met veel uiteenlopende disciplines op het juiste pad te begeven.

Bij energie, software en zo'n beetje elk ander streven doe je er verkeerd aan om qua innovatie alleen in strikt technologische zin te denken. Innovatie is niet slechts een kwestie van het uitvinden van een nieuw apparaat of een nieuw proces; innovatie gaat ook gepaard met nieuwe benaderingen van bedrijfsmodellen, toeleveringsketens, markten en beleid dat bijdraagt aan het doen van ontdekkingen op wereldwijde schaal. Innovatie gaat zowel over nieuwe apparaten als over nieuwe manieren om iets te doen.

Met die voorwaarden in gedachten heb ik de verschillende onderdelen van mijn plan in twee categorieën opgedeeld. Ze zullen je bekend voorkomen als je met de basisbeginselen van de economie hebt kennisgemaakt: voor de ene categorie is het nodig het *aanbod* van innovaties te vergroten – het aantal nieuwe ideeën dat wordt uitgeprobeerd – en voor de andere categorie is het nodig de *vraag* naar innovaties te versnellen. De twee werken samen; de ene duwt, de andere trekt. Zonder de vraag naar innovaties zullen uitvinders en beleidsmakers niet de prikkels ervaren om met nieuwe ideeën te komen; zonder een gestaag aanbod aan innovaties zullen kopers niet aan de groene producten komen die de wereld nodig heeft om nul uitstoot te halen.

Ik ben mij ervan bewust dat dit wat weg heeft van een bedrijfskundetheorie, maar in de praktijk klopt het eigenlijk heel aardig. De hele benadering van de Gates Foundation om levens te redden, is gebaseerd op het idee dat we innovatie voor de armen moeten stimuleren, terwijl we ook de vraag ernaar moeten vergroten. En bij Microsoft creëerden we een grote groep die alleen maar met onderzoek bezig was, iets waar ik tot op de dag van vandaag trots op ben. In wezen is het hun taak om het aanbod aan innovaties te vergroten. Ook waren we veel tijd kwijt met het luisteren naar klanten, die ons vertelden wat ze wilden dat onze software deed; dat is de innovatie aan de vraagkant, die ons voorzag van cruciale informatie die vormgaf aan onze onderzoeksinspanningen.

Het vergroten van het aanbod van innovatie

Het werk in deze eerste fase bestaat uit klassiek onderzoek en klassieke ontwikkeling, waar uitmuntende wetenschappers en ingenieurs de technologie verzinnen die we nodig hebben. Hoewel we tegenwoordig beschikken over enkele oplossingen met een lage CO_2-uitstoot tegen een concurrerende kostprijs, hebben we nog steeds niet alle technologieën die nodig zijn om wereldwijd bij nul uitstoot uit te komen. In hoofdstuk 4 tot en met 9 heb ik de belangrijkste genoemd waar we nog behoefte aan hebben: ik herhaal de lijst hier om hem snel te kunnen raadplegen (aan elk onderdeel kun je de volgende woorden toevoegen: 'goedkoop genoeg om betaalbaar te zijn voor middeninkomenslanden'):

Benodigde technologieën

Waterstof geproduceerd zonder CO_2-uitstoot	Kernfusie
Elektriciteitsopslag op de schaal van het elektriciteitsnet, die het een heel seizoen kan volhouden	CO_2-afvang (rechtstreeks uit de lucht en bij de bron)
Elektrobrandstoffen	Ondergronds elektriciteitstransport
Geavanceerde biobrandstoffen	Uitstootvrije plastics
Uitstootvrij cement	Geothermische energie
Uitstootvrij staal	Pompcentrale
Vlees en zuivel gebaseerd op planten en cellen	Thermische opslag
Uitstootvrije kunstmest	Droogte- en overstromingstolerante voedselgewassen
Volgende generatie kernsplitsing	Uitstootvrije alternatieven voor palmolie
	Koelmiddelen zonder F-gassen

Om deze technologieën snel zover te krijgen dat ze een verschil uitmaken, zullen overheden het volgende moeten doen:

1. Vervijfvoudig de komende tien jaar onderzoek en ontwikkeling op het gebied van schone energie en klimaat. Rechtstreekse overheidsinvesteringen in onderzoek en ontwikkeling behoren tot de belangrijkste dingen die we kunnen doen om klimaatverandering tegen te gaan, maar daar doen overheden lang niet genoeg aan. In totaal bedraagt de overheidsfinanciering voor onderzoek en ontwikkeling van schone energie ongeveer 22 miljard dollar per jaar, slechts ongeveer 0,02 procent van de mondiale economie. Alleen al aan brandstof besteden Amerikanen in een enkele maand meer dan dat bedrag. De Verenigde Staten, die verreweg de grootste investeerder in onderzoek naar schone energie zijn, geven er slechts ongeveer 7 miljard dollar per jaar aan uit.

Hoeveel zouden we eraan moeten uitgeven? Volgens mij bieden de National Institutes of Health (NIH; Nationaal Instituut voor Gezondheid) een goede vergelijking. De NIH, met een jaarbudget van ongeveer 37 miljard dollar, hebben levensreddende medicijnen en behandelingen ontwikkeld waar Amerikanen – en mensen van over de hele wereld – dagelijks van profiteren. Het is een geweldig model en een voorbeeld van de ambitie die we voor de klimaatverandering nodig hebben. En hoewel het vervijfvoudigen van het budget voor onderzoek en ontwikkeling klinkt als veel geld, verbleekt het bij de omvang van het probleem en gaat er een krachtige boodschap van uit over hoe serieus de overheid het probleem neemt.

2. Zet meer in op onderzoek en ontwikkelingsprojecten met een groot risico en een hoge opbrengst. Het is niet alleen een kwestie van hoeveel geld overheden uitgeven. Het gaat er ook om waar ze het aan uitgeven.

Overheden zijn meer dan eens bekritiseerd voor hun investeringen in schone energie (zoek op 'Solyndra scandal' als je behoefte hebt aan een geheugensteuntje), en beleidsvormers willen niet de indruk wekken dat ze het geld van belastingbetalers verspillen. Maar door de vrees om te mislukken worden de portefeuilles voor onderzoek en ontwikkeling kortzichtig en neigen ze naar de veiliger investeringen die eigenlijk door de particuliere sector kunnen en moeten worden betaald. De werkelijke waarde van de voortrekkersrol van de overheid bij onderzoek en ontwikkeling is dat die risico's kan nemen met gewaagde ideeën die zouden kunnen mislukken of niet meteen geld opleveren. Dat geldt vooral voor wetenschappelijke ondernemingen die te riskant blijven voor de particuliere sector om na te streven, om redenen die ik in hoofdstuk 10 heb aangestipt.

Om te zien wat er gebeurt als overheden een grote gok in de juiste richting wagen, kun je kijken naar het Human Genome Project (HGP; het menselijkgenoomproject). Het onderzoeksproject, erop gericht om de volledige structuur van het menselijk DNA in kaart te brengen en de resultaten voor het publiek beschikbaar te stellen, was een mijlpaal, onder leiding van het Amerikaanse ministerie van Energie en de National Institutes of Health, met partners in het Verenigd Koninkrijk, Frankrijk, Duitsland, Japan en China. Het project duurde dertien jaar en kostte miljarden dollars, maar het heeft de weg gewezen naar nieuwe tests en behandelingen van tientallen genetische aandoeningen, waaronder erfelijke darmkanker, de ziekte van Alzheimer en familiaire borstkanker.[104] Uit onafhankelijk onderzoek van het HGP blijkt dat elke dollar die door de federale overheid in het project werd gestoken de Amerikaanse economie 141 dollar heeft opgeleverd.[105]

Op dezelfde manier hebben we overheden nodig die zich verbinden aan de financiering van megaprojecten (in de orde van honderden miljoenen of miljarden dollars) die de wetenschap van de schone energie vooruit kunnen helpen, vooral op de gebieden die ik hierboven heb opgesomd. En ze moeten zich er voor de lange termijn aan verbinden, zodat onderzoekers weten dat ze de komende jaren zullen worden gesteund.

3. Koppel onderzoek en ontwikkeling aan wat we het meest nodig hebben. Er is een praktisch onderscheid tussen onderzoek zonder duidelijk doel naar nieuwe wetenschappelijke concepten (ook wel fundamenteel onderzoek genoemd) en pogingen om al gedane wetenschappelijke ontdekkingen bruikbaar te maken (ook wel bekend als toepassings- en praktijkgericht onderzoek, of translationeel onderzoek). Hoewel het om verschillende zaken gaat, is het een vergissing om te denken, zoals sommige puristen doen, dat fundamenteel onderzoek niet verpest mag worden door te overwegen hoe het zou kunnen leiden tot een bruikbaar commercieel product. Enkele van de beste uitvindingen zijn gedaan nadat wetenschappers met een eindtoepassing in gedachten aan hun onderzoek begonnen; het werk van Louis Pasteur in de microbiologie leidde bijvoorbeeld tot vaccins en pasteurisatie. We hebben meer overheidsprogramma's nodig waarin fundamenteel en toegepast onderzoek zijn geïntegreerd, op die gebieden waar we de meeste behoefte aan doorbraken hebben.

Het SunShot Initiative van het Amerikaanse ministerie van Energie is een goed voorbeeld van hoe dit kan werken. In 2011 stelden de programmaleiders zich ten doel de kosten voor zonne-energie binnen tien jaar te laten dalen tot 0,06 dollar per kilowattuur. Ze richtten zich op onderzoek en ontwikkeling in de vroege fase, maar ze moedigden particuliere ondernemingen, universiteiten en nationale laboratoria ook aan om zich te concentreren op het verlagen van de kosten van zonne-energiesystemen, het slechten van bureaucratische barrières en het goedkoper maken van het financieren van zonne-energiesystemen. Dankzij deze geïntegreerde aanpak bereikte SunShot in 2017 zijn doel, drie jaar eerder dan gepland.

4. Betrek het bedrijfsleven er vanaf het begin bij. Een ander kunstmatig onderscheid dat ik tegenkwam, is het idee dat de vroege fasen van innovatie iets voor overheden zijn, en de latere fasen voor het bedrijfsleven. Zo werkt het in de praktijk gewoon niet, vooral niet bij het soort lastige technische uitdagingen waar we op het gebied van energie mee te maken hebben, waar de belangrijkste maatstaf voor het succes van een idee de mogelijkheid is om een nationale of zelfs wereldwijde schaal te bereiken. Met partnerschappen in een vroege fase zullen er mensen bij betrokken worden die weten hoe ze dat voor elkaar moeten krijgen. Overheden en bedrijfsleven zullen moeten samenwerken om hindernissen te overwinnen en de innovatiecyclus te versnellen. Bedrijven kunnen helpen bij het maken van prototypen van nieuwe technologieën, inzicht verschaffen in de markt en mede-investeren in projecten. En natuurlijk zijn zij het die de technologie zullen commercialiseren; dat maakt het logisch om ze er vroeg bij te betrekken.

Het versnellen van de vraag naar innovatie

De vraagkant is wat ingewikkelder dan de aanbodkant. Eigenlijk bestaat hij uit twee fasen: de bewijsfase en de opschaalfase.

Nadat een benadering in het lab is getest, moet zij zich in de markt bewijzen. In de wereld van de techniek is deze bewijsfase snel en goedkoop; er is maar weinig tijd nodig om te laten zien of een nieuw model smartphone werkt en aantrekkelijk is voor klanten. Maar in de energie is dat veel lastiger en duurder.

Je moet erachter zien te komen of het idee dat in het laboratorium werkte in de echte wereld nog steeds werkt. (Misschien is het landbouwafval dat je in biobrandstof wilt omzetten veel natter dan het materiaal dat je in het lab hebt gebruikt en levert het daarom niet zoveel energie op als je had verwacht.) Ook moet je de kosten en risico's van de vroegtijdige toepassing zien terug te brengen, toeleveringsketens opzetten, je bedrijfsmodel uitproberen en consumenten helpen om zich prettig te voelen bij de nieuwe technologie. Tot de ideeën die momenteel in de proeffase zitten, behoren CO_2-arm cement, volgende generatie-kernsplijting, het afvangen en vastleggen van CO_2, wind op zee, cellulose-ethanol (een soort geavanceerde biobrandstof) en vleesalternatieven.

De proeffase is een vallei des doods, een plek waar nieuwe ideeën het loodje leggen. Vaak zijn de risico's waarmee het uitproberen en de marktintroductie van nieuwe producten gepaard gaan eenvoudigweg te groot. Dat schrikt investeerders af. Dat geldt met name voor CO_2-arme technologieën, die vaak veel kapitaal nodig hebben om van start te gaan en van consumenten kunnen verlangen dat ze hun gedrag behoorlijk veranderen.

Overheden (en grote bedrijven) kunnen energiestart-ups helpen om levend uit de vallei te komen omdat ze grootverbruikers zijn. Als ze bij voorkeur groen inkopen, zullen ze bijdragen aan het vermarkten van meer producten, doordat ze voor zekerheid zorgen en de kosten verminderen.

Maak gebruik van de kracht van aanbestedingen. Overheden op alle niveaus – nationaal, staats- en lokaal – kopen enorme hoeveelheden brandstof, cement en staal. Ze bouwen en gebruiken vliegtuigen, vrachtwagens en auto's, en ze consumeren vele gigawatts aan elektriciteit. Daardoor bevinden ze zich in de ideale positie om opkomende technologieën tegen verhoudingsgewijs lage kosten in de markt te zetten, vooral als je rekening houdt met de maatschappelijke voordelen van het opschalen van deze nieuwe technologieën. Ministeries van Defensie kunnen overgaan op het kopen van een hoeveelheid CO_2-arme vloeibare brandstoffen voor vliegtuigen en schepen. Overheden op staatsniveau kunnen bij bouwprojecten emissiearm cement en staal gebruiken. Nutsbedrijven kunnen investeren in langdurige opslag.

Iedere bureaucraat die aankoopbeslissingen neemt, zou gestimuleerd moeten worden om naar groene producten te kijken en te begrijpen hoe de externe kosten waarover we het in hoofdstuk 10 hadden meegerekend kunnen worden.

Overigens is dit niet bepaald een nieuw idee. Zo is het internet in de begintijd van start gegaan: er was natuurlijk overheidsfinanciering, maar ook een toegewijde koper – de Amerikaanse overheid – die aan de andere kant zat te wachten.

Creëer stimulansen die de kosten verlagen en het risico verkleinen. Behalve met hun aankopen kunnen overheden de particuliere sector op verschillende manieren stimuleren om op groen over te gaan. Belastingkredieten, kredietgaranties en andere instrumenten kunnen bijdragen aan het verlagen van de groene meerprijs en het vergroten van de vraag naar nieuwe technologieën. Omdat veel van deze producten een bepaalde periode duur zullen zijn, zullen toekomstige kopers toegang moeten krijgen tot langdurige financiering en het vertrouwen nodig hebben dat het gevolg is van een consistent en voorspelbaar overheidsbeleid.

Overheden kunnen een grote rol spelen door een uitstootvrij beleid te voeren en vorm te geven aan de manier waarop de markten geld voor dit soort projecten aantrekken. Een paar uitgangspunten: het overheidsbeleid zou *technologieneutraal* moeten zijn (het zou elke oplossing moeten bevorderen waarmee de uitstoot vermindert, in plaats van de voorkeur te geven aan een beperkt aantal oplossingen), *voorspelbaar* (in tegenstelling tot het geregeld laten aflopen en daarna verlengen van regelingen, zoals nu vaak gebeurt) en *flexibel* (zodat veel uiteenlopende bedrijven en investeerders ervan kunnen profiteren, niet alleen als ze veel federale belasting betalen).

Leg de infrastructuur aan waarmee nieuwe technologieën de markt op kunnen. Zelfs uitstootarme technologieën met een concurrerende kostprijs zullen niet in staat zijn om marktaandeel te verwerven als er niet al een infrastructuur is waarmee ze de markt op kunnen. Overheden op alle niveaus moeten helpen met de aanleg van die infrastructuur. Daartoe behoren ook transportleidingen voor wind- en zonne-energie, laadvoorzieningen voor elektrische voertuigen, en pijpleidingen voor afgevangen CO_2 en voor waterstof.

Verander de regels zodat nieuwe technologieën kunnen concurreren. Als de infrastructuur eenmaal is aangelegd, zullen we nieuwe regels voor de markt nodig hebben die het nieuwe technologieën mogelijk maken om te concurreren. In elektriciteitsmarkten die zijn opgezet rondom twintigste-eeuwse technologieën zijn eenentwintigste-eeuwse technologieën vaak in het nadeel. Zo worden nutsbedrijven die in langdurige opslag investeren in de meeste markten niet op passende wijze gecompenseerd voor de waarde die ze aan het elektriciteitsnetwerk geven. Door regelgeving is het lastig om geavanceerdere biobrandstoffen in auto's en vrachtauto's te gebruiken. En, zoals ik in hoofdstuk 10 zei, sommige nieuwe vormen van uitstootarm beton kunnen door achterhaalde overheidsvoorschriften niet concurreren.

En dan gaan we nu naar de opschaalfase, de snelle, grootschalige inzet. Je kunt deze fase alleen bereiken wanneer de kosten laag genoeg zijn, je toeleveringsketen en bedrijfsmodel goed ontwikkeld zijn en consumenten hebben laten zien dat ze zullen kopen wat jij verkoopt. Windturbines op het vasteland, zonne-energie en elektrische voertuigen verkeren allemaal in de opschaalfase.

Maar het opschalen zal niet eenvoudig zijn. In slechts enkele tientallen jaren hebben we meer dan driemaal zoveel stroom nodig, waarbij de meeste nieuwe elektronen afkomstig zijn van de wind, de zon en andere vormen van schone energie. We moeten even snel overstappen op elektrische auto's als we op wasdrogers en kleurentelevisies zijn overgestapt toen die beschikbaar kwamen. We moeten de manier veranderen waarop we dingen maken en verbouwen, terwijl we blijven doorgaan met de aanleg van wegen en bruggen, en met de productie van het voedsel waar we allemaal van afhankelijk zijn.

Gelukkig zijn we niet onbekend met het opschalen van energietechnologieën, zoals ik in hoofdstuk 10 al aangaf. We hebben de elektrificatie van het platteland en de binnenlandse productie van fossiele brandstoffen bevorderd door beleid en innovatie aan elkaar te koppelen. Je zou een deel van dit beleid misschien kunnen beschouwen als subsidie voor fossiele brandstoffen (denk aan verschillende belastingvoordelen voor oliebedrijven) maar eigenlijk betreft het slechts een instrument voor het inzetten van een technologie waarvan we vonden dat die waardevol was. Vergeet niet dat tot het einde van de jaren zeventig van de vorige eeuw, toen het concept klimaatverandering voor het eerst tot het nationaal debat doordrong, algemeen werd geaccepteerd dat de beste manier om de kwaliteit van leven te verbeteren en de economische ontwikkeling te verspreiden, de toename van het gebruik van fossiele brandstoffen was. Nu kunnen we gebruikmaken van de lessen die we hebben geleerd van de bewuste groei van fossiele brandstoffen, en ze op schone energie toepassen.

Wat komt dit in de praktijk op neer?

Koppel CO_2 aan een prijs. Of het nu CO_2-belasting is, of een systeem van verhandelbare emissierechten waarbij bedrijven het recht kunnen kopen en verkopen om CO_2 uit te stoten – het koppelen van een prijs aan uitstoot is een van de belangrijkste dingen die we kunnen doen om van de groene meerprijs af te komen.

Op de korte termijn heeft het koppelen van een prijs aan CO_2 zin, omdat duurdere fossiele brandstoffen de markt de boodschap meegeven dat er extra kosten verbonden zijn aan het uitstoten van broeikasgassen. Waar de opbrengsten van deze CO_2-prijs heen gaan, is minder belangrijk dan de boodschap aan de markt die van die prijs zelf uitgaat. Volgens veel economen kan het geld aan consumenten en bedrijven worden teruggegeven om ze te compenseren voor de gestegen energieprijzen, al pleit er ook veel voor om het te besteden aan onderzoek en ontwikkeling en aan andere prikkels die bijdragen aan het oplossen van klimaatverandering.

Op de langere termijn, als we de nul uitstoot naderen, zou de prijs van CO_2 gekoppeld kunnen worden aan de kostprijs van het verwijderen van CO_2 uit de lucht en zouden de opbrengsten gebruikt kunnen worden om het CO_2 ook daadwerkelijk uit de lucht te halen.

Hoewel het een fundamentele verandering zou zijn in hoe wij denken over het bepalen van een prijs van goederen, is het concept van een CO_2-prijs onder economen van vele denkrichtingen en in het hele politieke spectrum algemeen geaccepteerd. Het zal niet meevallen om het in technisch en politiek opzicht goed te doen, zowel in de Verenigde Staten als elders op aarde. Zullen mensen bereid zijn om zoveel te betalen voor hun benzine en alle andere producten in hun leven waarbij broeikasgassen worden uitgestoten, dus voor zo ongeveer alles? Ik zal niet voorschrijven hoe de oplossing eruit zou moeten zien, maar in wezen gaat het erom dat ervoor wordt gezorgd dat iedereen de werkelijke kosten van zijn uitstoot betaalt.

Normen voor schone elektriciteit. Negenentwintig Amerikaanse staten en de Europese Unie hebben een prestatienorm aangenomen die Renewable Portfolio Standard wordt genoemd. Het idee erachter is dat elektriciteitsbedrijven een bepaald percentage van hun energie uit duurzame bronnen moeten halen. Het zijn flexibele, op de markt gebaseerde mechanismen; zo kunnen elektriciteitsbedrijven met toegang tot meer duurzame bronnen CO_2-credits verkopen aan bedrijven die daar minder toegang toe hebben. Maar er is een probleem met de manier waarop deze benadering momenteel wordt uitgevoerd: bedrijven mogen alleen bepaalde goedgekeurde uitstootarme technologieën gebruiken (wind, zon, geothermie en soms water), waarbij opties als kernenergie en de afvang van CO_2 worden uitgesloten. Uiteindelijk nemen de totale kosten van het verminderen van de uitstoot daardoor toe.

Normen voor schone elektriciteit, waarop een toenemend aantal staten overweegt over te gaan, zijn een veel betere aanpak. In plaats van vooral de nadruk te leggen op duurzame bronnen, staan ze toe dat elke schone energietechnologie (inclusief kernenergie en de afvang van CO_2) meetelt om aan de norm te voldoen. Het is een flexibele, kosteneffectieve benadering.

Normen voor schone brandstof. Dit idee van een flexibele prestatienorm kan ook in andere sectoren worden toegepast om de uitstoot van auto's en gebouwen en ook van elektriciteitscentrales te verminderen. Zo zou een norm voor schone brandstof toegepast op de transportsector het gebruik versnellen van elektrische voertuigen, geavanceerde biobrandstoffen, elektrobrandstoffen en andere uitstootarme oplossingen. Net als bij de norm voor schone elektriciteit zou die technologieneutraal zijn en zouden gereguleerde rechtspersonen de credits moeten kunnen verhandelen, wat in beide gevallen de kosten voor de consumenten zou verlagen. Met zijn Low Carbon Fuel Standard heeft Californië hiervoor een model gecreëerd. Op nationaal niveau hebben de Verenigde Staten de basis voor een dergelijk beleid met de Renewable Fuel Standard, die kan worden aangepast om de beperkingen aan te pakken waar ik het in hoofdstuk 10 over heb gehad, en die kan worden uitgebreid om ook andere uitstootarme oplossingen te omvatten (waaronder elektriciteit en elektrobrandstoffen). Dat zou een krachtig instrument opleveren voor het aanpakken van de klimaatverandering. Met de Richtlijn hernieuwbare energie van de Europese Unie heeft Europa iets vergelijkbaars.

Normen voor schone producten. Prestatienormen kunnen ook een bijdrage leveren aan het versnellen van het gebruik van uitstootarm cement, staal, plastic en andere CO_2-intensieve producten. Overheden kunnen het proces beginnen door normen te stellen voor hun inkoopprogramma's en door labelprogramma's in het leven te roepen die burgers informatie geven over hoe 'schoon' verschillende leveranciers zijn. Vervolgens kunnen we deze uitbreiden naar normen voor alle CO_2-intensieve producten die op de markt worden gebracht, niet alleen voor wat er door overheden wordt gekocht. Ook voor geïmporteerde goederen zou dit moeten gelden, wat iets zou doen aan de vrees van landen dat door het verlagen van de uitstoot van hun industriële sectoren hun producten duurder worden en ze een concurrentienadeel oplopen.

Doe weg wat oud is. Naast het zo snel mogelijk uitrollen van nieuwe technologieën zullen overheden, eerder dan ze anders zouden doen, met inefficiënte, op fossiele brandstoffen werkende apparaten moeten stoppen, of het nu elektriciteitscentrales zijn of auto's. Het kost veel om elektriciteitscentrales te bouwen, en de energie die ze produceren is alleen goedkoop als je de bouwkosten kunt uitspreiden over de periode waarin ze in bedrijf zijn. Als gevolg hiervan zijn nutsbedrijven en hun regelgevende instanties niet geneigd tot het sluiten van uitstekend werkende fabrieken die nog tientallen jaren mee kunnen. Met op beleid gebaseerde stimulansen, door belastingwetgeving of door regelingen voor nutsvoorzieningen kan dit proces worden versneld.

Wie is er eerst?

Geen enkele overheidsinstantie kan een plan zoals ik heb geschetst volledig zelfstandig implementeren; daarvoor is het besluitvormingsgezag eenvoudigweg te gefragmenteerd. We zullen op alle niveaus van de overheid actie moeten ondernemen, van lokale transportplanners tot nationale wetgevende lichamen en milieuregelgevers.

De precieze mix zal van land tot land verschillen, maar ik zal een paar terugkerende onderwerpen aanstippen die vandaag de dag voor de meeste plekken gelden.

Lokale overheden spelen een belangrijke rol bij besluiten over hoe gebouwen worden geconstrueerd en van welke soorten energie ze gebruikmaken; over het op elektriciteit lopen van bussen en politieauto's; of er een laadinfrastructuur voor elektrische voertuigen komt; en over hoe het afval wordt verwerkt.

De meeste overheden op staats- of provinciaal niveau hebben een centrale rol bij het reguleren van elektriciteit, het plannen van infrastructuur als wegen en bruggen, en het kiezen van de materialen waarmee deze projecten worden uitgevoerd.

Nationale overheden hebben over het algemeen het gezag over activiteiten die de grenzen van staten en internationale grenzen overschrijden; dus bepalen ze de regels die de elektriciteitsmarkten vormgeven, nemen ze de regelgeving over vervuiling aan en stellen ze de normen vast voor voertuigen en brandstoffen. Ook hebben ze een enorme inkoopmacht, zijn ze de voornaamste bron van fiscale stimuleringsmaatregelen en geven ze meestal meer uit aan openbaar onderzoek en ontwikkeling dan welk ander overheidsniveau ook.

Kortom, elke nationale overheid moet drie dingen doen.

Ten eerste: nul tot doel maken – de rijke landen in 2050 en de biddeninkomenslanden zo kort mogelijk daarna.

Ten tweede: specifieke plannen ontwikkelen om die doelen te halen. Om in 2050 de nul te halen, zullen we in 2030 het beleid en de marktstructuren voor elkaar moeten hebben.

Ten derde: elk land dat in de gelegenheid is om onderzoek te betalen, moet ervoor zorgen dat het op schema ligt om schone energie zo goedkoop te maken – dus de groene meerprijs zodanig te verlagen dat de landen met een middeninkomen in staat zijn de nul te halen.

Om te tonen hoe dit allemaal mogelijk is, volgt hier een beschrijving van hoe een totaalaanpak van de overheid voor het versnellen van de innovatie er in de Verenigde Staten uit kan zien.

De federale overheid

De Amerikaanse overheid doet meer om energie-innovatie te stimuleren dan ieder ander. Zij is de grootste geldschieter en uitvoerder van ontwikkeling van energie en het onderzoek ernaar, met twaalf verschillende federale instanties die bij diverse onderzoeken betrokken zijn (verreweg het grootste aandeel komt van het ministerie van Energie). Zij heeft allerlei soorten instrumenten om de richting en de snelheid van energie-o&o te bepalen: onderzoekssubsidies, kredietprogramma's, belastingprikkels, laboratoriumfaciliteiten, proefprogramma's, publiek-private partnerschappen en meer.

De federale overheid speelt ook een centrale rol bij het bevorderen van de vraag naar groene producten en beleid. Zij draagt bij aan de financiering van wegen en bruggen die door staats- en lokale overheden worden aangelegd, reguleert staatsgrenzen overschrijdende infrastructuur zoals elektriciteitsleidingen, pijpleidingen en snelwegen, en helpt met het vaststellen van de regels voor staatsgrenzen overschrijdende elektriciteits- en brandstofmarkten. En zij ontvangt de meeste belastinginkomsten, wat betekent dat de federale financiele prikkels bij het stimuleren van verandering het effectiefst zullen zijn.

Bij de opschaling van nieuwe technologieën speelt de federale overheid de grootste rol van iedereen. Zij reguleert de handel tussen de staten en heeft de voornaamste zeggenschap over het internationale handels- en investeringsbeleid, wat betekent dat we het federale beleid nodig zullen hebben voor het reduceren van alle emissiebronnen die de staats- of internationale grenzen overschrijden. (Volgens *The Economist* – een van mijn favoriete tijdschriften – zou de Amerikaanse uitstoot ongeveer 8 procent hoger zijn als je er alle producten bij op zou tellen die de Amerikanen consumeren maar die elders zijn gemaakt. De uitstoot van het Verenigd Koninkrijk zou ongeveer 40 procent hoger zijn.) Hoewel het beprijzen van CO_2, normen voor schone elektriciteit, normen voor schone brandstof en normen voor schone producten allemaal op staatsniveau moeten worden bepaald, zullen ze effectiever zijn als ze in het hele land worden geïmplementeerd.

In de praktijk betekent dit dat het Congres moet zorgen voor de financiering van onderzoek en ontwikkeling, voor overheidsopdrachten en de totstandkoming van infrastructuur, en voor het creëren, aanpassen of uitbreiden van financiële stimulansen voor groen beleid en groene producten.

Ondertussen, bij de uitvoerende macht, voert het ministerie van Energie tevens onderzoek uit in eigen huis en financiert het ook ander werk; het zou een centrale rol kunnen spelen bij het implementeren van een federale norm voor schone elektriciteit. De Environmental Protection Agency zou de opdracht krijgen voor het ontwikkelen en implementeren van een uitgebreide norm voor schone brandstof. De Federal Energy Regulatory Commission, die toezicht houdt op de groothandelsmarkten voor elektriciteit, het elektriciteitstransport tussen de staten en pijpleidingprojecten, zou de infrastructuur en marktfactoren van een plan moeten reguleren.

De lijst gaat door. Het ministerie van Landbouw verricht belangrijk werk voor het landgebruik en de uitstoot van de landbouw. Het ministerie van Defensie koopt geavanceerde uitstootarme brandstoffen en materialen. De National Science Foundation stelt fondsen beschikbaar voor onderzoek. Het ministerie van Transport draagt bij aan de financiering van wegen en bruggen. Enzovoort.

Tot slot is er de vraag waar we het geld vandaan halen voor het werk dat moet worden verricht om de nul te halen. We kunnen niet heel nauwkeurig aangeven hoeveel dat in de loop van de tijd zal kosten. Dat zal afhangen van het succes en de snelheid van de innovatie en de effectiviteit van het inzetten daarvan. Maar we weten dat het om enorme investeringen zal gaan.

De Verenigde Staten hebben geluk dat er volwassen en creatieve kapitaalmarkten zijn, met belangstelling voor goede ideeën, en die ervoor kunnen zorgen dat ze snel worden ontwikkeld en ingezet. Ik heb manieren voorgesteld waarop de federale overheid deze markten de juiste kant op kan helpen en met de particuliere sector kan samenwerken. Andere landen, zoals China, India en veel Europese landen, hebben niet zulke sterke particuliere markten, maar ze kunnen nog altijd grote publieke investeringen voor het aanpakken van de klimaatverandering doen. En multilaterale banken als de Wereldbank en ontwikkelingsbanken in Azië, Afrika en Europa proberen er ook meer bij betrokken te raken.

Twee dingen zijn duidelijk. Ten eerste zal de hoeveelheid geld die wordt geïnvesteerd om de nul te bereiken en ons aan te passen aan de schade waarvan we weten dat die eraan zit te komen, spectaculair en voor lange tijd moeten worden vergroot. Volgens mij houdt dit in dat overheden en multilaterale banken veel betere manieren moeten zien te vinden om particulier kapitaal aan te spreken. Hun buidels zijn niet groot genoeg om het alleen te kunnen.

Ten tweede zijn de termijnen voor klimaatinvesteringen lang en de risico's groot. Dus zou de publieke sector zijn financiële kracht moeten gebruiken om de investeringshorizon te verlengen, omdat de opbrengsten vele jaren op zich kunnen laten wachten en om het risico van deze investeringen te verminderen. Het zal riskant zijn om publiek en privaat geld op een dergelijk grote schaal te vermengen, maar het is essentieel. We hebben de slimste mensen in de financiële wereld nodig om aan dit probleem te werken.

Overheden op staatsniveau

In Amerika hebben veel staten een voortrekkersrol. Vierentwintig staten en Puerto Rico hebben zich aangesloten bij de Amerikaanse Klimaatalliantie, die zich verbindt aan de doelstellingen van het Akkoord van Parijs om de uitstoot in 2025 met ten minste 26 procent terug te dringen. Hoewel dat lang niet voldoende is om de nationale uitstoot te reduceren in de mate die nodig is, is het ook geen hopeloze zaak. Staten kunnen een cruciale rol spelen bij het demonstreren van innovatieve technologieën en beleidsvormen, zoals het benutten van hun nutsbedrijven en wegenbouwprojecten om bij te dragen aan het vermarkten van technologieën zoals langdurige opslag en uitstootarm cement.

Staten kunnen ook fungeren als proeftuinen voor beleid voor CO_2-beprijzing, voor normen voor schone elektriciteit en normen voor schone brandstof, voordat we ze in het hele land invoeren. En ze kunnen samenwerken in regionale bondgenootschappen, zoals Californië en andere westelijke staten nagaan hoe ze hun elektriciteitsnetwerken met elkaar kunnen verbinden, en zoals sommige staten in het noordoosten hebben gedaan met hun systeem met verhandelbare emissierechten, om de emissies te verlagen. De Amerikaanse Klimaatalliantie en de steden die zich hierbij hebben aangesloten vertegenwoordigen meer dan 60 procent van de Amerikaanse economie, wat betekent dat ze een fenomenaal vermogen hebben om markten te creëren en te tonen hoe we nieuwe ideeën kunnen opschalen.

De wetgevende macht van de staat zou verantwoordelijk zijn voor de implementatie van een systeem op staatsniveau om CO_2 te beprijzen, voor normen voor schone energie en normen voor schone brandstof. Ze zou ook staatsinstanties, openbare nutsbedrijven of ambtelijke commissies kunnen opdragen hun inkoopbeleid te veranderen en uitstootarme technologieën voorrang te geven.

Staatsinstanties zijn verantwoordelijk voor het behalen van de doelen die door de wetgevende macht en de gouverneur zijn gesteld. Ze houden toezicht op de energie-efficiëntie en het aan de bebouwing gerelateerde beleid, geven leiding aan het beleid en de investeringen op transportgebied, handhaven milieunormen en reguleren de landbouw en andere vormen van landgebruik.

In het onwaarschijnlijke geval dat er iemand op je afstapt en vraagt: 'Wat is de minst bekende instantie met de meest onderschatte impact op de klimaatverandering?' doe je er niet verkeerd aan als je zegt: 'De nutsbedrijfcommissie van mijn staat.' De meeste mensen hebben er nog nooit van gehoord, maar dergelijke commissies zijn verantwoordelijk voor een groot deel van de regelingen voor elektriciteit in de Verenigde Staten. Zo keuren ze investeringsplannen goed die elektriciteitsbedrijven hebben ingediend en stellen ze vast wat de consumenten voor hun stroom betalen. En omdat we voor een groter deel van onze energiebehoeften van elektriciteit afhankelijk zullen worden, neemt het belang van de commissie alleen nog maar toe.

Plaatselijke overheden

Burgemeesters in de hele Verenigde Staten en elders in de wereld hebben beloofd de uitstoot te verlagen. Twaalf grote Amerikaanse steden hebben aangegeven dat ze in 2050 CO_2-neutraal willen zijn, en meer dan driehonderd hebben beloofd de doelstellingen van het Akkoord van Parijs te willen halen.

Steden hebben weliswaar niet zoveel invloed op de uitstoot als de staats- en federale overheden, maar ze zijn allesbehalve machteloos. Hoewel ze bijvoorbeeld niet hun eigen emissienormen voor voertuigen kunnen bepalen, kunnen ze elektrische bussen aanschaffen, meer laadstations voor elektrische voertuigen financieren, de ruimtelijke ordening gebruiken om de bevolkingsdichtheid te verhogen, zodat er minder woon-werkverkeer is, en eventueel met fossiele brandstoffen aangedreven voertuigen de toegang tot hun wegen weigeren. Ook kunnen ze beleid voor groene gebouwen ontwikkelen, hun wagenpark elektrificeren en met inkooprichtlijnen en prestatienormen voor openbare gebouwen komen.

En sommige steden – bijvoorbeeld Seattle, Nashville en Austin – zijn eigenaar van het plaatselijk nutsbedrijf, waardoor ze kunnen bepalen of ze hun elektriciteit uit schone bronnen willen halen. Die steden kunnen ook de aanleg toestaan van duurzame energieprojecten op stedelijke percelen.

Stadsbesturen kunnen vergelijkbare dingen doen als de wetgevende macht van de staat of het Amerikaanse Congres, door speerpunten van het klimaatbeleid te financieren en te eisen dat instanties van de lokale overheden actie ondernemen.

Plaatselijke overheden houden, net als hun tegenhangers op staats- en federaal niveau, toezicht op verschillende beleidsprioriteiten. Gebouwendiensten stellen eisen aan de efficiëntie. De afdelingen voor het lokaal transport kunnen overgaan op elektriciteit en invloed uitoefenen op het materiaalgebruik in wegen en bruggen. De vuilnisdiensten werken met een groot wagenpark en hebben invloed op de uitstoot van stortplaatsen.

Terug naar het federale niveau voor een laatste punt: hoe de rijke landen kunnen helpen om het probleem van de meelifters aan te pakken.

Het valt niet te ontkennen dat je zonder iets te betalen niet bij nul kunt uitkomen. We moeten meer geld in onderzoek investeren en er is behoefte aan beleid dat de markten aanzet tot producten die met schone energie zijn gemaakt en die, op dit moment, duurder zijn dan de broeikasgassen uitstotende tegenhangers.

Maar het valt niet mee om nu hogere kosten op te leggen teneinde er later een beter klimaat voor terug te krijgen. De groene meerprijzen geven landen, en vooral midden- en lage-inkomenslanden, een grote prikkel om zich tegen het beperken van de uitstoot te verzetten. Daar hebben we al het ene na het andere voorbeeld van gezien – Canada, de Filipijnen, Brazilië, Australië, Frankrijk en andere landen – waarbij het publiek met zijn stemgedrag en uitingen duidelijk maakt dat het niet méér wil betalen voor benzine, lichte stookolie en andere basisvoorzieningen.

Het probleem is niet dat de mensen in deze landen willen dat het klimaat warmer wordt. Het probleem is dat ze inzitten over hoeveel de oplossingen hun zullen kosten.

Dus hoe lossen we het probleem van de meelifters op?

Het helpt om ambitieuze doelen te stellen en je eraan te verbinden, zoals landen van over de hele wereld in 2015 deden met het Akkoord van Parijs. Het is gemakkelijk om op internationale overeenkomsten af te geven, maar dat is nu eenmaal de manier waarop er vooruitgang wordt geboekt: als je het fijn vindt dat er een ozonlaag is, kun je daarvoor een internationale overeenkomst bedanken die het Montrealprotocol wordt genoemd.

Als de doelen eenmaal zijn vastgesteld, dan zijn fora als de klimaatconferentie COP21 in Parijs de plek waar landen bijeenkomen om hun vorderingen te rapporteren en elkaar te vertellen over wat werkt. En ze fungeren als een mechanisme om druk uit te oefenen op nationale regeringen om hun bijdrage te leveren. Als de regeringen van de wereld het erover eens zijn dat het zin heeft om de uitstoot te verminderen, dan wordt het lastiger – maar allesbehalve onmogelijk, zoals we hebben gezien – om de buitenstaander te zijn die zegt: 'Het maakt me niet uit. Ik blijf broeikasgassen uitstoten.'

Wat gebeurt er met degenen die weigeren mee te doen? Het is ontzettend moeilijk om een land verantwoordelijk te houden voor het uitstoten van CO_2. Maar onmogelijk is het niet. Zo kunnen overheden die een prijs aan CO_2 verbinden een zogenoemde correctie aan de grens toepassen, ervoor zorgen dat de CO_2-prijs van een product wordt betaald, of het product nu in eigen land is gemaakt of wordt geïmporteerd. (Ze zouden producten moeten toelaten van lage-inkomenslanden waar de prioriteit ligt bij economische groei, niet bij het verminderen van hun toch al heel lage uitstoot van CO_2.)

En zelfs landen zonder CO_2-belasting kunnen duidelijk maken dat ze geen handelsovereenkomsten zullen sluiten, noch aan multilaterale partnerschappen zullen meedoen met iedereen die het niet tot een prioriteit heeft gemaakt om de broeikasgassen te reduceren en die geen beleid voert om dat voor elkaar te krijgen. (Ook nu worden lage-inkomenslanden wel toegelaten.) In wezen kunnen regeringen tegen elkaar zeggen: 'Als je met ons zaken wilt doen, zul je de klimaatverandering serieus moeten nemen.'

Tot slot, maar volgens mij uiterst belangrijk, zullen we de groene meerprijs omlaag moeten zien te brengen. Het is de enige manier om het voor midden- en lage-inkomenslanden gemakkelijker te maken om hun uitstoot te verminderen en uiteindelijk op nul uit te komen, en het zal alleen gebeuren als de rijke landen – met name de Verenigde Staten, Japan en de Europese landen – het voortouw nemen. Tenslotte vindt daar een groot deel van de innovatie van de wereld plaats.

En – en dat is echt een heel belangrijk punt – *het verlagen van de groene meerprijs die de wereld betaalt is geen liefdadigheid.* Landen als de Verenigde Staten zouden de investeringen in onderzoek naar en ontwikkeling van schone energie niet als een gunst voor de rest van de wereld moeten zien. Ze zouden het ook moeten zien als een kans om wetenschappelijke doorbraken te bereiken die tegelijkertijd de aanzet vormen voor nieuwe bedrijfstakken bestaande uit grote nieuwe ondernemingen, die banen scheppen en tegelijkertijd de uitstoot verminderen.

Denk aan al het goede dat afkomstig is van het medische onderzoek dat door de National Institutes of Health wordt gefinancierd. De NIH publiceren hun resultaten, zodat wetenschappers in de hele wereld van het werk kunnen profiteren, maar de financiering zorgt ook voor mogelijkheden aan Amerikaanse universiteiten, die op hun beurt verbonden zijn met beginnende bedrijven en grote ondernemingen. Met als resultaat: een Amerikaans exportproduct – geavanceerde medische expertise – dat in eigen land veel goedbetaalde banen oplevert en over de hele wereld levens redt.

Hetzelfde geldt voor de technologie, waar vroege investeringen door het ministerie van Defensie hebben geleid tot het ontstaan van het internet en de microchips die de revolutie van de personal computer mogelijk maakten.

En datzelfde kan gebeuren bij schone energie. Er liggen markten van honderden miljarden dollars te wachten op iemand die goedkoop uitstootvrij cement of staal uitvindt, of netto uitstootvrije vloeibare brandstof. Zoals ik heb proberen te laten zien, zal het lastig zijn om tot deze doorbraken te komen en ze op te schalen, maar zijn er zoveel mogelijkheden dat het de moeite waard is om een voorsprong op de rest van de wereld te nemen. Iemand zal deze technologieën uitvinden. Het is alleen een kwestie van wie en hoe snel.

Individuen kunnen veel doen, van plaatselijk tot nationaal niveau, om deze agenda te versnellen. Daar zullen we in het volgende en laatste hoofdstuk op ingaan.

HOOFDSTUK 12

WAT IEDER VAN ONS KAN DOEN

Geconfronteerd met een probleem dat zo groot is als klimaatverandering, kun je al snel het gevoel hebben machteloos te staan. Maar je bent niet machteloos. En je hoeft geen politicus of filantroop te zijn om verschil te maken. Als burger, consument en werknemer of werkgever heb je invloed.

Als burger

Als je je afvraagt wat je kunt doen om de klimaatverandering te beperken, dan spreekt het voor zich dat je aan zaken denkt als het rijden in een elektrische auto of het eten van minder vlees. Dit soort persoonlijke ingrepen zijn belangrijk om een signaal aan de markt te geven (in het volgende onderdeel meer hierover), maar het grootste deel van onze uitstoot is afkomstig van de algemenere systemen waarin we leven.

Als iemand bijvoorbeeld toast als ontbijt wil, moeten we ervoor zorgen dat er een systeem bestaat dat kan zorgen voor het brood, het broodrooster en de elektriciteit waarop de broodrooster werkt, zonder broeikasgassen aan de atmosfeer toe te voegen. We zullen het klimaatprobleem niet oplossen door tegen de mensen te zeggen dat ze geen toast moeten eten.

Maar voor de aanleg van dat nieuwe energiesysteem is een gezamenlijke politieke inzet nodig. Vandaar dat ingrijpen in het politieke proces de belangrijkste individuele stap is die mensen van elke achtergrond kunnen zetten om een klimaatramp te helpen voorkomen.

Bij mijn eigen ontmoetingen met politici heb ik gemerkt dat het helpt om in gedachten te houden dat klimaatverandering niet het enige is wat er op hun bordje ligt. Regeringsleiders denken ook na over het onderwijs, banen, de gezondheidszorg, buitenlands beleid en recentelijker COVID-19. En dat móéten ze ook doen: al die dingen vragen aandacht.

Maar beleidsvormers kunnen slechts een beperkt aantal problemen tegelijk aan. En bij hun beslissing wat ze doen, wat voorrang krijgt, baseren ze zich op wat ze van hun kiezers horen.

Met andere woorden: gekozen functionarissen zullen met specifieke plannen voor de klimaatverandering komen als hun kiezers daarom vragen. Dankzij de activisten op de wereld hoeven we geen vraag te genereren: miljoenen mensen roepen al op tot actie. Maar wat we moeten doen, is deze oproepen vertalen in druk die politici ertoe aanzet om de lastige keuzes en afwegingen te maken die nodig zijn om hun beloftes voor het verminderen van de uitstoot na te komen.

Welke middelen je verder ook hebt, je kunt altijd je stem gebruiken en stemmen om verandering teweeg te brengen.

Bel, schrijf brieven en bezoek het gemeentehuis. Je kunt je leiders helpen begrijpen dat het even belangrijk is om na te denken over het langetermijnprobleem van klimaatverandering, als het is om over banen, onderwijs of gezondheidszorg na te denken.

Het klinkt misschien ouderwets, maar brieven en telefoontjes aan je gekozen functionarissen kunnen een echte impact hebben. Senatoren en afgevaardigden krijgen vaak rapporten over wat hun bureaus van de kiezers horen. Maar zeg niet eenvoudigweg: 'Doe iets aan de klimaatverandering.' Weet wat hun standpunt is, stel vragen en maak duidelijk dat dit een punt is dat mede zal bepalen hoe je zult stemmen. Vraag om meer geld voor onderzoek en ontwikkeling van schone energie, een norm voor schone energie, een prijs voor CO_2, of elk ander beleid uit hoofdstuk 11.

Kijk lokaal én nationaal. Veel relevante beslissingen worden genomen op staats- en lokaal niveau, door gouverneurs, burgemeesters, in de wetgevende instanties van de staat en in de gemeenteraden, plekken waar individuele burgers nog meer invloed kunnen hebben dan op federaal niveau. Zo wordt elektriciteit in de Verenigde Staten voornamelijk geregeld door de voor de hele staat functionerende commissies voor nutsbedrijven, bestaande uit ofwel gekozen, ofwel aangestelde commissieleden. Weet wie je afgevaardigden zijn en blijf met hen in contact.

Stel je verkiesbaar. Het is een hele opgave om je verkiesbaar te stellen op nationaal niveau, zoals het Amerikaanse Congres. Maar daar hoef je niet te beginnen. Je kunt je ook op lokaal of staatsniveau verkiesbaar stellen, waar je waarschijnlijk toch meer invloed zult hebben. We hebben in het bestuur alle verstand, moed en creativiteit nodig waarover we kunnen beschikken.

Als consument

De markt wordt bepaald door vraag en aanbod, en als consument kun je een enorme invloed uitoefenen op de vraagkant. Als ieder van ons andere keuzes maakt bij wat we kopen en gebruiken, kan dat alles bij elkaar veel opleveren, als we ons tenminste richten op veranderingen die zinvol zijn. Als je je bijvoorbeeld een slimme thermostaat kunt veroorloven die je energieverbruik vermindert als je niet thuis bent, moet je dat hoe dan ook doen. Dan zal je energierekening dalen en je uitstoot van broeikasgassen ook.

Maar het verminderen van je eigen uitstoot van broeikasgassen is niet de krachtigste stap die je als consument kunt zetten. Je kunt ook een boodschap aan de markt meegeven dat mensen uitstootvrije alternatieven willen en bereid zijn daarvoor te betalen. Als je meer betaalt voor een elektrische auto, een warmtepomp of een vegetarische hamburger, dan zeg je: 'Er is een markt voor deze dingen. We zullen ze kopen.' Als er voldoende mensen zijn die dezelfde boodschap versturen, dan zullen bedrijven reageren, en heel snel ook, zo heb ik ervaren. Ze zullen meer tijd en geld steken in het maken van uitstootarme producten, waardoor de prijs van die producten zal dalen, waardoor er meer van over de toonbank zullen gaan. Hierdoor zullen investeerders eerder in nieuwe bedrijven investeren die voor de doorbraken zorgen waarmee we dichter bij nul uitkomen.

Zonder de boodschap die uitgaat van de vraag, zullen de innovaties waarin de overheden en bedrijven investeren op de plank blijven liggen. Of zullen ze niet eens worden ontwikkeld, omdat er geen economische prikkel is om ze te maken.

Koop groene stroom bij je elektriciteitsbedrijf. Bij sommige nutsbedrijven kunnen particulieren en bedrijven tegen extra betaling elektriciteit uit groene bronnen krijgen. In dertien staten zijn nutsbedrijven verplicht om deze mogelijkheid te bieden. De klanten die hieraan meedoen betalen een meerprijs over hun elektriciteitsrekening, vanwege de extra kosten van de duurzame energie, gemiddeld 1 of 2 dollarcent per kilowattuur, of 9 tot 18 dollar per maand voor een gemiddelde Amerikaanse woning. Als je aan deze programma's meedoet, zeg je daarmee tegen je nutsbedrijf dat je bereid bent meer te betalen om iets aan de klimaatverandering te doen. Dat is een belangrijk signaal aan de markt.

Maar wat deze programma's niet doen, is dat ze een einde aan de uitstoot maken of leiden tot een betekenisvolle toename van duurzame energie in het elektriciteitsnetwerk. Dat kan alleen gebeuren door het beleid van de overheid en door meer investeringen.

Verminder de uitstoot van je woning. Afhankelijk van hoeveel geld en tijd je hebt, kun je je gloeilampen door ledlampen vervangen, een slimme thermostaat installeren, je ramen isoleren, zuinige apparaten kopen of je verwarmingsketel en airconditioning door een warmtepomp vervangen (als je tenminste in een klimaat woont waar die kunnen functioneren). Als je je huis huurt, kun je dingen veranderen waar je invloed op hebt, zoals het vervangen van je lampen, en je verhuurder aanmoedigen om de rest te doen. Als je een nieuwe woning bouwt of een oude renoveert, kun je kiezen voor gerecycled staal en het huis energie-efficiënter maken door het dak, de muren en de vloer goed te isoleren.

Koop een elektrische auto. Elektrische auto's zijn voor wat betreft de kosten en prestaties al ver ontwikkeld. Hoewel ze misschien niet voor iedereen geschikt zullen zijn (ze zijn niet ideaal als je vaak lange afstanden aflegt, en thuis opladen is niet voor iedereen te doen), zijn ze voor veel mensen toch betaalbaarder geworden. Dit is een van de gebieden waarop consumentengedrag van grote invloed kan zijn: als er veel van worden verkocht, zullen bedrijven er veel van maken.

Probeer een vegetarische hamburger. Ik geef toe dat vegetarische hamburgers niet altijd even lekker zijn geweest, maar de nieuwe generatie plantaardige-eiwitalternatieven is beter en lijkt qua smaak en textuur meer op vlees dan haar voorgangers. Je kunt ze kopen in veel restaurants, supermarkten en zelfs bij fastfoodtenten. Van het kopen van deze producten gaat de duidelijke boodschap uit dat het een slimme investering is om ze te maken. Bovendien neemt de uitstoot waar jij verantwoordelijk voor bent af als je er gewoon een- of tweemaal per week eentje eet (of als je helemaal met het eten van vlees stopt). Hetzelfde geldt voor zuivelproducten.

Als werknemer of werkgever

Als werknemer of aandeelhouder kun je druk uitoefenen op je bedrijf om een bijdrage te leveren. Natuurlijk hebben grote bedrijven de grootste impact op deze vlakken, maar ook kleine bedrijven kunnen veel doen, vooral als ze samenwerken met organisaties als de plaatselijke kamers van koophandel.

Sommige stappen zijn gemakkelijker dan andere. De gemakkelijke zijn van belang. Zo is het uit het oogpunt van milieu en politiek goed om voor de compensatie van uitstoot bomen te planten. Het laat zien dat je om de klimaatverandering geeft.
Maar het probleem wordt niet opgelost door alleen de gemakkelijke dingen te doen. De particuliere sector zal ook de lastiger stappen moeten omarmen.

Om te beginnen betekent dat het accepteren van meer risico, bijvoorbeeld bij het financieren van projecten die zouden kunnen mislukken, maar die ook op een doorbraak van duurzame energie kunnen uitlopen. De aandeelhouders en bestuursleden zullen bereid moeten zijn dit risico te delen, leidinggevenden duidelijk te maken dat ze achter slimme investeringen staan, zelfs als ze uiteindelijk niet goed uitvallen. Bedrijven en hun leiders moeten beloond worden voor het lopen van risico's die ons vooruit kunnen helpen bij de klimaatverandering.

Bedrijven kunnen ook met elkaar samenwerken bij hun poging tot het identificeren en oplossen van de lastigste klimaatproblemen. Dat betekent dat ze kijken naar de grootste groene meerprijzen en proberen die te verlagen. Als de grootste particuliere verbruikers van materialen als staal en cement de handen ineensloegen en duurzamere vervangers eisten, dan zou dat het onderzoek versnellen en de markt in de juiste richting veranderen.

Ten slotte kan de particuliere sector het maken deze lastige keuzes steunen. Bijvoorbeeld door overeen te komen zijn middelen in te zetten voor het ontwikkelen van deze markten, en door van overheden te verlangen dat ze met regelgevingssystemen komen waarin nieuwe technologieën kunnen slagen. Richten de politieke leiders zich op de grootste veroorzakers van emissies en de lastigste technische problemen? Spreken ze over de opslag van elektriciteit op netwerkschaal, elektrobrandstoffen, kernsplitsing, afvangen van CO_2 en uitstootvrij cement en staal? Zo niet, dan dragen ze niet bij aan ons pad naar een netto uitstootvrij 2050.

Hier volgen enkele specifieke stappen die de particuliere sector volgens dit stramien kan zetten:

Kom met een interne CO_2-heffing. Enkele grote bedrijven komen momenteel met een CO_2-heffing voor elk van hun divisies. Deze bedrijven bewijzen geen lippendienst aan het verminderen van de uitstoot. Ze dragen bij aan het uit het laboratorium halen en op de markt brengen van producten, want de opbrengsten van de interne heffingen kunnen rechtstreeks aan activiteiten worden besteed die de groene meerprijzen verlagen en een markt voor de duurzame producten helpen creëren die deze bedrijven nodig zullen hebben. Werknemers, investeerders en klanten kunnen op deze benadering aandringen, waarmee ze de leidinggevenden steunen die voor de implementatie ervan verantwoordelijk zijn.

Geef voorrang aan innovatie met uitstootarme oplossingen. Ooit was men in de meeste sectoren trots als men in nieuwe ideeën investeerde, maar de glorietijd van onderzoek en ontwikkeling in bedrijven is voorbij. Tegenwoordig besteden bedrijven die in de luchtvaart, materialen en energie werkzaam zijn er gemiddeld minder dan 5 procent van hun inkomsten aan. (Softwarebedrijven tot 15 procent.) Bedrijven zouden weer extra aandacht moeten schenken aan hun onderzoeks- en ontwikkelingswerk, vooral op het gebied van uitstootarme innovaties, wat vaak een kwestie van lange adem is. Grotere bedrijven kunnen samenwerken met overheidsonderzoekers om praktische commerciële ervaring te combineren met onderzoeksinspanningen.

Wees een *early adopter*. Net als overheden kunnen bedrijven het feit dat ze veel producten kopen gebruiken om de toepassing van nieuwe technologieën te versnellen. Dat kan onder meer door elektrische auto's te gebruiken voor bedrijfswagenparken, materialen met minder CO_2 te kopen om bedrijfsgebouwen te bouwen of te renoveren en over te gaan op het gebruiken van een bepaalde hoeveelheid schone elektriciteit. Veel bedrijven overal op aarde zijn al voor een groot deel van hun activiteiten op het gebruik van duurzame energie overgestapt, waaronder Microsoft, Google, Amazon en Disney. Rederij Maersk heeft gezegd dat zij in 2050 haar netto-uitstoot tot nul wil hebben teruggebracht.

Zelfs als deze toezeggingen moeilijk haalbaar zullen zijn, geven ze een belangrijk signaal aan de markt over het belang van het ontwikkelen van uitstootvrije benaderingen. De vernieuwers zien de vraag en weten dat er een markt is die hun producten zal kopen.

Raak betrokken bij het beleidsvormingsproces. Bedrijven mogen niet bang zijn voor samenwerking met de overheid, net zomin als overheden bang zouden moeten zijn om met bedrijven samen te werken. Bedrijven zouden voorstander moeten zijn van het streven naar nul en de financiering moeten steunen van de fundamentele en toepassingsgerichte wetenschappelijke programma's waarmee we dat doel zullen bereiken. Omdat onderzoek en ontwikkeling door bedrijven de afgelopen tientallen jaren zijn afgenomen, is dat des te belangrijker.

Sluit aan bij door de overheid gefinancierd onderzoek. Bedrijven zouden als adviseur moeten optreden bij de onderzoeks- en ontwikkelingsprogramma's van de overheid, zodat het fundamenteel en toegepast onderzoek zich richt op ideeën die de meeste kans hebben om het tot product te schoppen. (Bedrijven die dagelijks producten ontwikkelen en in de markt zetten weten beter dan wie ook wat waarschijnlijk wel of niet zal slagen.) Meedoen in industriële adviesraden en met planningsprocessen is een prima manier om overheidsprogramma's voor onderzoek en ontwikkeling van informatie te voorzien. En het kost bijna niets.

Bedrijven kunnen ook bijdragen aan het financieren van onderzoek en ontwikkeling door de kosten te delen en door gemeenschappelijke onderzoeksprojecten, het soort publiek-private samenwerking dat ons aan gasturbines en geavanceerde dieselmotoren heeft geholpen.

Help vroegefasevernieuwers met het oversteken van de vallei des doods. Veel onderzoekers zetten hun veelbelovende ideeën nooit om in producten omdat het proces te riskant of te duur zou zijn. Gevestigde bedrijven kunnen helpen door toegang te verlenen tot hun testfaciliteiten en door gegevens te verschaffen, zoals kostenberekeningen. Als ze meer willen doen, kunnen ze beurzen aanbieden en incubatieprogramma's voor ondernemers, in nieuwe technologie investeren, bedrijfsafdelingen in het leven roepen die zich specifiek richten op uitstootarme innovatie en nieuwe lage-emissieprojecten financieren.

Een laatste overweging

Helaas is het gesprek over klimaatverandering nodeloos gepolariseerd geraakt, om maar niet te zeggen vertroebeld, door tegenstrijdige informatie en verwarrende verhalen. We moeten het debat doordachter en constructiever voeren, en bovenal moeten we ons richten op realistische, specifieke plannen om de nul te halen.

Ik zou willen dat er een magische uitvinding bestond om het gesprek een wat productievere richting op te sturen. Zo'n apparaat bestaat natuurlijk niet. In plaats daarvan is het aan ieder van ons om daarvoor te zorgen.

Ik hoop dat we het gesprek over een andere boeg kunnen gooien door de feiten te delen met de mensen om ons heen, met onze familieleden, vrienden en leidinggevenden. En dan niet alleen de feiten waaruit we opmaken waarom we tot actie moeten overgaan, maar ook die welke ons tonen bij welke acties we het meeste baat hebben. Een van de doelen van dit boek is dat het aan dat soort gesprekken bijdraagt.

Ook hoop ik dat we ons achter plannen kunnen scharen die politieke verschillen overbruggen. Zoals ik heb proberen te laten zien, is dit niet zo naïef als het misschien klinkt. Niemand heeft de markt veroverd met effectieve oplossingen voor de klimaatverandering. Of je nu iemand bent die gelooft in de particuliere sector, in overheidsingrijpen, in activisme of in een combinatie hiervan: er is een praktisch idee waar je achter kunt staan. Bij de ideeën die je niet kunt steunen, ben je misschien geneigd je uit te spreken, en dat is begrijpelijk. Maar ik hoop dat je meer tijd en energie besteedt aan wat het ook is waar je een voorstander van bent, dan in het verzet tegen datgene waar je tegen bent.

Nu we door klimaatverandering worden bedreigd, kan het moeilijk zijn om hoop te hebben voor de toekomst. Maar zoals Hans Rosling, mijn overleden vriend die wereldwijd opkwam voor de gezondheidszorg, schreef in zijn geweldige boek *Feitenkennis*: 'Met een op feiten gebaseerd wereldbeeld kunnen we *zíén* dat de wereld niet zo slecht is als ze lijkt – en we kunnen *zíén* wat we moeten doen om haar beter te maken.'[106]

Met een op feiten gebaseerde kijk op klimaatverandering kunnen we zien dat we al beschikken over enkele zaken die nodig zijn om een klimaatramp te voorkomen, maar niet over alle. We kunnen zien welke beletsels er zijn voor het inzetten van de oplossingen waarover we beschikken en het ontwikkelen van de doorbraken die nodig zijn. En we kunnen zien wat er allemaal moet gebeuren om die hindernissen te overwinnen.

Ik ben een optimist, omdat ik weet wat technologie kan doen en omdat ik weet wat ménsen voor elkaar kunnen krijgen. Ik ben bijzonder geïnspireerd door alle passie die ik zie, vooral onder jonge mensen, voor het oplossen van dit probleem. Als we het hoofddoel in de gaten houden – de nul bereiken – en serieuze plannen maken om dat doel te halen, dan kunnen we een ramp vermijden. We kunnen het klimaat voor iedereen draaglijk houden, honderden miljoenen arme mensen helpen om het beste van hun leven te maken, en de planeet voor de generaties na ons behouden.

NAWOORD

KLIMAATVERANDERING EN COVID-19

Ik heb dit boek voltooid aan het eind van het meest tumultueuze jaar uit de recente geschiedenis. Terwijl ik dit nawoord schrijf, in november 2020, zijn er wereldwijd al meer dan 1,2 miljoen mensen aan COVID-19 gestorven en is er een volgende golf van ziekte- en sterfgevallen in aantocht. De pandemie heeft de manier waarop we werken, leven en met elkaar omgaan veranderd.

Tegelijkertijd heeft 2020 ons ook nieuwe redenen gegeven om hoopvol te zijn over klimaatverandering. Nu Joe Biden tot president van de Verenigde Staten is gekozen, staat het land klaar om er weer een leidende rol bij op te pakken. China heeft zichzelf het ambitieuze doel gesteld om in 2060 CO_2-neutraal te zijn. In 2021 komen de Verenigde Naties in Schotland samen voor weer een belangrijk topoverleg over klimaatverandering. Natuurlijk garandeert niets van dit alles dat we daadwerkelijk vooruitgang zullen boeken, maar de kansen liggen er.

Ik verwacht dat ik in 2021 veel tijd zal besteden aan overleg met leiders uit de hele wereld over zowel klimaatverandering als COVID-19. Ik zal ze duidelijk proberen te maken dat veel van de lessen die we in de pandemie hebben geleerd – en de waarden en principes waarmee onze aanpak gepaard gaat – ook op de klimaatverandering van toepassing zijn. Op het gevaar af dat ik mezelf van eerder in dit boek herhaal, geef ik ze hier in het kort weer.

Ten eerste zullen we internationaal moeten samenwerken. Je kunt de uitspraak 'We moeten het samen doen' gemakkelijk wegzetten als een cliché, maar het is gewoon waar. Waar regeringen, wetenschappers en farmaceutische bedrijven samenwerkten op het gebied van COVID-19, heeft de wereld exceptionele vooruitgang geboekt – bijvoorbeeld door in recordtijd vaccins te ontwikkelen en te testen. En waar we niet van elkaar leerden en in plaats daarvan andere landen verwijten maakten, of weigerden in te zien dat mondkapjes en social distancing de verspreiding van het virus tegengingen, hebben we de ellende laten voortduren.

Voor klimaatverandering geldt hetzelfde. Als rijke landen zich alleen bezighouden met het verlagen van hun eigen uitstoot en daar niet bij bedenken dat schone technologieën voor iedereen praktisch en haalbaar moeten zijn, zullen we de nul nooit halen. Als je het zo bekijkt, is hulp bieden aan anderen niet alleen een altruïstische daad, maar ook een daad uit eigenbelang. We hebben allemaal redenen om naar de nul te willen én om anderen te helpen hetzelfde te doen. De temperatuur in Texas houdt pas op met stijgen als ook de uitstoot in India stopt.

Ten tweede moeten we ons – op velerlei gebied – door de wetenschap laten leiden. In het geval van COVID-19 hebben we het dan over biologie, virologie en farmacologie, maar ook over politicologie en economie – tenslotte ligt de beslissing hoe vaccins worden gedistribueerd onmiskenbaar in de handen van de politiek. En zoals de epidemiologie ons vertelt wat de risico's van COVID-19 zijn, maar niet hoe we corona moeten stoppen, zo vertelt de klimaatwetenschap ons waarom het nodig is om van koers te veranderen, maar niet hoe we dat moeten doen. Daarvoor hebben we techniek, natuurkunde, milieuwetenschap, economie en meer nodig.

Ten derde moeten onze oplossingen tegemoetkomen aan de behoeften van die mensen die het hardst worden getroffen. Met COVID-19 zijn dat de mensen die de minste opties hebben, bijvoorbeeld om thuis te werken of vrij te nemen om voor zichzelf of hun dierbaren te zorgen. En de meesten van hen zijn mensen van kleur en/of met een laag inkomen.

In de Verenigde Staten hebben zwarte mensen en latino's een

grotere kans om met het coronavirus besmet te raken en eraan te overlijden.[107] Zwarte studenten en studenten met een Latijns-Amerikaanse achtergrond hebben over het algemeen ook minder mogelijkheden om online lessen te volgen dan witte studenten. Onder degenen die Medicare ontvangen, ligt het COVID-19-sterftecijfer vier keer hoger bij arme mensen.[108] Het opheffen van deze verschillen zal van essentieel belang zijn om het virus in de Verenigde Staten onder controle te krijgen.

Wereldwijd heeft COVID-19 decennia van vooruitgang op het gebied van armoede en ziekte tenietgedaan. Omdat regeringen genoodzaakt waren zich op de pandemie te richten, werden mensen en middelen van andere prioriteiten afgehaald, waaronder vaccinatieprogramma's. Een onderzoek van het Institute for Health Metrics and Evaluation wees uit dat de vaccinatiecijfers in 2020 daalden tot niveaus die voor het laatst voorkwamen in de jaren negentig van de vorige eeuw.[109] In ongeveer 25 weken zijn we 25 jaar vooruitgang kwijtgeraakt.

Rijke landen, die al royaal geven om de wereldwijde gezondheidszorg te bevorderen, zullen nog royaler moeten zijn om dit verlies goed te maken. Hoe meer ze investeren in het versterken van gezondheidsstelsels over de hele wereld, hoe beter we op de volgende pandemie voorbereid zullen zijn.

Op dezelfde manier zullen we een plan moeten maken voor een overgang naar een toekomst zonder uitstoot. Zoals ik in hoofdstuk 9 uiteen heb gezet, hebben mensen in arme landen hulp nodig om zich aan een warmere wereld aan te passen. En rijkere landen zullen moeten erkennen dat de energietransitie ontwrichtend zal werken voor gemeenschappen die afhankelijk zijn van de energiesystemen van vandaag de dag: op plaatsen waar mijnbouw de belangrijkste industrie is, waar cement wordt vervaardigd, staal wordt gesmolten of auto's worden gemaakt. Daar komt nog bij dat veel mensen werk hebben dat indirect aan die industrieën verbonden is – als er minder kolen en brandstoffen worden vervoerd, zullen er minder banen zijn voor vrachtwagenchauffeurs en spoorwegpersoneel. Een belangrijk deel van de economie van de arbeidersklasse zal worden getroffen, en voor die gemeenschappen zal dan ook een transitieplan moeten worden opgesteld.

Ten slotte kunnen we dingen doen die niet alleen economieën zullen redden uit de COVID-ramp, maar ook innovaties zullen bevorderen om een klimaatramp te vermijden. Door te investeren in onderzoek naar en de ontwikkeling van schone energie kunnen overheden economisch herstel stimuleren, dat eveneens de uitstoot zal helpen te verminderen. Hoewel geld voor onderzoek en ontwikkeling zijn grootste impact op de lange termijn heeft, is er ook een onmiddellijke impact: dit geld genereert banen. In 2018 ondersteunden de investeringen van de Amerikaanse overheid in alle sectoren van onderzoek en ontwikkeling zowel direct als indirect meer dan 1,6 miljoen banen, wat neerkomt op 126 miljard dollar aan inkomen voor arbeidskrachten en 39 miljard dollar aan belastinginkomsten voor staten en de federale overheid.[110]

Onderzoek en ontwikkeling vormen niet het enige gebied waarop economische groei verband houdt met innovatie op de weg naar nul uitstoot. Regeringen kunnen bedrijven in schone energie ook helpen groeien met beleid dat de groene meerprijs verlaagt en het voor groene producten gemakkelijker maakt om te concurreren met hun op fossiele brandstof geënte tegenhangers. En ze kunnen COVID-gerelateerde fondsen bijvoorbeeld gebruiken om meer duurzame energie te gebruiken en geïntegreerde elektriciteitsnetwerken aan te leggen.

Het jaar 2020 was een enorme en tragische tegenslag. Maar ik heb goede hoop dat we COVID-19 in 2021 onder controle zullen krijgen. En ik heb ook goede hoop dat we werkelijk vooruitgang zullen boeken op het gebied van de klimaatverandering – omdat de wereld zich meer dan ooit inzet voor de oplossing van het probleem.

Toen de mondiale economie in 2008 in een diepe recessie belandde, kelderde het maatschappelijk draagvlak voor de strijd tegen klimaatverandering. Mensen zagen gewoonweg niet in hoe we beide crisissen tegelijk het hoofd konden bieden.

Deze keer is het anders. Hoewel de pandemie de mondiale economie gigantisch heeft ondermijnd, is de steun voor actie tegen klimaatverandering nog net zo hoog als in 2019. Onze uitstoot, zo lijkt het, is niet langer een probleem dat we voor ons uit willen schuiven.

Dan is nu de vraag: wat doen we met dit momentum? Volgens mij is het antwoord duidelijk. We moeten ons het komende decennium richten op technologieën, beleid en marktstructuren waarmee we de uitstoot van broeikasgassen vóór 2050 kunnen wegwerken. Ik kan me geen betere reactie op een ellendig 2020 voorstellen dan ons de volgende tien jaar te wijden aan het behalen van dat ambitieuze doel.

DANKWOORD

Ik wil de mensen van Gates Ventures en Breakthrough Energy bedanken, omdat ze hebben geholpen om *Hoe we een klimaatramp kunnen vermijden* mogelijk te maken.

Josh Daniel is een schrijfpartner van onschatbare waarde. Hij hielp me om de complexiteit van de klimaatverandering en schone energie zo eenvoudig en duidelijk mogelijk uit te leggen. Als dit boek zo effectief is als ik hoop dat het zal zijn, dan is dat grotendeels te danken aan de vaardigheid van Josh.

Ik heb dit boek geschreven omdat ik de wereld wil aansporen om met effectieve plannen te komen voor het aanpakken van de klimaatverandering. Bij die poging had ik geen betere partners kunnen hebben dan Jonah Goldman en zijn team, inclusief Robin Millican, Mike Boots en Lauren Nevin. Ze hebben me essentieel advies gegeven over het klimaatbeleid en over de strategieën die ervoor moeten zorgen dat de ideeën in dit boek van invloed zullen zijn.

Ian Saunders gaf leiding aan het creatieve en productieproces, met alle inventiviteit waar ik bij hem op ben gaan rekenen. Anu Horsman en Brent Christofferson ontwierpen de tabellen, met uitmuntende hulp van Beyond Words, en kozen de foto's uit die bijdragen aan het tot leven brengen van dit boek.

Bridgitt Arnold en Andy Cook leidden de promotieactiviteiten.

En Larry Cohen gaf met zijn gebruikelijke kalmte en wijsheid leiding aan dit werk.

Het team bij de Rhodium Group, onder leiding van Trevor Houser en Kate Larsen, was buitengewoon behulpzaam. Hun onderzoek en adviezen zijn overal in dit boek terug te vinden.

Ook wil ik iedereen bedanken uit het bestuur van Breakthrough Energy Ventures: Mukesh Ambani, John Arnold, John Doerr, Rodi Guidero, Abby Johnson, Vinod Khosla, Jack Ma, Hasso Plattner, Carmichael Roberts en Eric Toone.

Jabe Blumenthal en Karen Fries zijn de twee voormalige collega's bij Microsoft die in 2006 mijn eerste leersessie over de klimaatverandering organiseerden. Bij die sessie stelden ze me voor aan twee klimaatwetenschappers, Ken Caldeira – indertijd aan het Carnegie Institution for Science – en David Keith van het Harvard University Center for the Environment. Sindsdien heb ik talloze gesprekken met Ken en David gevoerd die mijn denken hebben gevormd.

Ken en een groep van zijn postdocs – Candise Henry, Rebecca Peer en Tyler Ruggles – bogen zich over het manuscript en gingen het zin voor zin na om het op feitelijke fouten te controleren. Ik ben hun dankbaar voor hun zorgvuldige werk. Alle resterende fouten zijn mijn verantwoordelijkheid.

Wijlen David MacKay van Cambridge University heeft me met zijn gevatheid en inzichten geïnspireerd. Ik raad zijn fenomenale boek *Sustainable Energy – Without the Hot Air* aan voor iedereen die meer wil weten over het onderwerp energie en klimaatverandering.

Vaclav Smil, emeritus hoogleraar van de University of Manitoba, is een van de beste systeemdenkers die ik ooit heb ontmoet. Zijn invloed in dit boek blijkt vooral in de passages over de geschiedenis van energietransities en uit de fouten die hij me heeft helpen voorkomen.

Ik heb geboft dat ik in de loop van de jaren enkele deskundige mensen heb ontmoet en van hen heb kunnen leren. Hartelijk dank, senator Lamar Alexander, Josh Bolten, Carol Browner, Steven Chu, Arun Majumdar, Ernest Moniz, senator Lisa Murkowski, Henry Paulson en John Podesta dat jullie zo gul met jullie tijd waren.

Nathan Myhrvold heeft me wijze raad gegeven over een vroege versie. Nathan aarzelt nooit om me te zeggen wat hij echt denkt, een kwaliteit die ik altijd waardeer, zelfs als ik zijn advies niet overneem.

Andere vrienden en collega's namen de tijd om het manuscript te lezen en hun commentaar te geven, onder wie Warren Buffett, Sheila Gulati, Charlotte Guyman, Geoff Lamb, Brad Smith, Marc St. John, Mark Suzman en Lowell Wood.

Ik wil de rest van het team van Breakthrough Energy bedanken: Meghan Bader, Julie Barger, Adam Barnes, Farah Benahmed, Ken Caldeira, Saad Chaudhry, Jay Dessy, Gail Easley, Ben Gaddy, Ashley Grosh, Jon Hagg, Conor Hand, Aliya Haq, Victoria Hunt, Anna Hurlimann, Krzysztof Ignaciuk, Kamilah Jenkins, Christie Jones, Casey Leiber, Yifan Li, Dan Livengood, Jennifer Maes, Lidya Makonnen, Maria Martinez, Ann Mettler, Trisha Miller, Kaspar Mueller, Daniel Muldrew, Philipp Offenberg, Daniel Olsen, Merrielle Ondreicka, Julia Reinaud, Ben Rouillé d'Orfeuil, Dhileep Sivam, Jim VandePutte, Demaris Webster, Bainan Xia, Yixing Xu en Allison Zelman.

Ik wil ook bedanken voor alle steun die ik krijg van het team van Gates Ventures. Dank je wel Katherine Augustin, Laura Ayers, Becky Bartlein, Sharon Bergquist, Lisa Bishop, Aubree Bogdonovich, Niranjan Bose, Hillary Bounds, Bradley Castaneda, Quinn Cornelius, Zephira Davis, Prarthna Desai, Pia Dierking, Gregg Eskenazi, Sarah Fosmo, Josh Friedman, Joanna Fuller, Meghan Groob, Rodi Guidero, Rob Guth, Diane Henson, Tony Hoelscher, Mina Hogan, Margaret Holsinger, Jeff Huston, Tricia Jester, Lauren Jiloty, Chloe Johnson, Goutham Kandru, Liesel Kiel, Meredith Kimball, Todd Krahenbuhl, Jen Krajicek, Geoff Lamb, Jen Langston, Jordyn Lerum, Jacob Limestall, Abbey Loos, Jennie Lyman, Mike Maguire, Kristina Malzbender, Greg Martinez, Nicole MacDougall, Kim McGee, Emma McHugh, Kerry McNellis, Joe Michaels, Craig Miller, Ray Minchew, Valerie Morones, John Murphy, Dillon Mydland, Kyle Nettelbladt, Paul

Nevin, Patrick Owens, Hannah Palko, Mukta Phatak, David Phillips, Tony Pound, Bob Regan, Kate Reizner, Oliver Rothschild, Katie Rupp, Maheen Sahoo, Alicia Salmond, Brian Sanders, KJ Sherman, Kevin Smallwood, Jacqueline Smith, Steve Springmeyer, Rachel Strege, Khiota Therrien, Caroline Tilden, Sean Williams, Sunrise Swanson Williams, Yasmin Wazir, Cailin Wyatt, Mariah Young en Naomi Zukor.

Ik wil het team bij Knopf bedanken. Bob Gottlieb, wiens vroege steun voor dit boek heeft bijgedragen aan de totstandkoming ervan. Alles wat je hebt gehoord over zijn briljante redactie is waar. Katherine Hourigan heeft dit boek vaardig en vriendelijk door elke redactie- en productiefase geloodst. Ook bedank ik wijlen Sonny Mehta, Reagan Arthur, Maya Mavjee, Tony Chirico, Andy Hughes, Paul Bogaards, Chris Gillespie, Lydia Buechler, Mike Collica, John Gall, Suzanne Smith, Serena Lehman, Kate Hughes, Anne Achenbaum, Julianne Clancy en Elizabeth Bernard. En dank aan Lizzie Gottlieb omdat ze haar vader met dit project heeft laten kennismaken.

Ten slotte wil ik Melinda, Jenn, Rory en Phoebe bedanken; mijn zussen Kristi en Libby; en mijn vader, Bill Gates sr., die is overleden in de periode dat ik dit boek schreef. Ik had mij geen meer liefhebbende en ondersteunende familie kunnen wensen.

REGISTER

Vetgedrukte paginanummers verwijzen naar afbeeldingen en figuren.

NOTEN

1. Foto: James Iroha
2. Voor deze grafiek zijn data van de World Bank World Development Indicators gebruikt, met toestemming onder CC BY 4.0 (https://www.creativecommons.org/licenses/by/4.0) en beschikbaar op https://data.worldbank.org/. Inkomen gemeten als bruto binnenlands product (bbp) per hoofd van de bevolking in 2014, gebaseerd op *purchasing power parity* (koopkrachtpariteit) in internationale dollars. Energieverbruik gemeten in kilo's olie-equivalent per hoofd van de bevolking in 2014 gebaseerd op IEA-data van de World Bank World Development Indicators. Alle rechten voorbehouden; zoals aangepast door Gates Ventures, LLC Internationaal Energieagentschap (IEA); Wereldbank, https://data.worldbank.org.
3. Van links naar rechts (de functies waren van toepassing op het moment dat de bijeenkomst plaatsvond, in 2015): Wan Gang, minister van Wetenschap en Technologie (China); Ali Al-Naimi, minister van Aardolie en Bodemschatten (Saudi-Arabië); premier Erna Solberg (Noorwegen); premier Shinzo Abe (Japan); president Joko Widodo (Indonesië); premier Justin Trudeau (Canada); Bill Gates; president Barack Obama (Verenigde Staten); president François Hollande (Frankrijk); premier Narendra Modi (India); president Dilma Rousseff (Brazilië); president Michelle Bachelet (Chili); premier Lars Løkke Rasmussen (Denemarken); premier Matteo Renzi (Italië); president Enrique Peña Nieto (Mexico); premier David Cameron (Verenigd Koninkrijk); sultan Al Jaber, minister van Staat en Speciaal Gezant voor Energie en Klimaatverandering (Verenigde Arabische Emiraten).
4. Coupled Model Intercomparison Project (CMIP5), mondiale gemiddelde

temperatuuranomalieën verwerkt door het Koninklijk Nederlands Meteorologisch Instituut (KNMI) – Climate Explorer.

5. Gemiddelde temperatuur gemeten in graden Celsius, over het gemiddelde van 1951-1980; data afkomstig van Berkeley Earth, berkeleyearth.org. CO_2 gemeten in metrische tonnen, data afkomstig van Global Carbon Budget 2019 door Le Quéré, Andrew e.a., met toestemming onder CC BY 4.0 (https://www.creativecommons.org/licenses/by/4.0) en beschikbaar via https://essd.copernicus.org/articles/11/1783/2019/.
6. Solomon M. Hsiang en Amir S. Jina, 'Geography, Depreciation, and Growth', *American Economic Review*, mei 2015.
7. Donald Wuebbles, David Fahey en Kathleen Hibbard, *National Climate Assessment 4: Climate Change Impacts in the United States* (U.S. Global Change Research Program, 2017).
8. R. Warren e.a., 'The Projected Effect on Insects, Vertebrates, and Plants of Limiting Global Warming to 1.5°C Rather than 2°C', *Science*, 18 mei 2018.
9. World of Corn, de website van de National Corn Growers Association, worldofcorn.com.
10. Website van de Iowa Corn Promotion Board, www.iowacorn.org.
11. Colin P. Kelley e.a., 'Climate Change in the Fertile Crescent and Implications of the Recent Syrian Drought', *PNAS*, 17 maart 2015.
12. Anouch Missirian en Wolfram Schlenker, 'Asylum Applications Respond to Temperature Fluctuations', *Science*, 22 december 2017.
13. U.S. Energy Information Agency, www.eia.gov.
14. Foto: Paul Seibert.
15. Broeikasgassen gemeten in metrische tonnen kooldioxide-equivalenten (CO_2e); bron: Rhodium Group. Voor deze grafiek zijn ook bevolkingsdata gebruikt van de Verenigde Naties, World Population Prospects 2019, met toestemming onder CC BY 3.0 IGO. (https://creativecommons.org/licenses/by/3.0/igo/) en beschikbaar via https://population.un.org/wpp/Download/Standard/Population/.
16. Vaclav Smil, *Energy Myths and Realities* (Washington DC: AEI Press, 2010), 136-137.

17. Foto: ©Bill & Melinda Gates Foundation/Prashant Panjiar
18. Ibid., 138.
19. Ibid.
20. Moderne duurzame bronnen omvatten wind, zonne-energie en moderne biobrandstoffen. Bron: Vaclav Smil, *Energy Transitions* (2018).
21. Xiaochun Zhang, Nathan P. Myhrvold en Ken Caldeira, 'Key Factors for Assessing Climate Benefits of Natural Gas Versus Coal Electricity Generation', *Environmental Research Letters*, 26 november 2014, iopscience.iop.org.
22. Analyse van de Rhodium Group.
23. De cijfers laten het gemiddelde stroomverbruik zien. De piekvraag zal hoger zijn; in 2019 was de piekvraag in de Verenigde Staten bijvoorbeeld 704 gigawatt. Zie de website van de U.S. Energy Information Administration (www.eia.gov) voor meer informatie.
24. 'Taking Stock 2020: The COVID-19 Edition', Rhodium Group, https://rhg.com.
25. Foto ter beschikking gesteld door de familie Gates.
26. Bron: Internationaal Energieagentschap (IEA), https://www.iea.org. Gebaseerd op data van het IEA (2020), SDG7: Data and Projections, IEA 2020, www.iea.org/statistics. Alle rechten voorbehouden; zoals aangepast door Gates Ventures, LLC.
27. Nathan P. Myhrvold en Ken Caldeira, 'Green-house Gases, Climate Change, and the Transition from Coal to Low-Carbon Elektriciteit', *Environmental Research Letters*, 16 februari 2012, iopscience.iop.org.
28. Vaclav Smil, *Energy and Civilization* (Cambridge, Mass.: MIT Press, 2017), 406.
29. De duurzame sector omvat wind, zonne-energie, geothermie en moderne biobrandstoffen. Bron: *BP Statistical Review of World Energy 2020*, https://www.bp.com.
30. Office of Scientific and Technical Information van het U.S. Department of Energy (DOE, het Amerikaanse ministerie van Energie), 'Analysis of Federal Incentives Used to Stimulate Energy Production: An Executive Summary', februari 1980, www.osti.gov. De berekening van de subsidies

voor kolen en aardgas is omgezet naar dollars van 2019.

31. Wataru Matsumura en Zakia Adam, 'Fossil Fuel Consumption Subsidies Bounced Back Strongly in 2018', IEA-reportage, 13 juni 2019.
32. Data afgeleid van Eurelectric, 'Decarbonisation Pathways', mei 2018, cdn.eurelectric.org.
33. Fraunhofer ISE, www.energy-charts.de.
34. Zeke Turner, 'In Central Europe, Germany's Renewable Revolution Causes Friction', *Wall Street Journal*, 16 februari 2017.
35. Gewicht van materialen gemeten in metrische tonnen, per terawattuur opgewekte elektriciteit. Met zon wordt gerefereerd aan zonnepanelen, die zonlicht omzetten in elektriciteit. Bron: Amerikaanse ministerie van Energie, *Quadrennial Technology Review, An Assessment of Energy Technologies and Research Opportunities* (2015), https://www.energy.gov.
36. Analyse van Our World in Data, gebaseerd op A. Markandya en P. Wilkinson (2007), *The Lancet*, https://ourworldindata.org. Voor deze grafiek zijn data gebruikt van 'Deaths per TWh' door Markandya & Wilkinson; Sovacool e.a., met toestemming onder CC BY 4.0 (https://www.creativecommons.org/licenses/by/4.0/) en beschikbaar via https://ourworldindata.org/grapher/death-rates-from-energy-production-per-twh.
37. Amerikaanse ministerie van Energie, 'Computing America's Offshore Wind Energy Potential', 9 september 2016, www.energy.gov.
38. David J.C. MacKay, *Sustainable Energy – Without the Hot Air* (Cambridge, Verenigd Koninkrijk: UIT Cambridge, 2009), 98, 109.
39. Consensus Study Report, 'Negative Emissions Technologies and Reliable Sequestration: A Research Agenda', National Academies of Science, Engineering, and Medicine, 2019.
40. Washington State Department of Transportation, www.wsdot.wa.gov.
41. Foto: WSDOT.
42. 'Statue Statistics', Statue of Liberty National Monument, New York, National Park Service, www.nps.gov.
43. Vaclav Smil, *Making the Modern World* (Chichester, Verenigd Koninkrijk: Wiley, 2014), 36.

44. Gemeten in metrische tonnen cementproductie. Bron: Amerikaanse ministerie van Binnenlandse Zaken, U.S. Geological Survey, T.D. Kelly en G.R. Matos, comps., 2014, Historical Statistics for Mineral and Material Commodities in the United States (versie uit 2016): U.S. Geological Survey Data Series 140, d.d. 6 december 2019; USGS Minerals Yearbooks – China (2002, 2007, 2011, 2016), https://www.usgs.gov.
45. American Chemistry Council, 'Plastics and Polymer Composites in Light Vehicles', augustus 2019, www.automotiveplastics.com.
46. Foto: Reuters / Carlos Barria
47. Amerikaanse ministerie van Binnenlandse Zaken, U.S. Geological Survey, 'Mineral Commodity Summaries 2019'.
48. Freedonia Group, 'Global Cement – Demand and Sales Forecasts, Market Share, Market Size, Market Leaders', mei 2019, www.freedoniagroup.com.
49. Alleen directe uitstoot; exclusief de emissies door de productie van elektriciteit. Bron: Rhodium Group.
50. Rhodium Group, interne analyse.
51. Paul Ehrlich, *The Population Bomb* (New York: Ballantine Books, 1968); in het Nederlands verschenen onder de titel *De bevolkingsexplosie* (Amsterdam, Elsevier, 1971).
52. Derek Thompson, 'Cheap Eats: How America Spends Money on Food', *The Atlantic*, 8 maart 2013, www.theatlantic.com.
53. Consumptie gemeten in ton (1000 kg) vlees: o.a. rundvlees, lamsvlees, varkensvlees, gevogelte en kalfsvlees. Bron: OECD (2020), OECD-FAO Agricultural Outlook 2020, https://stats.oecd.org (geraadpleegd in oktober 2020).
54. Voedsel- en Landbouworganisatie van de Verenigde Naties (FAO), www.fao.org.
55. Unesco, 'Gastronomic Meal of the French', ich.unesco.org.
56. Online onderzoek naar Amerikaanse verkoopprijzen in september 2020 verricht door de Rhodium Group.
57. Foto: Gates Notes: LLC.
58. Gemeten in 1000 kilo (kg) mais per hectare (ha). Bron: Voedsel- en Landbouworganisatie van de Verenigde Naties. FAOSTAT.

OECD-FAO Agricultural Outlook 2020-2029. Laatste update: 30 november 2020. Geraadpleegd in november 2020. https://stats.oecd.org/Index.aspx?datasetcode=HIGH_AGLINK_2020#.

59. World Bank Development Indicators, databank.worldbank.org.
60. Janet Ranganathan et al., 'Shifting Diets for a Sustainable Food Future', World Resources Institute, www.wri.org.
61. World Resources Institute, 'Forests and Landscapes in Indonesia', www.wri.org.
62. https://www.oecd-ilibrary.org/.
63. Bronnen: Historische emissies verschaft door de Rhodium Group. Verwachte emissies gebaseerd op gegevens van de IAE, van IAE (2020), World Energy Outlook, IAE 2020, www.iea.org/statistics. Alle rechten voorbehouden; zoals gewijzigd door Gates Ventures, LLC.
64. Bron: In deze diagram wordt gebruikgemaakt van data uit *Beyond road vehicles: Survey of zero-emission technology options across the transport sector* door Hall, Pavlenko en Lutsey, onder licentie CC BY-SA 3.0 (https://www.creativecommons.org/licenses/by-sa/3.0/) en beschikbaar op https://theicct.org/sites/default/files/publications/Beyond_Road_ZEV_Working_Paper_20180718.pdf
65. International Organization of Motor Vehicle Manufacturers (OICA), www.oica.net.
66. Hierbij wordt er door de OICA van uitgegaan dat er ongeveer 69 miljoen auto's per jaar bij komen en 45 miljoen van de weg worden gehaald, uitgaande van een potentiële levensduur per auto van 13 jaar.
67. Specificaties van de Chevrolet Malibu en Bolt EV voor modeljaar 2020. Bron: https://www.chevrolet.com. Illustraties ©izmocars – alle rechten voorbehouden.
68. Bij de prijs per kilometer wordt ervan uitgegaan dat de koper een gemiddelde aanschafprijs voor de auto betaalt, hem zeven jaar in bezit heeft en er gemiddeld 19.300 kilometer per jaar in rijdt. Bron: Rhodium Group.
69. Rhodium Group, Evolved Energy Research, IRENA, en Angora Energiewende. De verkoopprijs is het gemiddelde in de Verenigde Staten

van 2015 tot 2018. De uitstootvrije optie is de geschatte huidige prijs.

70. Rhodium Group, Evolved Energy Research, IRENA, en Angora Energiewende. De verkoopprijs is het gemiddelde in de Verenigde Staten van 2015 tot 2018. De uitstootvrije optie is de geschatte huidige prijs.
71. U.S. Energy Information Administration, www.eia.gov.
72. Michael J. Coren, 'Buses with Batteries', *Quartz*, 2 januari 2018, www.qz.com.
73. Shashank Sripad en Venkatasubramanian Viswanathan, 'Performance Metrics Required of Next-Generation Batteries to Make a Practical Electric Semi Truck', *ACS Energy Letters*, 27 juni 2017, pubs.acs.org.
74. Rhodium Group, Evolved Energy Research, IRENA, en Angora Energiewende. De verkoopprijs is het gemiddelde in de Verenigde Staten van 2015 tot 2018. De uitstootvrije optie is de geschatte huidige prijs.
75. Boeing: www.boeing.com.
76. Rhodium Group, Evolved Energy Research, IRENA, en Angora Energiewende. De verkoopprijs is het gemiddelde in de Verenigde Staten van 2015 tot 2018. De uitstootvrije optie is de geschatte huidige prijs.
77. Kyree Leary, 'China Has Launched the World's First All-Electric Cargo Ship', *Futurism*, 5 december 2017, futurism.com; 'MSC Receives World's Largest Container Ship MSC Gulsun from SHI', *Ship Technology*, 9 juli 2019, www.ship-technology.com.
78. Rhodium Group, Evolved Energy Research, IRENA, en Angora Energiewende. De verkoopprijs is het gemiddelde in de Verenigde Staten van 2015 tot 2018. De uitstootvrije optie is de geschatte huidige prijs.
79. Rhodium Group, Evolved Energy Research, IRENA, en Angora Energiewende. De verkoopprijs is het gemiddelde in de Verenigde Staten van 2015 tot 2018. De uitstootvrije optie is de geschatte huidige prijs.
80. S&P Global Market Intelligence, https://www.spglobal.com/marketintelligence/en/.
81. A. A'zami, 'Badgir in Traditional Iranian Architecture', Passive and Low Energy Cooling for the Built Environment conference, Santorini, Griekenland, mei 2005.
82. Het Amerikaanse ministerie van Energie, 'History of Air Conditioning',

www.energy.gov. Ook: 'The Invention of Air Conditioning', *Panama City Living*, 13 maart 2014, www.panamacityliving.com.

83. Internationaal Energieagentschap (IEA), 'The Future of Cooling', www.iea.org.
84. Internationaal Energieagentschap (IEA), www.iea.org.
85. Bron: Gebaseerd op data van het IEA, 'The Future of Cooling', IAE (2018), www.iea.org/statistics. Alle rechten voorbehouden; zoals gewijzigd door Gates Ventures, LLC.
86. Ibid.
87. Environmental Protection Agency, www.epa.gov.
88. Rhodium Group. Deze tabel toont de huidige nettowaarde van een luchtwarmtepomp versus een aardgasverwarmingsketel en een elektrische airconditioningsunit in een nieuwe woning. De kosten worden berekend met een korting van 7 procent en de huidige prijzen voor elektriciteit en aardgas zoals in de zomer van 2019 en een vijftienjarige levensduur voor de warmtepomp.
89. U.S. Energy Information Administration, www.eia.gov.
90. Rhodium Group, Evolved Energy Research, IRENA en Agora Energiewende. De verkoopprijs is het gemiddelde in de Verenigde Staten van 2015 tot 2018. De uitstootvrije optie is de geschatte huidige prijs.
91. Ibid.
92. Foto: Nic Lehoux. Bullitt Center, www.bullittcenter.org.
93. Foto: ©Bill & Melinda Gates Foundation/Frederic Courbet.
94. Max Roser, website Our World in Data, ourworldindata.org.
95. Wereldbank, www.data.worldbank.org.
96. GAVI, www.gavi.org.
97. Global Commission on Adaptation, *Adapt Now: A Global Call for Leadership on Climate Resilience, World Resources Institute*, september 2019, gca.org.
98. Foto: Uit de fotoverzameling van het International Rice Research Institute (IRRI), Los Banos, Laguna, Filipijnen.
99. Voedsel- en Landbouworganisatie van de Verenigde Naties, *State of Food and Agriculture: Women in Agriculture, 2010-2011*, www.fao.org.

100. Wereldbank, 'Decline of Global Extreme Poverty Continues but Has Slowed', www.worldbank.org.
101. U.S. Energy Information Administration, www.eia.gov.
102. Internationaal Energieagentschap.
103. Het Amerikaanse ministerie van Energie, 'Renewable Energy and Efficient Energy Loan Guarantees', www.energy.gov.
104. Human Genome Project Information Archive, 'Potential Benefits of HGP Research', web.ornl.gov.
105. Simon Tripp en Martin Grueber, 'Economic Impact of the Human Genome Project', Battelle Memorial Institute, www.battelle.org.
106. Hans Rosling, *Feitenkennis: 10 redenen waarom we een verkeerd beeld van de wereld hebben en waarom het beter gaat dan je denkt*, met Ola Rosling en Anna Rosling Rönnlund, vertaald door Annemie de Vries (Houten: Spectrum, 2018).
107. 'Race, Ethnicity, and Age Trends in Persons Who Died from COVID-19 – United States, May–August 2020', U.S. Centers for Disease Control, https://www.cdc.gov.
108. 'Preliminary Medicare COVID-19 Data Snapshot', Centers for Medicare and Medicaid Services, https://www.cms.gov.
109. 'Goalkeepers Report 2020', https://www.gatesfoundation.org.
110. 'Impacts of Federal R&D Investment on the U.S. Economy', Breakthrough Energy, https://www.breakthroughenergy.org.